工业互联网专业群人才培养系列教材

工业互联网数据采集

赵宇枫　张　昂　李卓然　黄　磊　主　编
刘　楠　董　燕　张　波　徐邦仪　副主编
宋　平　贾春霞　邵彦娟　张　鹤　戴钰婧　侯晓晨　王兆青　参　编
北京奥思工联科技有限公司　组　编

電子工業出版社
Publishing House of Electronics Industry
北京•BEIJING

内 容 简 介

本书是为适应智能制造行业快速发展对工业互联网人才的迫切需求，适应现代职业教育高质量发展需要而编写的。本书共 8 个模块，以完成面向制造业常见的工业互联网数据采集工作任务。本书是“纸质教材，数字课程”的立体化教材，配套了丰富的数字化教学资源，突破了传统课堂教学的时空限制，实现了混合式、个性化教育的结合；知识技能有效传递，有利于职业院校学生在“学中做，做中学”。

本书可作为职业院校工业互联网应用、工业互联网技术、物联网应用技术及相关专业的教学用书，也可作为工业互联网工程技术人员的参考用书。

图书在版编目（CIP）数据

工业互联网数据采集 / 赵宇枫等主编. —北京：电子工业出版社，2024.1

ISBN 978-7-121-47173-5

Ⅰ. ①工… Ⅱ. ①赵… Ⅲ. ①互联网络－数据管理－教材 Ⅳ. ①TP393.4

中国国家版本馆 CIP 数据核字（2024）第 031809 号

责任编辑：李　静
印　　刷：三河市君旺印务有限公司
装　　订：三河市君旺印务有限公司
出版发行：电子工业出版社
　　　　　北京市海淀区万寿路 173 信箱　　　邮编：100036
开　　本：787×1092　1/16　印张：18.5　字数：474 千字
版　　次：2024 年 1 月第 1 版
印　　次：2024 年11月第 2 次印刷
定　　价：59.80 元

凡所购买电子工业出版社图书有缺损问题，请向购买书店调换。若书店售缺，请与本社发行部联系，联系及邮购电话：（010）88254888，88258888。

质量投诉请发邮件至 zlts@phei.com.cn，盗版侵权举报请发邮件至 dbqq@phei.com.cn。

本书咨询联系方式：（010）88254604，lijing@phei.com.cn。

前 言

智能制造是工业4.0的重要组成部分，与工业互联网、工业自动化、机器学习等技术密切相关。工业互联网作为新一代信息通信技术与工业深度融合的产物，是实现智能制造的关键支撑。2021年3月12日，《中华人民共和国国民经济和社会发展第十四个五年规划和2035年远景目标纲要》发布，提出积极稳妥发展工业互联网，并将工业互联网作为数字经济重点产业，提出打造自主可控的标识解析体系、标准体系、安全管理体系，加强工业软件研发应用，培育形成具有国际影响力的工业互联网平台，推进“工业互联网+智能制造”产业生态建设。同年，教育部印发《职业教育专业目录（2021年）》，新增工业互联网应用、工业互联网技术、工业互联网工程专业；人力资源和社会保障部印发《工业互联网工程技术人员国家职业技术技能标准（2021年版）》。技术人才应当整体表现为“数字化新型工匠”，需要具备数字技术与生产制造的跨领域知识储备，需要懂得如何与机器或数字化工具协同工作，需要在机器或数字语言与实际制造场景中做好“翻译”工作。

工业互联网数据采集是工业互联网应用、工业互联网技术等专业学生及相关工程技术人员必须掌握的知识技能，然而当前适应职业教育学生特点的相关教材基本没有。为贯彻落实《中华人民共和国职业教育法》，编者根据《关于推动现代职业教育高质量发展的意见》《国家职业教育改革实施方案》部署编写本书。本书坚持彰显职业教育类型特征，遵循职业教育教学规律和技术技能人才成长规律，有机融入思想政治教育元素，融入新技术、新工艺、新规范。本书以工业互联网行业案例为引导，以常见工业场景数据采集为内容，共设计了8个模块。学生在模块学习中，明晰岗位职责要求，依流程进行知识技能准备，按行业标准完成任务，通过思考与练习巩固学习成果。

本书由重庆工业职业技术学院赵宇枫、中国工业互联网研究院张昂、中国工业互联网研究院李卓然、北京奥思工联科技有限公司黄磊任主编，重庆工业职业技术学院刘楠、重庆工业职业技术学院董燕、重庆工业职业技术学院张波、北京市工贸技师学院徐邦仪任副主编，中国信息通信研究院宋平、北京信息职业技术学院贾春霞、北京信息职业技术学院邵彦娟、北京市工贸技师学院张鹤、北京市工贸技师学院戴钰婧、东营科技职业学院侯晓晨、东营科技职业学院王兆青任参编。北京奥思工联科技有限公司对本书编写给予了大力支持，在此表示感谢，同时感谢徐工汉云技术股份有限公司在技术方面给予的帮助。

由于工业互联网数据采集相关技术日新月异，加之编者水平有限，书中难免出现疏漏和不妥之处，敬请广大同行和读者批评指正，不胜感激！

编　者

目　　录

模块1

初识数据时代

知识目标

- 了解数据、信息、知识的定义。
- 理解数据、信息、知识的区别与联系。
- 掌握数据存储的一般方法。

能力目标

- 能够使用工具描述数据。
- 能够使用工具存储数据。
- 能够使用工具分析数据。
- 能够使用工具将数据可视化。

素质目标

- 培养学生的自主学习能力和知识迁移能力。
- 培养学生的逻辑思维能力和分析、综合能力。
- 培养学生勇于创新和严谨细致的工作作风。

项目 1：识别数据、信息与知识

【项目描述】

国家《“十四五”数字经济发展规划》明确了数字经济的发展方向。数字经济迈向全面扩展期，数字经济核心产业增加值占 GDP 比重达到 10%，我国数字经济竞争力和影响力稳步提升。

《“十四五”数字经济发展规划》对数字经济发展做出总体部署，包括优化升级数字基础设施、大力推进产业数字化转型、加快推动数字产业化、持续提升公共服务数字化水平、健全完善数字经济治理体系等方面。随着数字经济进入国家政策红利期，支撑并服务产业转型的互联网通信、软件与信息服务、电子商务等数字基建、数字服务相关行业迎来难得的发展机遇，政企数字化服务的平台及相关企业发展潜力巨大。

以 2021 年工业互联网平台创新领航应用案例中重庆川仪自动化股份有限公司申报的“基于数据驱动的智能仪表工业互联网创新应用”为例，该公司通过开展基于数据驱动的智能仪表工业互联网创新应用，促进了仪表制造及工业园区的数字化、网络化、智能化转型升级。具体措施如下：对内，建设数字化工厂，提升不同生产线之间的协同能力；通过以产品为核心的全流程数字化管控，缩短产品周期；搭建工业协同平台，结合工业互联网、工业 AR/VR、AGV、立体仓库调度等技术优化生产过程，配合 EPR、MES 等智能系统协同管理，降低运营成本。对外，搭建工业互联网平台，形成面向离散制造行业的解决方案，可为离散制造企业数字化转型助力。

任务 1：甄别生活中的数据类型

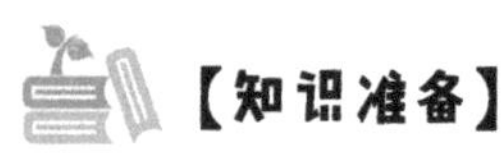

【知识准备】

1. DIKW 模型

吴军在著作《智能时代——大数据与智能革命重新定义未来》中提出“数据是人类创造文明的基石”。随着人类社会从工业经济时代进入知识经济时代，我们在生活和工作中，会遇到各种各样的数据。数据经过处理和加工，变成了信息。信息之间产生了联系，形成了知识。通过现有知识，发现了一些知识之间的新关系，于是形成了洞见。把一系列洞见串联起来，形成了智慧。向外传播智慧，形成了影响力。

用一个模型来表示数据、信息、知识、智慧之间的关系，即 DIKW 模型，如图 1.1 所示。

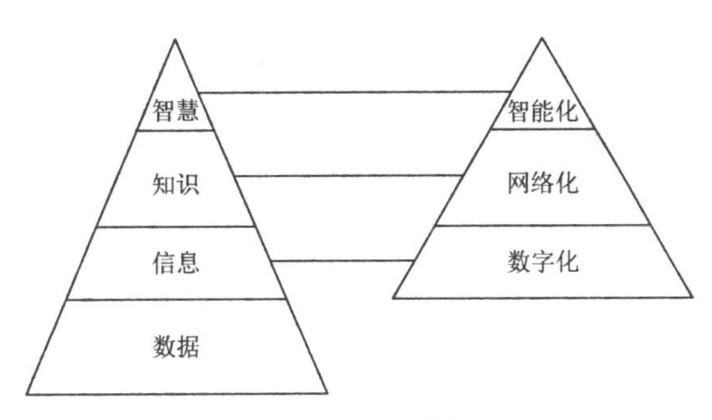

图 1.1　DIKW 模型

在工业经济时代，制造实现了自动化。进入知识经济时代，要实现智能制造，首先需要实现数字化——D（数据获取），然后实现网络化——I（信息共享），进而才能实现智能化——KW（知识的获取，智慧+）。

数据使用约定俗成的关键字，对客观事物的数量、属性、位置及其相互关系进行抽象表示，以适合在这个领域中用人工或自然的方式进行保存、传递和处理。数据是记录下来可以被鉴别的符号。它是最原始的素材（如数字、文字、图像、符号等），未被加工处理，没有回答特定的问题，没有任何意义。例如，800、1000。

信息是具有时效性的，它有一定的含义，是有逻辑的、经过加工处理的、对决策有价值的数据流。它是对数据的解释，使得数据具有意义。例如，800 米、1000 米高。

知识是从相关信息中过滤、提炼及加工而得到的有用资料。它不是信息的简单累加，往往需要加入基于以往的经验所进行的判断。例如，大山高 800 米，飞机能飞 1000 米高。

智慧是人类所表现出来的一种独有的能力，主要表现为收集、加工、应用、传播知识的能力，以及对事物发展的前瞻性看法。智慧是在知识的基础上，通过经验、阅历、见识的累积，而形成的对事物的深刻认识、远见，体现为一种卓越的判断力。例如，飞机需要飞得比大山高才安全。

2. 数据的类型

数据可以分为以下两种不同的类型。

1）类别型数据

类别型数据是指可以被分成不同组或类别的数值或观察结果，通常可分为两种，即定类（Nominal）型数据和定序（Ordinal）型数据。定类型数据的各类别没有内在的顺序，如性别分男和女，具有互斥的特质。定序型数据有预先指定的顺序，将同一个类别下的对象分一个顺序，即数据的值能把研究对象排列高低或大小，具有大于与小于的数学特质。它是比定类型数据层次更高的数据，因此具有定类型数据的特质，即可以区分类别（=、≠）。例如，成绩低于 60 分定为不及格，成绩在 60～70 分之间定为及格，成绩在 70～80 分之间定为中等。

2）数值型数据

数值型数据是指通过测量得到的数值或观察结果，通常可分为两种，即离散型数据和连续型数据。离散型数据是指只能按计量单位数计数的有限数据。例如，职工人数、设备台数等。相反，连续型数据是指在一定范围内可以任意取值，数值是连续不断的，相邻两个数值可以做无限分割（可取无限个数值）的数据。例如，人体测量的身高和体重等。

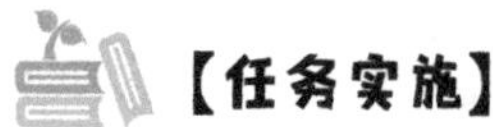

【任务实施】

使用 Python 语言描述 AGV 小车数据并显示 AGV 小车信息

引导问题 1：搭建 Python 开发环境。工业互联网工程技术人员是指围绕工业互联网网络、平台、安全三大体系，在网络互联、标识解析、平台建设、数据服务、应用开发、安全防护等领域，从事规划设计、技术研发、测试验证、工程实施、运营管理和运维服务等工作的工程技术人员。某用户需要使用 Python 语言编程实现对工厂车间内 AGV 小车的管理。已知该工厂已使用 5G 网络全覆盖，内部以太网带宽为 1000Mbit/s，该管理系统将运行在 Windows 64 位操作系统上，请列出你选择的 Python 语言版本及 IDE 环境。

引导问题 2：Stable Releases 与 Pre-releases 的区别是什么？版本号越高越好吗？

步骤 1： 打开 www.python.org 官方网站，查找 Python 语言版本信息。Python 语言版本下载界面如图 1.2 所示，单击“Download Windows x86-64 executable installer”命令。

- Python 3.7.3 - March 25, 2019

  Note that Python 3.7.3 *cannot* be used on Windows XP or earlier.

  - Download Windows help file
  - Download Windows x86-64 embeddable zip file
  - Download Windows x86-64 executable installer
  - Download Windows x86-64 web-based installer
  - Download Windows x86 embeddable zip file
  - Download Windows x86 executable installer
  - Download Windows x86 web-based installer

图 1.2 Python 语言版本下载界面

步骤 2： 以管理员身份进行安装。安装引导界面如图 1.3 所示。注意先勾选“Add Python 3.7 to PATH”复选框，再单击“Install Now”命令。

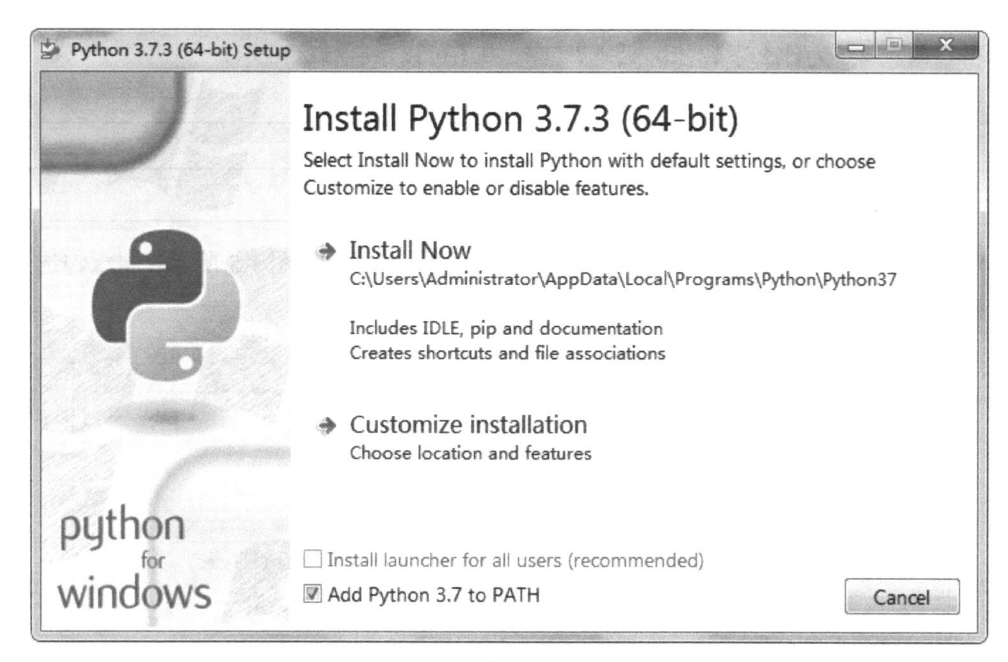

图 1.3　安装引导界面

引导问题 3：如果不安装至默认目录下，那么应该如何操作？

步骤 3：访问 PyCharm 官方网站，下载社区版本。PyCharm 社区版本下载界面如图 1.4 所示。

图 1.4　PyCharm 社区版本下载界面

引导问题 4：为什么下载社区版本？工作中还可以下载什么版本？

步骤 4：以管理员身份进行安装。PyCharm 安装引导界面如图 1.5 所示。注意勾选全部复选框。

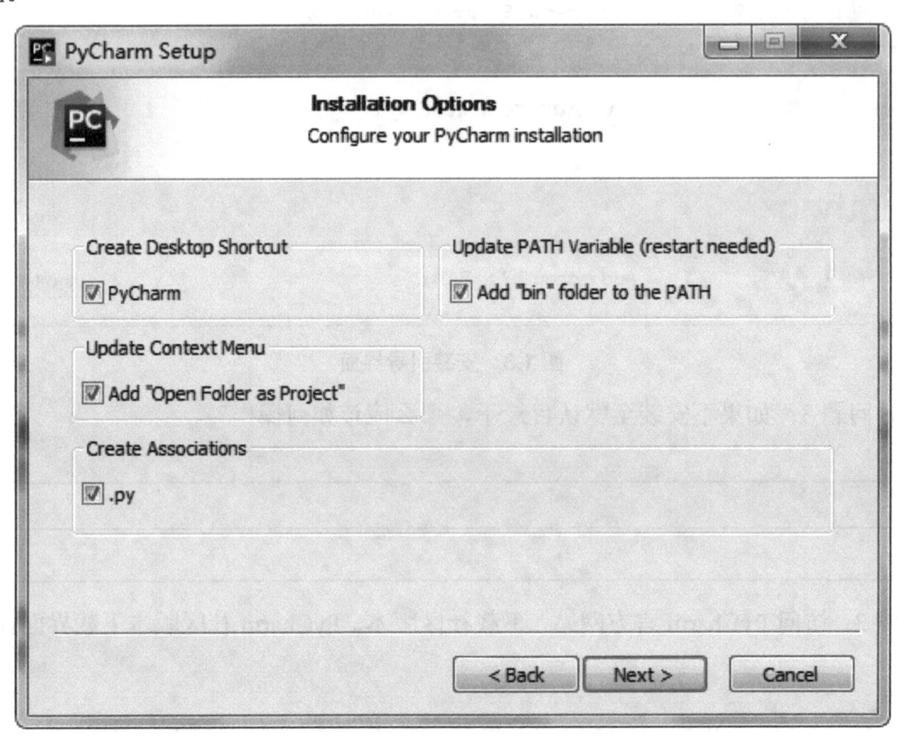

图 1.5　PyCharm 安装引导界面

引导问题 5：如果不安装至默认目录下，那么应该如何操作？为什么不能和 Python 安装目录一样？

步骤 5：智能工厂所有设计数据要求与制造系统无缝互通，在统一编码、统一物料库基础上实现数据协同。AGV 是实现智能物流的硬件平台之一。汽车行业是 AGV 应用较为成熟的行业之一。根据汽车工艺和 AGV 工作环境来区分的话，AGV 应用可以分成四大车间和室外的应用。其中，总装车间应用最为成熟，总装车间的 AGV 应用以 SPS 和装配方式为主；其次是车身焊装车间，车身焊装车间的 AGV 应用以外购零件和分总成的转运为主；再次是冲压车间，冲压车间的 AGV 应用主要是零件下线端使用 AGV，目前大多数采用潜

入式或叉车式 AGV；最后是涂装车间，涂装就是将车身焊装车间完成的白车身涂上一层层的漆，除加强车身防锈作用外，主要是让车身看起来更加美观。涂装的过程一般包括清洗、电泳、色漆、清漆等步骤。涂装生产线工艺复杂，各工序之间往往只能采用传统的机运系统（如前处理电泳摆杆和翻转机、烘干炉中的高温辊床等），由于要满足工艺所需的环境要求，因而对 AGV 的使用场景并不友好。目前，基于人效提升和自动化程度的需求，一些整车厂逐渐开始尝试在涂装车间某些场景中应用 AGV，如生产线边物流流转、在车身修补的工作间与储备区之间利用 AGV 进行输送，其应用的 AGV 类型与总装车间基本一致。关于 AGV 的室外应用，仓储物流是其中最大的一个应用场景，目前已有许多制造企业将 AGV 应用于厂区内部室外仓储物流中，以便减少人工成本，保证货物安全。在对 AGV 进行实时状态监控时，需要了解 AGV 编号、AGV 类型、当前运行站点、运行状态、当前装载状态、当前运行速度、运行方向、通信状态、电池电量等结构状态信息。使用 Python 定义 AGV 小车类，并实例化一个 AGV 小车对象，如图 1.6 所示。

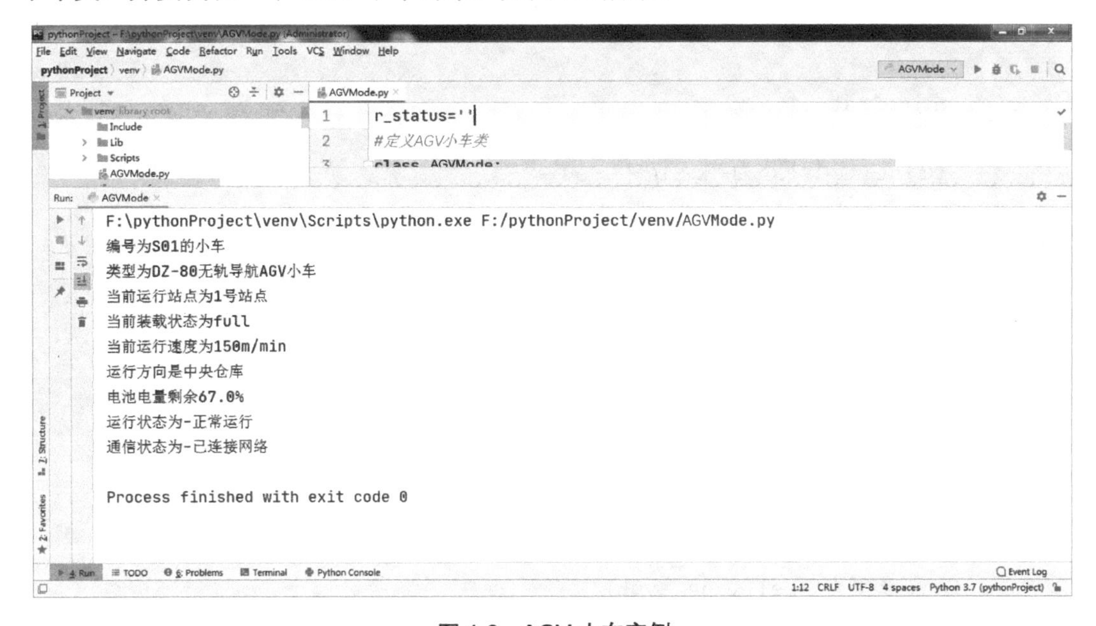

图 1.6　AGV 小车实例

参考程序如下。

```
r_status=''
#定义 AGV 小车类
class AGVMode:
    agv_number=''      #AGV 编号
    agv_type=''        #AGV 类型
    agv_station='0'  #当前运行站点
    agv_runningStatus =False   #运行状态
    agv_loadingStatus='null'   #当前装载状态
```

```
    agv_runningSpeed=0   #当前运行速度
    agv_movingDirection=''   #运行方向
    agv_communicateStatus=False    #通信状态
    agv_batteryLevel=0.0    #电池电量
    def
__init__(self,agv_n,agv_t,agv_s,agv_rStatus,agv_lStatus,agv_rSpeed,agv_mD,ag
v_cS,agv_b):
        self.agv_number=agv_n
        self.agv_type=agv_t
        self.agv_station=agv_s
        self.agv_runningStatus=agv_rStatus
        self.agv_loadingStatus=agv_lStatus
        self.agv_runningSpeed=agv_rSpeed
        self.agv_movingDirection=agv_mD
        self.agv_communicateStatus=agv_cS
        self.agv_batteryLevel=agv_b

    def runningStatus(self):
        if self.agv_runningStatus==False:
            print('运行状态为-未运行')
        else:
            print('运行状态为-正常运行')

    def communicateStatus(self):
        if self.communicateStatus==False:
            print('通信状态为-断开')
        else:
            print('通信状态为-已连接网络')

    def __str__(self):
        print('编号为'+self.agv_number+'的小车')
        print('类型为'+self.agv_type)
        print('当前运行站点为'+self.agv_station+'号站点')
        print('当前装载状态为' + self.agv_loadingStatus)
        print('当前运行速度为' + str(self.agv_runningSpeed)+'m/min')
        print('运行方向是' + self.agv_movingDirection)
        print('电池电量剩余' + str(self.agv_batteryLevel*100)+'%')


a1=AGVMode('S01','DZ-80无轨导航AGV小车','1',True,'full',150,'中央仓库
',True,0.67)
a1.__str__()
a1.runningStatus()
a1.communicateStatus()
```

【拓展知识】

1. Python 2 和 Python 3 的关系

Python 2 和 Python 3 分别是 Python 的两个版本，按照 Python 官方的计划，Python 2 只支持到 2020 年。为了不带入过多的累赘，Python 3 在设计的时候没有考虑向下相容，许多针对早期 Python 版本设计的程序都无法在 Python 3 上正常运行。

为了照顾现有程序，Python 2.6 作为一个过渡版本，基本上使用了 Python 2.x 的语法和库，同时考虑了向 Python 3.0 的迁移，允许使用部分 Python 3.0 的语法与函数。新的 Python 程序建议使用 Python 3 版本的语法，除非运行环境无法安装 Python 3 或程序本身使用了不支持 Python 3 的第三方库。

2. AGV 在仓储物流中的作用

AGV 是指装备有电磁或光学等自动引导装置，能够沿规定的引导路径行驶，具有安全保护及各种移载功能的运输车，其以可充电的蓄电池为主要动力来源。在仓储物流环节中，AGV 主要进行分拣，实现 24 小时不间断自动分拣。

整个无人仓储物流系统主要包括两个部分：后台管理系统和 AGV 小车。后台管理系统实现对 AGV 小车的后台管理，包括仓库地图管理、任务调度及路径规划的工作，实现对 AGV 小车的实时监控和指令下达，相当于指挥部。后台管理系统和 AGV 小车通过 Wi-Fi 的形式实现连接，针对面积较大的仓库，还需要 AGV 小车在不同的 Wi-Fi 之间无缝切换，完成与后台管理系统的不间断通信和数据上传。

对于 AGV 小车而言，其主要由 AGV 驱动系统、AGV 人机交互系统、AGV 导引系统、AGV 行走系统、AGV 制动系统、AGV 动力系统、AGV 控制系统、AGV 移载系统、AGV 通信系统和 AGV 安全装置系统等构成。

任务 2：使用合适的工具管理数据

【知识准备】

1. 数据与文件

为了使用数据，必须将数据以文件的形式存储到外部存储介质中。图形、图像、音频、视频、可执行文件等都是以文件的形式进行存储的。常见的 Excel、数据库中的数据也是以文件的形式进行存储的。不同的文件可以使用不同的应用程序进行操作。因此在各种应用程序的开发中，如何对文件操作具有重要的地位。

按文件中数据的组织形式，可以把文件分为文本文件和二进制文件两大类。

文本文件存储的是常规字符串，由若干文本行组成，通常每行以换行符结尾。字符串是指记事本或其他文本编辑器能正常显示编辑，并且人类能够直接阅读和理解的字符、汉字、数字等。文本文件可以使用自处理软件进行操作，如使用记事本进行编辑。

二进制文件把数据以字节为单位进行存储，无法使用记事本或其他普通文本处理软件直接进行编辑，通常无法被人类直接阅读和理解，需要使用专门的软件进行解码后读取显示修改。常见的图形图像文件、音视频文件、可执行文件、资源文件、各种数据库文件、各类 Office 文档等都属于二进制文件。

2．数据与编程语言的数据类型

编程语言是人类与机器进行沟通的工具，开发不同应用程序需要使用不同的编程语言。不同的编程语言使用自己约定的数据类型来描述人类世界的各种数据。下面我们对 Python 语言进行简单的介绍。

Python 基本数据类型一般分为数字、字符串、列表、元组、字典、集合 6 种。

（1）数字是不可更改的对象。对变量改变数字值就是生成/创建新的对象。Python 支持以下多种数字类型。

① 标准整型（int）。在大多数 32 位机器上，标准整型数字的取值范围是 $-2^{31}\sim2^{31}-1$，也就是-2147483648～2147483647，如果在 64 位机器上使用 64 位编译器，那么这个系统的标准整型数字将是 64 位的。

② 布尔型（bool），取值为 True 和 False。对于值为 0 的数字、空集（空列表、空元组、空字典等），它们在 Python 中的布尔值都是 False。

③ 浮点型（float）。每个浮点型数字占 8 字节（64 位），完全遵守 IEEE 754 号规范（52M/11E/1S），其中 52 位用于表示底，11 位用于表示指数，剩下的 1 位用于表示符号。这看上去相当完美，然而，其实际精度依赖于机器架构和创建 Python 解释器的编译器。

④ 复数（complex）。在复数中，虚数不能单独存在，它们总是和一个值为 0.0 的实数部分一起构成一个复数。复数由实数部分和虚数部分构成。表示虚数的语法：real+imagj。实数部分和虚数部分都是浮点型的。虚数部分必须有后缀 j 或 J。

（2）字符串（string）是不可变类型，就是说改变一个字符串的元素需要创建一个新的字符串。字符串是由独立的字符组成的，并且这些字符可以通过切片操作有顺序地访问。Python 中通过在引号间包含字符的方式创建字符串，单引号和双引号的作用是相同的。

Python 用“原始字符串”操作符来创建字符串，所以区分单引号和双引号就没什么意义了。其他的语言，如 C 语言中用单引号来标示字符，双引号标示字符串，而在 Python 中没有字符这个类型。这可能是单引号和双引号在 Python 中被视作一样的另一个原因。

（3）列表（list）和字符串一样，也是序列式的数据类型。字符串只能由字符组成，而且是不可变的（不能单独改变它的某个元素），列表则是能存储任意数目的 Python 对象的灵活容器。

（4）元组（tuple）在很多操作上都和列表一样，主要不同在于元组是不可变的，或者说是只读的，所以那些用于更新列表的操作，如用切片操作来更新一部分元素，就不能用于元组类型。

（5）字典（dict）是 Python 中唯一的映射类型。映射类型对象中哈希值（键，key）和指向的对象（值，value）是一对多的关系。一个字典对象是可变的，它是一个容器类型，能存储任意数目的 Python 对象，其中包括其他容器类型。字典是 Python 中最强大的数据类型之一。

（6）集合（set）有两种不同的类型，可变集合（set）和不可变集合（frozenset）。可变集合可以添加和删除元素，不可变集合则不允许这样做。请注意，可变集合不是可哈希的，因此既不能作为字典的键，又不能作为其他集合中的元素。不可变集合正好相反，即它们有哈希值，能作为字典的键或作为集合中的一个元素。集合对象是一组无序排列的可哈希的值。

【任务实施】

管理车间设备

针对制造企业而言，工厂中的生产制造设备至关重要。智能车间采用 MES 系统来管理车间现场，对从接收生产规划到做成最终产品的整个过程进行信息化管理，其中包含生产制造设备。MES 系统从以下方面管理车间设备。

1．设备运行情况

实际操作人员将设备运行及环境监控系统的各类主要参数数据整理进系统，就可以对设备的运行情况进行监管，能立即掌握设备运行情况。

2．设备账表

设备账表包括两类信息：一类是设备本身原有的信息，如设备编号、设备型号规格、设备名字、设备 E-BOM 等；另一类是伴随设备运行而形成的数据信息，如设备运行时间、设备维护保养时间、设备检修时间、设备维护保养记录等。可以依据设备唯一编号查找到该设备历史运行时间和维护保养情况，适用于开展设备文档的存储与读取，完成设备档案资料的创建。

3．警报响应

当发现设备异常时，MES 系统会进行警报响应，工作人员能够根据 MES 系统查看警报设备哪里出了问题，随后立即解决。

4．设备检修

设备检修给予详细的设备检修业务流程，从设备当场质保逐检，至设备检修完毕，根据 MES 系统移动端对车间设备开展报障，收到报障信息后，全自动或手动式创建设备检修工单进行工单审批，检修人员应用现场终端设备开展检修记录，并将每一次的检修关键点传回至服务器端，对设备进行电子检修记录。

5. 设备维护保养

设备应按时维护保养，制定周/月/年度维护保养方案，事先提示维护保养人员维护保养的内容，过后进行记录。

6. 设备连网收集数据

根据 MES 系统将设备连网，进行数据传输，全自动收集数据信息，并提交至网络服务器。

7. 设备安全巡检

安全巡检人员只需使用移动端将设备难题录入 MES 系统，就能完成对车间设备的安全巡检，及时处理设备难题。

工厂拥有 MES 系统不仅切合了工业 4.0 的发展趋势，完成生产制造协作，车间电子化、透明化、智能化，还提高了车间现场的生产率，减少了制造成本。

下面，以 X 厂车床类设备资产台账表为例进行数据管理操作，如表 1.1 所示。

表 1.1　X 厂车床类设备资产台账表

序号	设备编号	设备名称	单位	数量	规格/型号	生产厂家	出厂编号/出厂日期	购置日期	原值（万元）	状态	使用地点	备注
1	FYS01-013	数控车床	台	1	CK6138B	亿发机床厂	0961 2010-4	2011.05	15.21	待报废	冲压车间	
2	FYS01-014	台式仪表车床	台	1	C6140B	第一机床厂	1135 2013-4	2013.08	20.5	完好	转子车间	
3	FYS01-015	无级数控车床	台	1	CK6132	温州市宏腾标准件厂	0235 2011-6	2011.12	17.1	待修	铸件车间	购二手

引导问题 1：以实际操作人员使用人机交互界面，建立设备资产台账表，记录设备本身原有的信息为例，思考表 1.1 各单元格的值应该使用什么样的数据类型？

____

____

____

步骤 1： 使用 Python 语言，编写“zjchan.py”程序，运行程序并查看结果。运行程序生成的数据表如图 1.7 所示，本案例项目所在路径为“F:\pythonProject”，生成的数据文件名为“equipment_record.csv”。可使用 Office 软件打开数据文件进行查看，如图 1.8 所示。

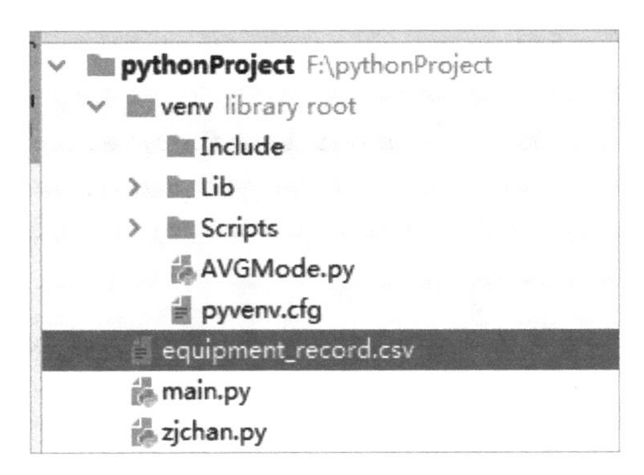

图 1.7　运行程序生成的数据表

计算机 ▸ 文档 (F:) ▸ pythonProject ▸

查看(V)　工具(T)　帮助(H)

含到库中 ▾　共享 ▾　刻录　新建文件夹

名称	修改日期	类型	大小
.idea	2022/4/24 星期...	文件夹	
venv	2022/4/24 星期...	文件夹	
equipment_record	2022/4/24 星期...	Microsoft Excel ...	1 KB
main	2022/4/24 星期...	JetBrains PyChar...	1 KB
zjchan	2022/4/24 星期...	JetBrains PyChar...	2 KB

图 1.8　查看数据文件

```
//设备资产台账表录入程序
import csv

with open('equipment_record.csv', 'a', newline='') as csvfile:
    writer = csv.writer(csvfile, dialect='Excel')
    header = ['序号', '设备编号', '设备名称', '单位', '数量', '规格/型号', '生产厂家
', '出厂编号/出厂日期','购置日期','原值（万元）','状态','使用地点','备注']
    writer.writerow(header)
    while True:
        number = input('请输入序号：')
        equipment_number = input('请输入设备编号：')
        equipment_name = input('请输入设备名称：')
        equipment_unit = input('请输入单位：')
        devices_number = input('请输入数量：')
        specification_model = input('请输入规格/型号：')
        manufacturer = input('请输入生产厂家：')
        factory_number_date = input('请输入出厂编号/出厂日期：')
        acquisition_date = input('请输入购置日期：')
        original_value = input('请输入原值（万元）：')
        usage_status = input('请输入状态：')
        use_place = input('请输入使用地点：')
```

```
        remarks = input('请输入备注：')

        writer.writerow([number, equipment_number, equipment_name,
equipment_unit, devices_number, specification_model, manufacturer,
factory_number_date,acquisition_date,original_value,usage_status,use_place,r
emarks])

        unit_continue = input('是否需要输入下一个设备？按 n 键停止输入，按其他任意键继
续：')
        if unit_continue == 'n':
            break
        else:
            continue

print('恭喜你，资产录入工作完成！')
```

步骤 2：修改程序，并查看运行结果。

引导问题 2：当使用 input 语句输入时，系统得到的是什么样的数据类型？

在步骤 1 中程序代码后添加以下代码。

```
print(type(number))
print(type(equipment_number))
print(type(equipment_name))
print(type(equipment_unit))
print(type(devices_number))
print(type(specification_model))
print(type(manufacturer))
print(type(factory_number_date))
print(type(acquisition_date))
print(type(original_value))
print(type(usage_status))
print(type(use_place))
print(type(remarks))
```

步骤 3：修改程序，进行数据类型转换，并查看运行结果。

引导问题 3：工厂根据设备资产台账表要得到设备总资产数据，因此，原值（万元）单元格中的数据类型应该为浮点型，请查找将字符串数据转换为浮点型数据的方法。

在步骤 1 中程序代码后添加以下代码。

```
print(float(original_value))
print(type(float(original_value)))
```

【拓展知识】

数据类型转换是将数据从一种格式或结构转换为另一种格式或结构的过程。数据类型转换对于数据集成和数据管理等活动至关重要。数据类型转换可以包括一系列活动：通过删除空值或重复数据来清理数据，丰富数据或执行聚合操作，具体取决于项目的需要。

通常，企业希望转换数据类型以使其与其他数据兼容，将其移动到另一个系统，或者将其与其他数据连接，或者聚合数据中的信息。

例如，某企业收购了较小的企业，人力资源部门需要合并员工信息。收购的企业使用与母企业不同的数据库，因此需要做一些工作以确保这些记录匹配。

数据类型转换的常见原因如下。

① 企业正在将数据移动到新的数据仓库存储。例如，正在迁移到云数据仓库，需要更改数据类型。

② 将非结构化数据或流数据与结构化数据相结合，以便可以一起分析数据。

③ 向数据中添加信息以丰富它，如执行查找操作，添加地理位置数据或添加时间戳。

④ 执行聚合操作，如比较来自不同地区的销售数据或来自不同地区的总销售额。

任务 3：将数据转换为信息

【知识准备】

1. 数据与信息的关系

随着人类开始进入深度学习和人工智能（AI）领域，技术发展重点从解决如何收集基础数据变为如何建立基于信息的世界。存储的数据只是大量混杂的信息，人们希望可以将其转化为可操作的信息，有时需要收集多年的数据才能够做到这一点。例如，人们知道天气预报中心每天都会收集所有气象数据，其中包括预测模型的输出。当某些天气预报网站有一个新的预测模型时，人们通过新模型运行旧数据，并查看模型输出和观察结果，以得到新模型是否比旧模型好的结论。这在一个城市实施比较容易，但在国家范围和全球范围内做这件事需要处理和对比大量的数据和信息。

数据本身是一堆原材料，类似数字、单词、计数、字串、图片、视频、音乐，彼此之间没有关系，除非人为赋予它们关系。这种人为赋予数据之间的“关系”，就是在建立数据之间的“连接”。如果一组或一连串的“连接”是正确的，那么数据就生成了“信息”，基于

“信息”就可以做出一些假设/判断，从而开展行动。

信息的管理起源于 1890 年美国人口普查使用 Hollerith 穿孔卡片，它们是空白的，不像我们目前看到的表格式卡片，将其转换为信息的成本相当高昂。如今，人们会将人口普查的数据列入表格。信息的定义应该以时间标准为基础，现在很多领域的定义正在迅速演变。

信息分析市场的规模和范围正在不断扩大，从自动驾驶汽车到安全摄像头，再到医疗发展。每个行业及人们生活的每一个部分，都发生了迅速的变化，并且速度在加快。所有这些都是数据驱动的，而收集的所有新旧数据都用于开发新类型的可操作信息。

2. 数据转换为信息的基本过程

数据管理是指数据的收集、整理、组织、存储、维护、检索、传送等操作，是数据处理业务的基本环节，而且是所有数据处理过程中必有的共同部分。

数据处理是从大量的原始数据中抽取出有价值的信息，即数据转换成信息的过程。数据处理主要对所输入的各种形式的数据进行加工整理，包含对数据的收集、存储、加工、分类、归并、计算、排序、转换、检索和传送的演变与推导全过程。计算机数据处理主要包括以下 8 个方面。

① 数据采集：采集所需的数据。

② 数据转换：把数据转换成计算机能够接收的形式。

③ 数据分组：指定数据编码，按有关信息进行有效的分组。

④ 数据组织：整理数据或用某些方法安排数据，以便进行处理。

⑤ 数据计算：进行各种算术和逻辑运算，以便得到进一步的数据。

⑥ 数据存储：将原始数据或计算的结果保存起来，供以后使用。

⑦ 数据检索：按用户的要求找出有用的数据。

⑧ 数据排序：把数据按一定要求排序。

数据处理的过程大致分为数据的准备、处理和输出 3 个阶段。数据准备阶段也可以称为数据录入阶段，即将数据保存成文件。数据录入以后，就要由计算机对数据进行处理，为此要预先由用户编制程序并把程序输入计算机，计算机是按程序的指示和要求对数据进行处理的。所谓处理，就是指上述 8 个方面中的一个或若干个的组合。最后输出的是各种文字和数字的表格或报表。

数据处理系统已广泛地用于各种企业和事业机构，内容涉及薪金支付、票据收发、信贷和库存管理、生产调度、计划管理、销售分析等。它能产生操作报告、金融分析报告和统计报告等。数据处理技术涉及问卷系统、数据库管理系统、分布式数据处理系统等方面的技术。

此外，由于数据或信息大量地应用于各种各样的企业和事业机构，因此工业化社会中已形成一个独立的信息处理业。数据和信息，本身已经成为人类社会中极其宝贵的资源。信息处理业对这些资源进行整理和开发，借以推动信息化社会的发展。

3. 数据处理工具

在数据处理的不同阶段，有不同的专业工具来对数据进行不同的处理。

在数据转换部分，有专业的 ETL 工具来帮助完成数据的提取、转换和加载，相应的工具有 Informatica 和开源的 Kettle。在数据存储和计算部分，对于数据库和数据仓库等工具，有 Oracle、DB2、MySQL 等，此外列式数据库在大数据的背景下发展非常快。在数据可视化部分，需要对数据的计算结果进行分析和展现，有 BIEE、Microstrategy、Z-Suite 等工具。数据处理软件有 Excel、MATLAB、Origin 等，当前流行的图形可视化和数据分析软件有 MATLAB、Mathmatica 和 Maple 等。这些软件功能强大，可满足科技工作中的许多需要，但使用这些软件需要有一定的计算机编程知识和矩阵知识，并熟悉其中大量的函数和命令。

大数据时代，需要解决大量数据、异构数据等多种问题带来的数据处理难题。Hadoop 是一个分布式系统基础架构，由 Apache 软件基金会开发。用户可以在不了解底层细节的情况下，利用 Hadoop 开发分布式程序，充分利用集群的威力进行高速运算和存储。Hadoop 实现了一个分布式文件系统 HDFS，HDFS 有高容错性的特点，并且可以部署在低廉的硬件上。它提供高传输率来访问应用程序中的数据，适合那些有超大数据集的应用程序。

【任务实施】

将生产数据转换为产能信息

针对制造企业而言，产能信息可以为生产车间提供准确及时的生产进度数据，以利生产安排；可以及时向生产管理部门反映车间的问题及需要，以利生产决策；还可以按成本管理要求向生产管理部门及时报送所需的成本统计资料——产量、工时投入和物料耗用相关数据。

下面，以 X 电子厂 Y 车间在 Excel 中使用生产记录表制作产能透视表的过程为例，演示将数据转换为信息的过程。

引导问题 1：什么是数据透视表？

____

____

____

步骤 1： 新建一个 Excel 工作簿，重命名为“生产统计报表”。打开工作簿，把 sheet1 重命名为“产量记录”，sheet2 重命名为“产量报表”。在“产量记录”工作表中自 A1 单元格起，输入以下字段名：日期、生产线（机台号/班组）、产品编码、产品名称、规格型号、单位、数量，并录入部分产量记录，如图 1.9 所示。

	A	B	C	D	E	F	G
1	日期	生产线（机台号/班组）	产品编码	产品名称	规格型号	单位	数量
2	2022/4/1	01-01	DZ0001	电阻	25Ω	支	100
3	2022/4/1	02-01	DZ0002	电阻	32Ω	支	100
4	2022/4/1	01-02	DZ0003	电阻	100Ω	支	105
5	2022/4/1	02-02	DZ0004	电阻	320Ω	支	110
6	2022/4/1	01-03	DZ0005	电阻	29Ω	支	96
7	2022/4/1	02-03	DZ0006	电阻	30Ω	支	92
8	2022/4/2	01-01	DR0001	电容	10F	支	76
9	2022/4/2	02-01	DR0002	电容	18F	支	51
10	2022/4/2	01-02	DR0003	电容	50F	支	90
11	2022/4/2	02-02	DR0004	电容	100F	支	87
12	2022/4/2	01-03	DR0005	电容	25F	支	100
13	2022/4/3	02-03	DR0006	电容	0.5F	支	100
14	2022/4/3	01-01	JCK001	集成块	AEu8139	支	52
15	2022/4/3	02-01	JCK002	集成块	AEu8120	支	45
16	2022/4/3	01-02	JCK003	集成块	AEu8141	支	32
17	2022/4/3	02-02	JCK004	集成块	AEu8152	支	29
18	2022/4/3	01-03	JCK005	集成块	AEu8143	支	67
19	2022/4/3	02-03	JCK006	集成块	AEu9144	支	31
20							

图 1.9　生产统计报表

步骤 2： 在“产量记录”H 列添加一个字段“报表周”，在 H2 单元格中输入公式：=IF(len(A2)>0,WEEKNUM(A2)-WEEKNUM(YEAR(A2)&"-"&MONTH(A2)&"-"&1)+1,"")。

在“产量记录”I 列添加一个字段“报表月”。在 I2 单元格中输入公式：=IF(LEN(A2)>0, MONTH(A2),"")。

把“产量记录”中的数据透视出去：单击“插入”选项卡，插入数据透视表，在弹出的“创建数据透视表”对话框中把表/区域改为“产量记录!$A:$I”，放置数据透视表的位置选择现有工作表，单击“产量报表”A4 单元格，单击“确定”按钮，如图 1.10 所示。

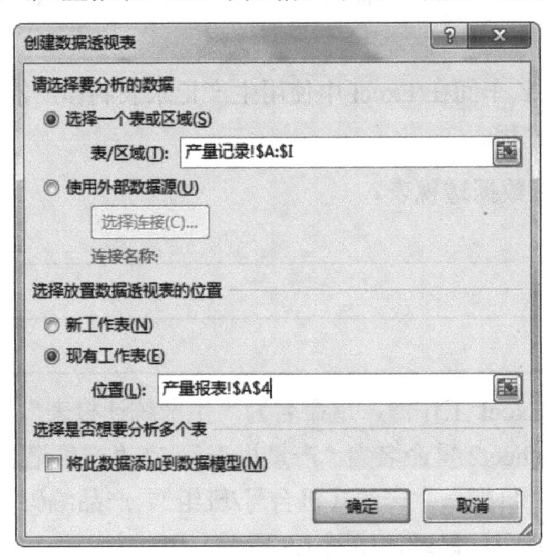

图 1.10　创建数据透视表

引导问题 2：若创建过程中报错信息“数据透视表字段名无效”“数据源引用无效”，则应如何解决？

____

____

____

步骤 3：把“报表周”拉入筛选器，“报表月”拉入列，“生产线（机台号/班组）”“产品编码”“产品名称”“规格型号”“单位”等拉入行，“数量”拉入表/区域，并将值汇总方式修改为“求和”，即可得到 2022 年 4 月第 1 周各生产线的产能分析信息，如图 1.11 所示。

图 1.11　2022 年 4 月第 1 周各生产线的产能分析信息

引导问题 3：如果在步骤 3 基础上还需要得到每种产品的产能分析信息，那么应如何操作？

____

____

____

【拓展知识】

数据透视图通过对数据透视表中的汇总数据添加可视化效果来对其进行补充，以便用户轻松查看不同数据间的对比、数据模式和趋势。借助数据透视表和数据透视图，用户可根据企业中的关键数据做出明智决策。此外，可以连接外部数据源，如 SQL Server 表、SQL Server Analysis Services 多维数据集、Azure Marketplace、Office 数据连接（.odc）文件、XML 文件、Access 数据库和文本文件，来创建数据透视表，或者使用现有数据透视表创建新表。

项目 2：存储数据

【项目描述】

数据库（DataBase，DB）技术是工业互联网工程技术人员必须掌握的技术之一。在项目 1 的学习中，数据以变量的形式存在于内存中，程序运行完毕，内存中的数据以文件的形式存储在外部存储器上。但是以独立文件的形式存储数据，不便于将数据转换为信息并进行管理。因此，实际工作中常根据数据的类别选择适合的数据库系统先将数据进行存储，再根据用户的实际需要进行管理。

数据库是按照数据结构来组织、存储和管理数据的仓库，是一个长期存储在计算机内的、有组织的、可共享的、统一管理的大量数据的集合。从广义的角度定义，计算机中任何可以存储数据的文件或系统都可以称为数据库，如一个 Word 文档、一个 Excel 电子表格等。在 AIoT（人工智能物联网）技术领域，数据库一般指的是由专业技术团队开发的用于存储数据的软件系统。专业的数据库系统具有较小的数据冗余度、较高的数据安全性和易扩展性。

数据库可以分为关系型数据库与非关系型数据库两类。常见的关系型数据库有 MySQL、Oracle、SQL Server 等；常见的非关系型数据库有文档存储数据库 MongoDB、键值存储数据库 Redis、列存储数据库 HBase、图形存储数据库 Neo4j 等。

任务 1：存储关系型数据

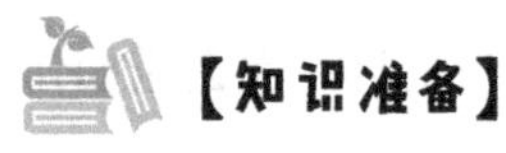

【知识准备】

1. 数据库系统和数据库管理系统

数据库系统（DataBase System，DBS）是一个实际可运行的系统，可以对系统提供的数据进行存储、维护和应用，通常由数据库、数据库管理系统、应用程序、数据库管理员 4 个部分构成。数据库管理员（DataBase Administrator，DBA）是指在数据库系统中负责创建、监控和维护整个数据库的专业管理人员。因此，可以认为，数据库系统是由专业技术人员与计算机软、硬件共同构成的一个系统。

数据库管理系统（DataBase Management System，DBMS）是一个大型复杂的基础软件系统，位于用户与操作系统之间，由一个相互关联的数据集合和一组访问数据的程序构成。数据库管理系统能够科学地组织和存储数据、高效地获取和维护数据。数据库管理系统具有数据定义，数据组织、存储和管理的功能，可以建立和维护数据库。

2. 实体和数据库表

实体是指现实世界中客观存在的并可以相互区分的对象或事物。就数据库而言，实体往往指某类事物的集合，可以是具体的人或事物，也可以是抽象的概念、联系。在划分实体和属性时，首先要按现实世界中事物的自然划分来定义实体和属性，如在对职工的描述中，职工是实体，姓名、年龄和民族等是职工的属性。

关系型数据库中将数据按照“实体”—“属性”的关系进行存储，创建多个装满数据的表格，最终形成数据的仓库。

观察数据库中存储的变压器数据表（见表 1.2），每一行实际上对应一个实体，在数据库中，通常叫作一条“记录”。表 1.2 中的每一列，如“编号”“工作站”“线路”“变压器”，在数据库中通常称为“字段”。

表 1.2 变压器数据表

编 号	工 作 站	线 路	变 压 器
1	S01	2022-02-02	89.234
2	S01	2022-02-02	451.45
3	S02	2022-02-02	76.1

【任务实施】

管理智能工厂后台管理系统中的关系型数据库

引导问题 1：MySQL 数据库实质上是一种软件，在安装软件的过程中，要注意关于操作系统的哪些问题？

____

____

____

步骤 1： 安装 MySQL，从官方网站下载合适的版本。因编写人员系统环境要求，本书采用 MySQL 5.5 版本，使用“Typical”模式安装，单击“Next”按钮，等待安装完成，如图 1.12 所示。

引导问题 2：如何查找历史版本？MSI 文件与 ZIP 文件的区别是什么？

____

____

____

步骤 2： 配置端口。在设置网络选项时，默认启用 TCP/IP 网络，默认端口为 3306 端口，实际工作中可以选择其他端口，但需要保证端口未被占用。勾选“Add firewall exception for this port”复选框，防火墙将允许通过该端口访问。网络选项设置如图 1.13 所示。

引导问题 3：如何查看端口是否被占用？如果 3306 端口被占用，那么如何解决？

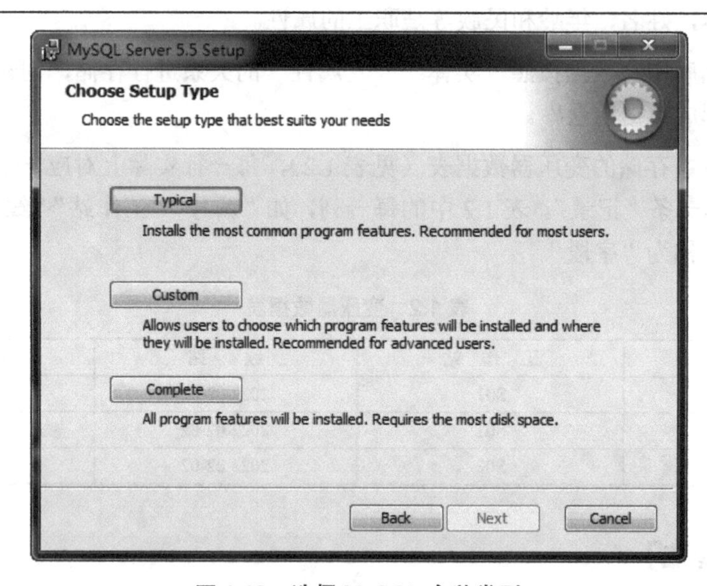

图 1.12　选择 MySQL 安装类型

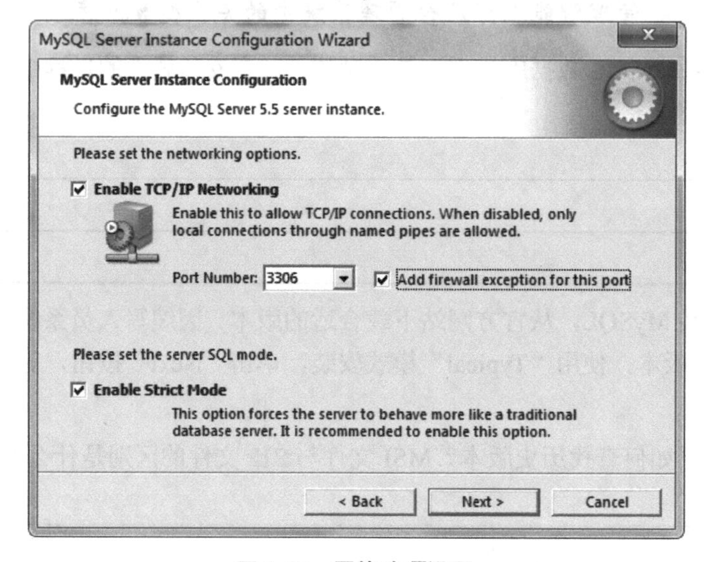

图 1.13　网络选项设置

步骤 3：配置字符集。为了可以在数据库中使用中文数据，需要配置字符集。UTF-8 是针对 Unicode 的一种可变长度字符编码。它可以用来表示 Unicode 标准中的任何字符，而且其编码中的第一个字节仍与 ASCII 标准相容，这使原来处理 ASCII 字符的软件无须或只进行少部分修改后，便可继续使用。UTF-8 包含全世界所有国家需要使用到的字符，是国际编码，通用性强。UTF-8 编码的文字可以在各国支持 UTF-8 字符集的浏览器上显示，即使在国外的浏览器上也可以显示中文，无须下载中文语言支持包。字符集配置如图 1.14 所示。

引导问题 4：常见的中文编码字符集还有哪些？GB/T 2312—1980 描述的简体中文字符集的中国国家标准全称是什么？

____

____

____

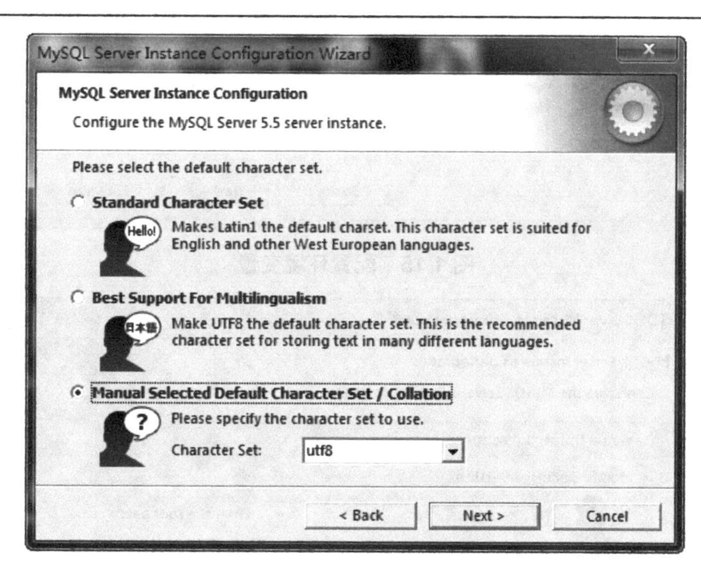

图 1.14　字符集配置

步骤 4：配置环境变量，勾选“Include Bin Directory in Windows PATH”复选框，如图 1.15 所示。

引导问题 5：如果此时未勾选上述复选框，那么待配置完成后如何手动修改？

____

____

____

步骤 5：设置 root 账号密码。root 账号为数据库管理员账号，必须设置密码，本书设置为 1234，如图 1.16 所示。

引导问题 6：如果此时勾选“Enable root access from remote machines”复选框，那么有什么后果？

____

____

____

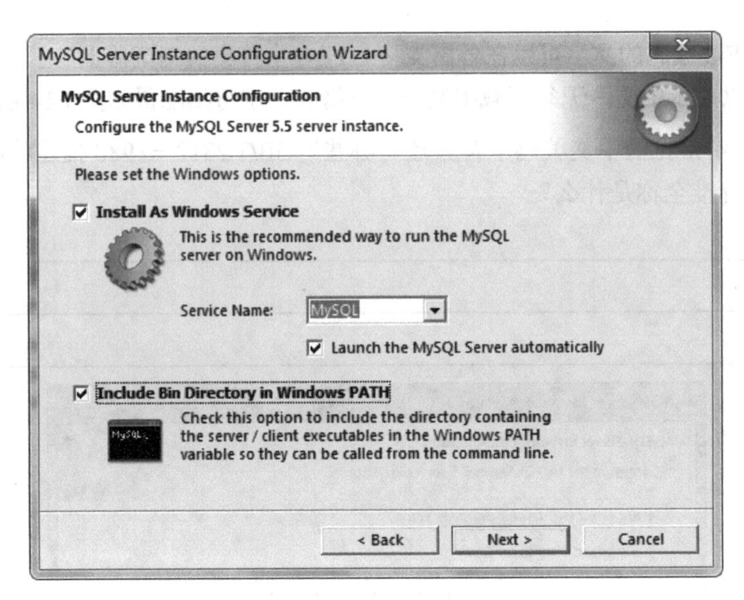

图 1.15　配置环境变量

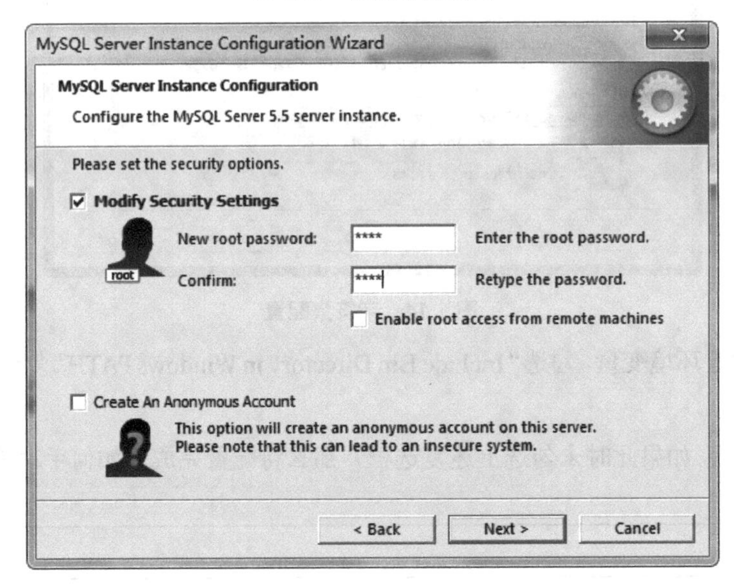

图 1.16　root 账号密码设置

步骤 6： 安装客户端工具 SQLyogEnt。本书使用 SQLyogEnt 8.2 版本，安装过程可全程单击“Next”按钮直至完成。填写用户名：oyksoft，注册码：26f359fc-e3f6-4727-8afl-72ala4a0819d，如图 1.17 所示。

引导问题 7：如果此时注册失败，那么如何解决？

____

____

____

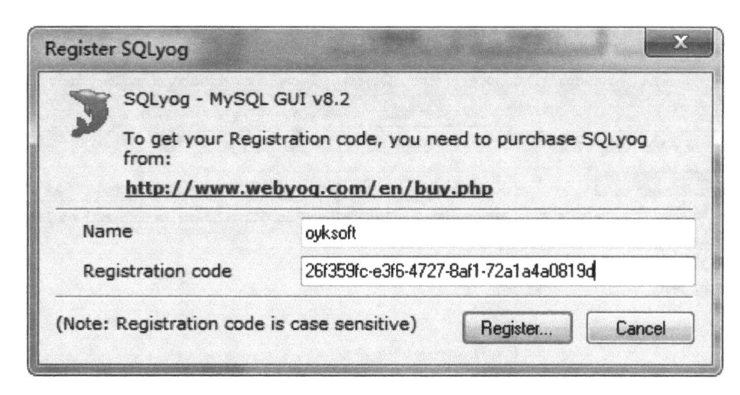

图 1.17　安装客户端工具 SQLyogEnt

步骤 7：通过 SQLyogEnt 连接 MySQL。双击 SQLyogEnt 的图标，打开 SQLyogEnt 登录界面，如图 1.18 所示，单击“New”按钮，新建连接为“MySQL”（可以自定义连接名称），正确输入服务器地址、用户名、密码、端口号。单击“Test Connection”按钮测试连接是否成功。连接成功后单击“Connect”按钮，进入 SQLyogEnt 操作界面，如图 1.19 所示。

引导问题 8：在“Database(s)”文本框中我们未填入信息，此步骤完成后显示的是哪些数据库？

____

____

____

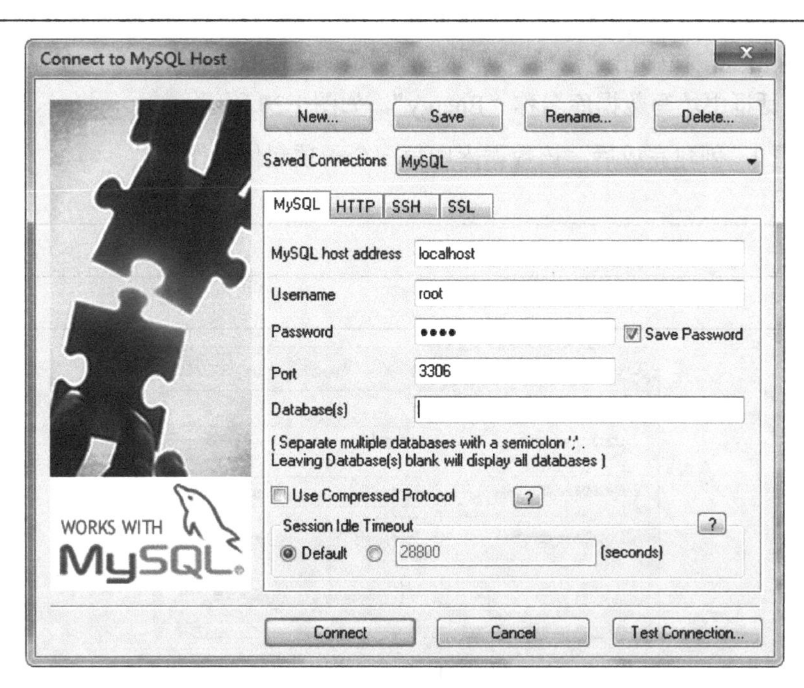

图 1.18　SQLyogEnt 登录界面

图 1.19　SQLyogEnt 操作界面

步骤 8：使用 SQLyogEnt 工具创建数据库。在 SQLyogEnt 操作界面中右击对象资源管理器窗口的空白处，在弹出的快捷菜单中选择“Create Database”命令，在弹出的“Create Database”对话框中填写数据库名称“Energy”，如图 1.20 所示。

引导问题 9：创建完成后，该数据库中每一个子项起什么作用？

____

____

____

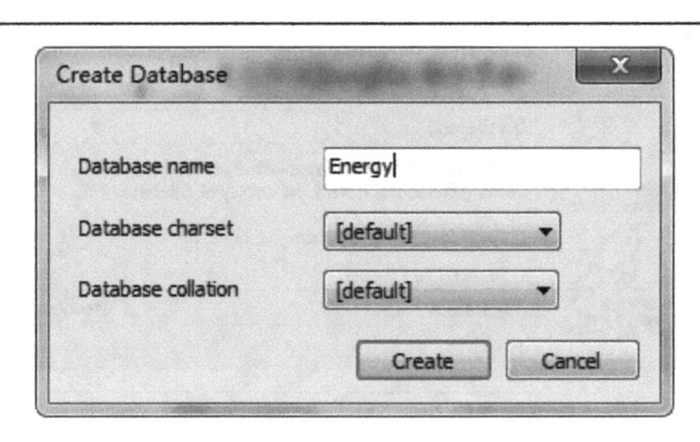

图 1.20　创建数据库

步骤 9：使用 SQLyogEnt 工具创建数据表。表 1.2 变压器数据表的表结构如表 1.3 所示，该表命名为 Transformer。

表 1.3　Transformer

序　号	列　名	数 据 类 型	数 据 来 源	是 否 为 空	是否为主键	备　注
1	ID	int	自增	否	是	编号
2	Name	varchar(256)	数据采集系统	是	否	工作站
3	Line	datatime	数据采集系统	是	否	线路
4	BYQ	decimal(18,3)	数据采集系统	是	否	变压器

右击“Tables”选项，在弹出的快捷菜单中选择“Create Table”命令，在弹出窗口中按表 1.3 要求创建数据表，如图 1.21 所示。

引导问题 10：表 1.3 中数据类型单元格内填写的内容表达了什么样的约定？

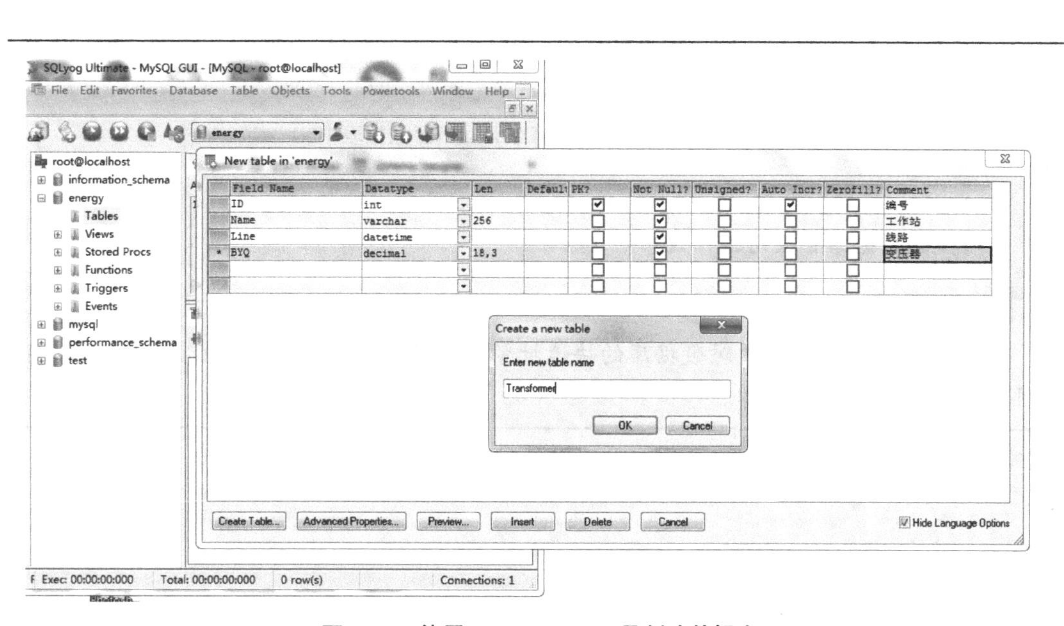

图 1.21　使用 SQLyogEnt 工具创建数据表

步骤 10：使用 SQLyogEnt 工具添加数据。右击“transformer”选项，在弹出的快捷菜单中选择“Open Table”命令，将表 1.2 变压器数据表的内容添加到 Transformer 数据表中，如图 1.22 所示。

引导问题 11：如何在 Line 列中输入小时、分钟、秒？

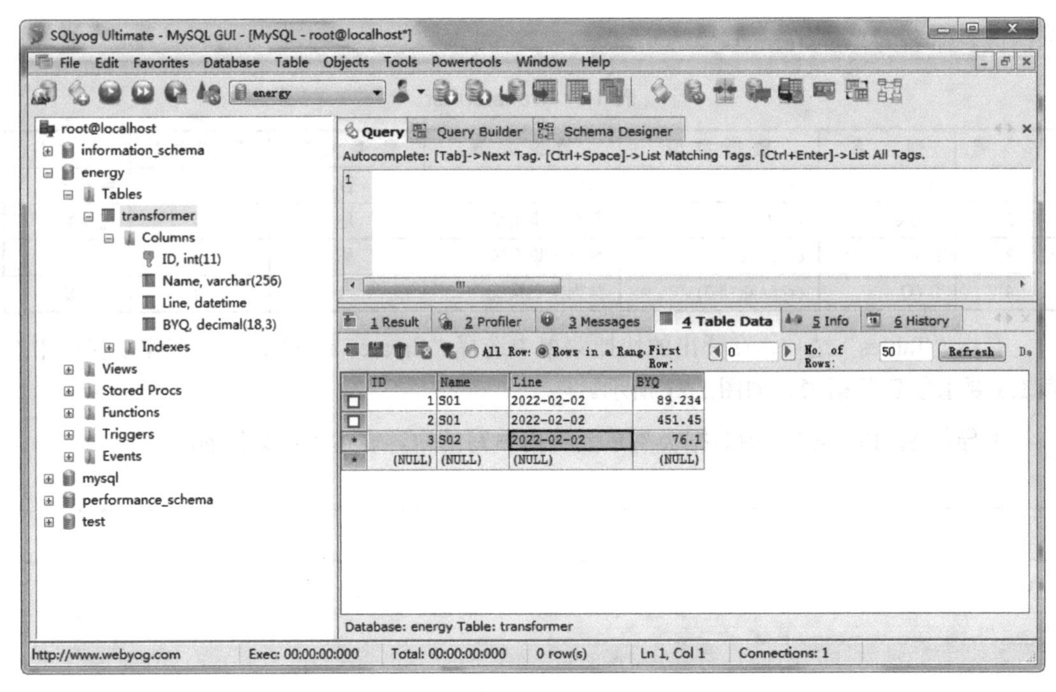

图 1.22　添加数据到 Transformer 数据表中

【思考】

如何提高数据库管理的工作效率？

【提示】

使用 SQL 语句可以实现对数据库的快速批量管理操作。请在下面记录步骤 8～步骤 10 改用 SQL 语句应该怎样操作。

【拓展知识】

1. 数据库与表

我们把相同类型的记录组织在一起的数据结构称为表（Table），表是实体的集合，用来存储具体的数据。同样，信息应该存储在表中，但是并不是一个表就是一个数据库。表是记录的集合，而数据库是表的集合。通常数据库并不只是简单地存储这些实体的数据，它还要表达实体之间的关系。例如，变压器和工作站是存在联系的，变压器作为设备与设备编号也是存在联系的。因此，在处理一些复杂的业务逻辑时，基于开发效率和程序运行效率的考虑，我们通常会创建一些除表外的其他数据库对象，如图 1.22 中的 Views 等。

2. 主键和外键

主键（Primary Key）用于唯一地标识表中的某一条记录，确保每列的原子性。主键可以由一个字段组成，也可以由多个字段组成，分别称为单字段主键或多字段主键。建立主键会生成唯一索引，一个表只能建一个主键。

外键（Foreign Key）用于保持数据一致性、完整性，主要目的是使两个表形成关联，并控制存储在外键中的数据。建立外键的表为“从表”，外键依赖的表为“主表”，主表是从表的“外表”。外键只能引用外表中的列的值，一个表只能建一个外键。建立外键的列必须是外表的主键，并且字段类型必须一致。

任务 2：存储非关系型数据

【知识准备】

1. 非关系型数据库

非关系型数据库也叫 NoSQL 数据库，NoSQL 的全称是 Not Only SQL。

2009 年初，Johan Oskarsson 举办了一场关于开源分布式数据库的讨论，Eric Evans 在这次讨论中提出了 NoSQL 一词，用于指代那些非关系型的、分布式的，且一般不保证遵循 ACID 原则的数据存储系统。Eric Evans 使用 NoSQL 这个词，并不是因为字面上的“没有 SQL”的意思，他只是觉得很多经典的关系型数据库名字都叫“**SQL”，所以为了表示与这些关系型数据库在定位上的截然不同，就使用了“NoSQL”一词。

非关系型数据库提出一种理念，用 key-value（键值对）存储，且结构不固定，每一个元组可以有不一样的字段，每个元组可以根据需要增加一些自己的 key-value，这样就不会局限于固定的结构，可以减少一些时间和空间的开销。使用这种方式，用户可以添加自己需要的字段，这样，为了获取不同信息，不需要像关系型数据库中那样，要对多表进行关联查询，仅需要根据 ID 取出相应的 value 就可以完成查询。

2．常见的非关系型数据库

1）HBase

列式存储以流的方式在列中存储所有的数据。对于任何记录，索引都可以快速地获取列中的数据；列式存储支持行检索，但这需要从每个列中获取匹配的列值，并重新组成行。HBase（Hadoop DataBase）是一个高可靠性、高性能、面向列、可伸缩的分布式存储系统，利用 HBase 技术可在廉价 PC Server 上搭建起大规模结构化存储集群。HBase 是 Google BigTable 的开源实现，模仿并提供了基于 Google 文件系统的 BigTable 数据库的所有功能。HBase 可以直接使用本地文件系统或 Hadoop 作为数据存储方式，不过为了提高数据的可靠性和系统的健壮性，发挥 HBase 处理大数据量等作用，需要使用 Hadoop 作为文件系统。HBase 仅能通过主键和主键的 range 来检索数据，仅支持单行事务，主要用来存储非结构化和半结构化的松散数据。

2）Redis

Redis 是一个 key-value 存储系统，key 为字符串类型，只能通过 key 对 value 进行操作，支持的数据类型包括 string、list、set、zset（有序集合）和 hash。Redis 支持“主从同步”，数据可以从主服务器向任意数量的从服务器上同步。

Redis 事务允许一组命令在单一步骤中执行。事务有两个属性：在一个事务中的所有命令作为单个独立的操作顺序执行；Redis 事务是原子性的，原子性意味着要么所有的命令都执行，要么都不执行。Redis 事务由 MULTI 命令发起，之后需要在事务中传递，最后通过 EXEC 命令执行所有命令的列表。Redis 可以配置安全保护功能，任何客户端在连接或执行命令时都需要进行身份验证。

3）MongoDB

MongoDB 是一个基于分布式文件存储的开源数据库系统，为 Web 应用提供可扩展的高性能数据存储解决方案。MongoDB 将数据存储为一个文档，数据结构由 key-value 组成。MongoDB 的特点为面向集合存储，易存储对象类型的数据；模式自由；支持动态查询；支持完全索引，包含内部对象；支持复制和故障恢复；使用高效的二进制数据存储方式，包括大型对象（如视频）；自动处理碎片，以支持云计算层次的扩展性；支持 Ruby、Python、Java、C++、PHP、C#等多种语言；文件存储格式为 BSON（一种 JSON 格式的扩展）；可通过网络访问。MongoDB 的适用场景有网站数据；缓存；大尺寸、低价值的数据；高伸缩性的场景；对象及 JSON 数据的存储。

4）Neo4j

Neo4j 是一个高性能的 NoSQL 图形数据库，把数据保存为图中的节点及节点之间的关系。Neo4j 中两个基本的概念是节点和边，节点表示实体，边表示实体之间的关系。节点和边都可以有自己的属性，不同实体通过各种不同的关系关联起来，形成复杂的对象图。

Neo4j 提供了在对象图上进行查找和遍历的功能：深度搜索、广度搜索。Neo4j 提供完整的 ACID 支持；具有高可用性；节点和关系可轻易扩展到上亿级别；通过遍历工具高速检索数据；属性由 key-value 组成。Neo4j 的适用场景有访问社交网络、搜索歌曲信息、生成活动状态图等。

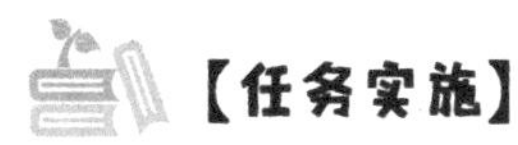

【任务实施】

连接 Redis

步骤 1：安装 Redis 数据库。

引导问题 1：Redis 官方网站上只有 Linux 版本，请自己查找 Windows 系统下安装 Redis 的相关资料，整理安装过程及注意事项。Docker 的作用是什么？

____

____

____

步骤 2：安装 Redis 数据库驱动程序。

引导问题 2：自己查找网上相关资料，整理安装过程及注意事项。下载前仔细观察下载界面，并提前记录好自己的计算机的相关软件版本情况。例如，本书安装的是 Python 3.7.3 版本。

____

____

____

步骤 3：Python 编程实现连接 Redis 数据库。

```
Import redis
rdb=redis.Redis(host='127.0.0.1',port=6379,db=0)
rdb.set('name','TOMCAT')
print(rdb.get('name'))
rdb.shutdown()
```

引导问题 3：为每一行代码写注释。'name'字符串的值是否可以修改？

____

____

____

【思考】

整理国产数据库的关系。

【提示】

在网上查找阿里云数据库（OceanBase）、华为云数据库（GaussDB）、腾讯云数据库

（TDSQL）与 MySQL 数据库、Redis 数据库等产品的性能对比资料。

【拓展知识】

用连接池方式连接 Redis 数据库：

当大规模访问 Redis 数据库时，单独一个个建立数据库连接需要产生很大的内存消耗，影响数据库的运行及响应速度。因此，引入了数据库连接池的概念，通过内存共享连接资源，避免内存消耗的问题。该技术同样可以应用于其他数据库。

项目 3：大数据时代下数据的作用

任务 1：让数据流动起来

【知识准备】

1. 数据分析的概念

随着大数据时代的到来，特别是物联网、云计算、边缘计算、数字孪生、AI 等科学技术的不断发展，当今世界对信息技术的依赖程度日渐加深，每天都会产生和存储海量的数据。数据来源多种多样，除生产过程中的自动检测系统、传感器和其他科学仪器会产生大量的数据外，日常工作中的编写办公文档、计算机系统日志、工作社交平台发信息等，也都会产生大量的数据。处理这些数据，并从中提取出有价值的信息的过程就是数据分析。

数据分析是指用适当的统计分析方法对收集来的大量原始数据进行分析，为提取有用信息和形成结论而对数据加以详细研究和概括总结的过程。数据分析的目的是提取不易推断的信息并加以分析，一旦理解了这些信息，就能够对产生数据的系统的运行机制进行研究，从而对系统可能的响应和演变做出预测。

2. 数据分析的过程

数据分析的过程可以用以下几步来描述：转换和处理原始数据，用可视化方式呈现数据，建模并做预测，其中每一步所起的作用对后面的步骤而言都是至关重要的。数据分析可以概括为问题定义、数据采集、数据预处理、数据探索和数据可视化、预测模型的创建和选择、模型评估、部署 7 个阶段。

1）问题定义

在数据分析前，首先需要明确数据分析的目标，即本次数据分析要研究的主要问题和预期的分析目标等，这称为问题定义。

2）数据采集

完成问题定义后，在分析数据之前，需要进行数据采集。数据采集一定要本着创建预测模型的目的，其对数据分析的成功起着至关重要的作用。所采集的样本数据应尽可能多地反映实际情况，即能够描述系统对来自现实刺激的反应。如果采集了不当的数据，或者对不能很好地代表系统的数据进行数据分析，那么得到的模型将会偏离作为研究对象的系统。例如，如果需要探究北京空气质量变化的趋势，就需要采集北京最近几年的空气质量数据、天气数据，甚至工厂环境状况数据、气体排放数据、重要日程数据等；如果需要分析影响公司销售额的关键因素，就需要采集公司的历史销售额数据、用户数据、广告投放数据等。

数据采集方式有：利用 SQL 语句直接从企业管理数据库中调取相关业务数据；客户端向服务器请求数据，服务器将数据封装到 JSON 或 XML 等格式的文件中返回客户端；从特定的网站上下载科研机构、企业、政府的公开数据集；编写网页爬虫，去收集 Web 页面上的数据；使用工具采集系统日志文件中的数据等。

虽然数据采集不能获得所有需要的数据，但是可以通过有限的可获取的数据，提取出更多有用的信息。

3）数据预处理

通过数据采集获得的数据大部分是不完整、不一致的“脏数据”，无法直接进行数据分析，若直接使用会使分析结果不如人意。数据预处理就是使数据采集阶段中获得的原始数据，经过数据清洗和数据转换后，转变为“干净”的数据。使用这些“干净”的数据，才能获得更加精确的分析结果。

数据清洗是对数据重新审查和校验的过程，目的是删除重复信息、纠正存在的错误，检查数据一致性，处理无效值和缺失值等。例如，化工厂空气排放质量数据中有许多天的数据由于设备的原因没有监测到，有些数据是重复记录，还有一些是设备故障造成监测数据无效。那么，对于这些残缺的数据，是直接删除，还是用邻近的值去补全，这些都是需要考虑的问题。

数据转换是将数据从一种表示形式转变为另一种表示形式的过程，如日期格式转换、数据计量单位转换等，也是不同类型的数据文件进行数据融合的过程。

4）数据探索和数据可视化

数据探索的本质是从图形或统计数字中搜寻数据，以发现数据中的模式、联系和关系。数据可视化是获得信息的最佳方式之一。通过可视化呈现数据，不仅可以快速抓住要点信息，还可以揭示通过简单统计不能观察到的模式和结论。

5）预测模型的创建和选择

预测模型是指用于预测的、用数学语言或公式来描述的事物间的数量关系。它在一定程度上揭示了事物间的内在规律，预测时把它作为计算预测值的直接依据。在预测模型的创建和选择阶段，要创建或选择合适的统计模型来预测某一个结果出现的概率。

6）模型评估

模型评估阶段也就是模型测试阶段，该阶段将从整个数据分析的原始数据集中抽取出一部分用作验证集，并用验证集去评估使用先前采集的数据所创建的模型是否有效。

一般来说，用于建模的数据称为训练集，用于验证模型的数据称为验证集。

7）部署

数据分析的最后一个阶段是部署，旨在展示结果，也就是给出数据分析的结论。

3. JSON 格式文件

JSON（JavaScript Object Notation，JavaScript 对象简谱）是一种轻量级的数据交换格式。它是基于 ECMAScript（欧洲计算机制造商协会制定的 JavaScript 规范）的一个子集，采用完全独立于编程语言的文本格式来存储和表示数据。简洁和清晰的层次结构使得 JSON 成为理想的数据交换语言。

JSON 主要用于在网络上进行数据传输，是一种取代 XML 的数据结构，可以让人们更容易地进行阅读和编写，同时方便了机器进行解析和生成。例如，对于一个 23 岁、姓名为“张三”的个人的信息，采用变量的方式可描述为 var name='张三'，var age='23'，采用 JSON 文件的方式可描述为：

```
var zhangsan = {
   name: '张三',
   age: '23',
}
```

JSON 文件使用 key-value 的模式来直观地存储数据，常用于前后端之间互相传送数据。例如，前端浏览器发起请求，调用接口，后端服务器返回一串 JSON 数据，前端浏览器处理数据，渲染到 Web 页面上，用户就可以看到数据信息。

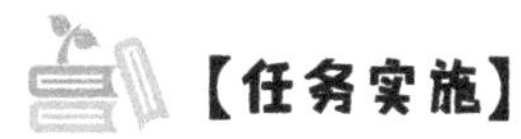【任务实施】

预处理数据：将 JSON 文件转换为 Excel 文件

步骤 1：使用文本编辑器新建“Score.json”文件。文件内容如下：

{ "1":[" S01"," 2022-02-02"," 89.234"], "2":[" S01","2022-02-02"," 451.45"], "3":[" S02"," 2022-02-02"," 76.1"] }。

JSON 文件示例如图 1.23 所示。

引导问题 1：JSON 文件的基本语法规则有哪些？

____

____

____

```
Score.json
1  {
2      "1":[" S01","2022-02-02","89.234"],
3      "2":[" S01","2022-02-02","451.45"],
4      "3":[" S02","2022-02-02","76.1"]
5  }
```

图 1.23　JSON 文件示例

步骤 2：读取 JSON 文件并保存到数据库。新建一个.py 文件，录入以下代码并运行。

```
import json, xlwt
def read_score(jsonfile):
   with open(jsonfile, encoding='utf-8') as f: # 将 JSON 文件转化为字典
      score_all = json.load(f)
      book = xlwt.Workbook() # 创建 Excel 文件
      sheet = book.add_sheet('sheet1') # 创建一个表
      title = ['序号', '工作站', '线路', '变压器']
      for col in range(len(title)): # 存入第一行标题
         sheet.write(0, col, title[col])
      row = 1 # 定义行
      for k in score_all:
         data = score_all[k] # data 保存工作站、线路、变压器的 list
         data.insert(0, k) # 第一列加入序号
         for index in range(len(data)): # 依次写入每一行
            sheet.write(row, index, data[index])
         row += 1
      book.save('score.xls')
read_score('score.json')
```

引导问题 2：如何导入模块？

____

____

____

任务 2：从信息中抽取合适的数据

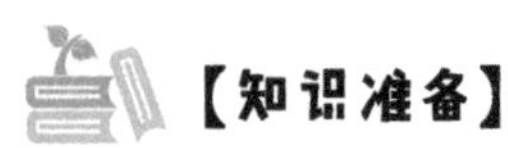

1. 正则表达式

人类社会常用的信息表达方式有文字、图形、图像、声音和形体动作等，其中文字是最常用的表达方式，同时便于计算机处理。正则表达式又称规则表达式，通常用来检索、替换那些符合某个模式的文本。许多程序设计语言都支持利用正则表达式进行字符串操作。

2. 正则表达式常用元字符

例如，要从给定的字符串信息 1234qqsc@163.com 中判定是否含有合法的电子邮件地址数据，可以使用“^\w+@(\w+\.)+\w+$”正则表达式来操作。

正则表达式常用元字符表如表 1.4 所示。

表 1.4　正则表达式常用元字符表

元　字　符	描　　述
\	一个字符标记符或一个向后引用符或一个八进制转义符。例如，“\\n”匹配\n，“\n”匹配换行符，“\\”匹配“\”，而“\(”匹配“(”。\相当于多种编程语言中都有的“转义字符”的概念
^	匹配输入字行首。如果设置了 RegExp 对象的 Multiline 属性，那么^也匹配“\n”或“\r”之后的位置
$	匹配输入字行尾。如果设置了 RegExp 对象的 Multiline 属性，那么$也匹配“\n”或“\r”之前的位置
*	匹配前面的子表达式任意次。例如，zo*能匹配“z”，也能匹配“zo”和“zoo”。*等价于{0,}
+	匹配前面的子表达式一次或多次（大于或等于 1 次）。例如，“zo+”能匹配“zo”和“zoo”，但不能匹配“z”。+等价于{1,}
?	匹配前面的子表达式零次或一次。例如，“do(es)?”可以匹配“do”或“does”。?等价于{0,1}
{n}	n 是一个非负整数，匹配确定的 n 次。例如，“o{2}”不能匹配“Bob”中的“o”，但是能匹配“food”中的两个 o
{n,}	n 是一个非负整数，至少匹配 n 次。例如，“o{2,}”不能匹配“Bob”中的“o”，但能匹配“foooood”中的所有 o。“o{1,}”等价于“o+”。“o{0,}”则等价于“o*”
{n,m}	m 和 n 均为非负整数，其中 n≤m，最少匹配 n 次且最多匹配 m 次。例如，“o{1,3}”将匹配“fooooood”中的前三个 o 为一组，后三个 o 为一组。“o{0,1}”等价于“o?”。请注意在逗号和两个数之间不能有空格
?	当该字符紧跟在任何一个其他限制符（*,+,?、{n}、{n,}、{n,m}）后面时，匹配模式是非贪婪的。非贪婪模式尽可能少地匹配所搜索的字符串，而默认的贪婪模式尽可能多地匹配所搜索的字符串。例如，对于字符串“oooo”，“o+”将尽可能多地匹配“o”，得到结果[“oooo”]，而“o+?”将尽可能少地匹配“o”，得到结果['o', 'o', 'o', 'o']
.	匹配除“\n”和“\r”外的任何单个字符。要匹配包括“\n”和“\r”在内的任何字符，请使用类似“[\s\S]”的模式

续表

<table>
<tr><th>元 字 符</th><th>描 述</th></tr>
<tr><td>(pattern)</td><td>匹配 pattern 并获取这一匹配结果。所获取的匹配结果可以从产生的 Matches 集合中得到，在 VBScript 中使用 SubMatches 集合，在 JavaScript 中则使用$0…$9 属性。要匹配圆括号字符，请使用“\(”或“\)”</td></tr>
<tr><td>(?:pattern)</td><td>非获取匹配，匹配 pattern 但不获取匹配结果，不进行存储供以后使用。这在使用或字符“(|)”来组合一个模式的各个部分时很有用。例如，“industr(?:y|ies)”就是一个比“industry|industries”更简略的表达式</td></tr>
<tr><td>(?=pattern)</td><td>非获取匹配，正向肯定预查，在任何匹配 pattern 的字符串开始处匹配查找字符串，该匹配不需要获取供以后使用。例如，“Windows(?=95|98|NT|2000)”能匹配“Windows2000”中的“Windows”，但不能匹配“Windows3.1”中的“Windows”</td></tr>
<tr><td>(?!pattern)</td><td>非获取匹配，正向否定预查，在任何不匹配 pattern 的字符串开始处匹配查找字符串，该匹配不需要获取供以后使用。例如，“Windows(?!95|98|NT|2000)”能匹配“Windows3.1”中的“Windows”，但不能匹配“Windows2000”中的“Windows”</td></tr>
<tr><td>(?<=pattern)</td><td>非获取匹配，反向肯定预查，与正向肯定预查类似，只是方向相反。例如，“(?<=95|98|NT|2000)Windows”能匹配“2000Windows”中的“Windows”，但不能匹配“3.1Windows”中的“Windows”。
Python 的正则表达式没有完全按照正则表达式规范实现，所以一些高级特性建议使用其他语言，如 Java、Scala 等</td></tr>
<tr><td>(?<!pattern)</td><td>非获取匹配，反向否定预查，与正向否定预查类似，只是方向相反。例如，“(?<!95|98|NT|2000)Windows”能匹配“3.1Windows”中的“Windows”，但不能匹配“2000Windows”中的“Windows”。
Python 的正则表达式没有完全按照正则表达式规范实现，所以一些高级特性建议使用其他语言，如 Java、Scala 等</td></tr>
<tr><td>x|y</td><td>匹配 x 或 y。例如，“z|food”能匹配“z”或“food”（此处请谨慎）；“[z|f]ood”则匹配“zood”或“food”</td></tr>
<tr><td>[xyz]</td><td>字符集合。匹配所包含的任意一个字符。例如，“[abc]”可以匹配“plain”中的“a”</td></tr>
<tr><td>[^xyz]</td><td>负值字符集合。匹配未包含的任意字符。例如，“[^abc]”可以匹配“plain”中的“plin”任一字符</td></tr>
<tr><td>[a-z]</td><td>字符范围。匹配指定范围内的任意字符。例如，“[a-z]”可以匹配“a”到“z”范围内的任意小写字母字符。
注意：只有当连字符在字符组内部，并且出现在两个字符之间时，才能表示字符的范围；如果出现在字符组的开头，则只能表示连字符本身</td></tr>
<tr><td>[^a-z]</td><td>负值字符范围。匹配任何不在指定范围内的任意字符。例如，“[^a-z]”可以匹配任何不在“a”到“z”范围内的任意字符</td></tr>
<tr><td>\b</td><td>匹配一个单词的边界，也就是指单词和空格间的位置（正则表达式的“匹配”有两种概念，一种是匹配字符，另一种是匹配位置，这里的\b 就是匹配位置的）。例如，“er\b”可以匹配“never”中的“er”，但不能匹配“verb”中的“er”；“\b1_”可以匹配“1_23”中的“1_”，但不能匹配“21_3”中的“1_”</td></tr>
<tr><td>\B</td><td>匹配非单词边界。例如，“er\B”能匹配“verb”中的“er”，但不能匹配“never”中的“er”</td></tr>
<tr><td>\cx</td><td>匹配由 x 指明的控制字符。例如，\cM 匹配一个 Control-M 或回车符。x 的值必须为 A～Z 或 a～z。否则，将 c 视为一个原义的“c”字符</td></tr>
<tr><td>\d</td><td>匹配一个数字字符，等价于[0-9]。grep 要加上-P，perl 正则支持</td></tr>
<tr><td>\D</td><td>匹配一个非数字字符，等价于[^0-9]。grep 要加上-P，perl 正则支持</td></tr>
<tr><td>\f</td><td>匹配一个换页符，等价于\x0c 和\cL</td></tr>
<tr><td>\n</td><td>匹配一个换行符，等价于\x0a 和\cJ</td></tr>
<tr><td>\r</td><td>匹配一个回车符，等价于\x0d 和\cM</td></tr>
<tr><td>\s</td><td>匹配任何不可见字符，包括空格、制表符、换页符等，等价于[\f\n\r\t\v]</td></tr>
<tr><td>\S</td><td>匹配任何可见字符，等价于[^ \f\n\r\t\v]</td></tr>
<tr><td>\t</td><td>匹配一个制表符，等价于\x09 和\cI</td></tr>
<tr><td>\v</td><td>匹配一个垂直制表符，等价于\x0b 和\cK</td></tr>
<tr><td>\w</td><td>匹配包括下画线的任何单词字符，类似但不等价于“[A-Za-z0-9_]”，这里的单词字符使用 Unicode 字符集</td></tr>
<tr><td>\W</td><td>匹配任何非单词字符，等价于“[^A-Za-z0-9_]”</td></tr>
</table>

续表

<table>
<tr><th>元 字 符</th><th>描 述</th></tr>
<tr><td>\xn</td><td>匹配 n，其中 n 为十六进制转义值。十六进制转义值必须为确定的两个数字长。例如，“\x41”匹配“A”。“\x041”则等价于“\x04&1”。正则表达式中可以使用 ASCII 编码</td></tr>
<tr><td>\num</td><td>匹配 num，其中 num 是一个正整数，表示对所获取的匹配结果的引用。例如，“(.)\1”匹配两个连续的相同字符</td></tr>
<tr><td>\n</td><td>标识一个八进制转义值或一个向后引用。如果\n 之前至少有 n 个获取的子表达式，则 n 为向后引用；如果 n 为八进制数字（0～7），则 n 为一个八进制转义值</td></tr>
<tr><td>\nm</td><td>标识一个八进制转义值或一个向后引用。如果\nm 之前至少有 nm 个获取的子表达式，则 nm 为向后引用；如果\nm 之前至少有 n 个获取的子表达式，则 n 为一个后跟文字 m 的向后引用；如果前面的条件都不满足，n 和 m 均为八进制数字（0～7），则\nm 将匹配八进制转义值 nm</td></tr>
<tr><td>\nmL</td><td>如果 n 为八进制数字（0～7），且 m 和 l 均为八进制数字（0～7），则匹配八进制转义值 nml</td></tr>
<tr><td>\un</td><td>匹配 n，其中 n 是一个用 4 个十六进制数字表示的 Unicode 字符。例如，\u00A9 匹配版权符号（©）</td></tr>
<tr><td>\p{P}</td><td>小写 p 是 property 的意思，表示 Unicode 属性，用于 Unicode 正则表达式的前缀。中括号内的“P”表示 Unicode 字符 7 个字符属性之一：标点字符。
其他 6 个属性如下。
L：字母；
M：标记符号（一般不会单独出现）；
Z：分隔符（如空格、换行符等）；
S：符号（如数学符号、货币符号等）；
N：数字（如阿拉伯数字、罗马数字等）；
C：其他字符。
注意：此语法部分语言不支持，如 JavaScript</td></tr>
<tr><td>\<
\></td><td>匹配词（word）的开始（\<）和结束（\>）。例如，正则表达式\<the\>能够匹配字符串“for the wise”中的“the”，但是不能匹配字符串“otherwise”中的“the”。注意：这两个元字符不是所有的软件都支持的</td></tr>
<tr><td>()</td><td>将（和）之间的表达式定义为“组”（group），并且将匹配这个表达式的字符保存到一个临时区域（一个正则表达式中最多可以保存 9 个），它们可以用\1～\9 的符号来引用</td></tr>
<tr><td>|</td><td>将两个匹配条件进行逻辑“或”（or）运算。例如，正则表达式(him|her)匹配“it belongs to him”和“it belongs to her”，但是不能匹配“it belongs to them”。注意：这个元字符不是所有的软件都支持的</td></tr>
</table>

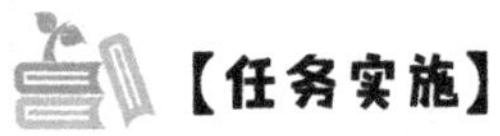

【任务实施】

从汽车噪声测评报告中提取数据

步骤 1：使用正则表达式描述数据出现的规律。

已知某汽车制造企业，汽车出厂前需要进行噪声测评。测评报告中的描述信息示例为：实测噪声值　怠速 35.9 分贝　60km/h 55.7 分贝　80km/h 59.1 分贝　120km/h 66.5 分贝，编写程序提取出示例中的数据 35.9、55.7、59.1、66.5。

引导问题 1：观察这些数据出现时前后文字的规律，参看表 1.4 选择合适的符号表达这个规律。

____

____

____

步骤 2：使用 Python 语言调用 re 模块进行数据提取。

示例代码如下。

```
import re
str1='实测噪声值　怠速 35.9 分贝 60km/h 55.7 分贝　80km/h 59.1 分贝　120km/h 66.5 分贝'
f1=re.findall('[0-9]+\.+[0-9]',str1)
print(f1)
```

引导问题 2：若使用 re.findall('[0-9]+\.+[0-9]分贝',str1)语句会得到什么结果？如何去掉结果中的文字信息？

____

____

____

任务 3：将数据可视化

【知识准备】

1. 数据可视化的意义

数据可视化是关于数据视觉表现形式的科学技术研究，是利用图形和图像处理、计算机视觉及用户界面，通过信息表达、建模，采用立体、平面或动画的显示，对数据加以可视化解释的过程，可以帮助人们更好地分析数据。

2. 数据可视化的工具

通用数据可视化工具大致分为 3 类。

1）零代码工具

零代码工具不要求掌握编程技术，好上手，适合刚入行的小白做一些简单的图表。例如，Visual.ly，它是一个综合图库和信息图表生成器，相当于可视化的内容服务，提供了大量模板。Visual.ly 在内容上比一般的视觉分析工具表达更深入。

Excel 的图形化功能并不强大，但 Excel 是分析数据的理想工具，能创建供内部使用的数据图。Excel 在颜色、线条和样式上可选择的范围有限，这意味着用 Excel 很难制作出符合专业出版物和网站需要的数据图。不过作为一个高效的内部沟通工具，Excel 应当是日常工作中必备的工具之一。

2）软件类工具

软件类工具是指专业化的可视化工具，适合有一定编程技术基础的用户。例如，PowerBI，它的操作界面很灵活，图表设计简洁明了，个性化程度高，易用性和交互体验都很不错，但由于是国外的产品，在学习理解方面对国内个人用户不友好，而且 PowerBI 的表格个性化设计不如 Excel 方便。

3）特定类工具

特定类工具是指具有特定功能的可视化工具。例如，专门制作地图、时间轴的工具 Timeline.js，它的操作非常简单直观，是一款支持 40 种语言的开源工具。通过 Timeline.js，我们可以建立自己的可视化互动时间轴，还可通过各种途径将其植入媒体中。Timeline.js 目前已支持 Twitter、Flickr、Google Maps、YouTube、Vimeo、Vine 等。

工业互联网平台数据可视化工具由于平台企业的不同，更加千变万化，需要经过相应工具的学习才能使用。

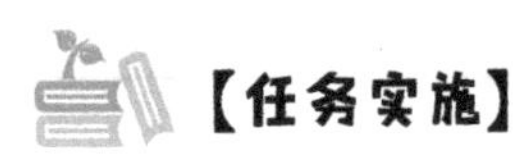

【任务实施】

试用国产数据可视化工具

步骤 1：注册试用账号。

访问国产工业软件企业思迈特软件官方网站，申请试用账号。

引导问题 1：国内还有哪些提供数据可视化工具的软件企业？

____

____

____

步骤 2：用智慧园区项目进行 Demo 体验。

引导问题 2：数据门户、数据连接、数据准备、数据控制、分析展现 5 个步骤分别对应的工作内容是什么？

____

____

____

【思考】

数据可视化常见的 10 种图表类型是什么？分别适用于什么样的用户需求？

【提示】

饼图是一种划分为几个扇形的圆形统计图表。每个扇形的弧长（以及圆心角和面积）大小，表示该种类占总体的比例，且这些扇形合在一起刚好是一个完整的圆形。饼图适用于向用户表现“占比”。请在下面记录你的调查结果。

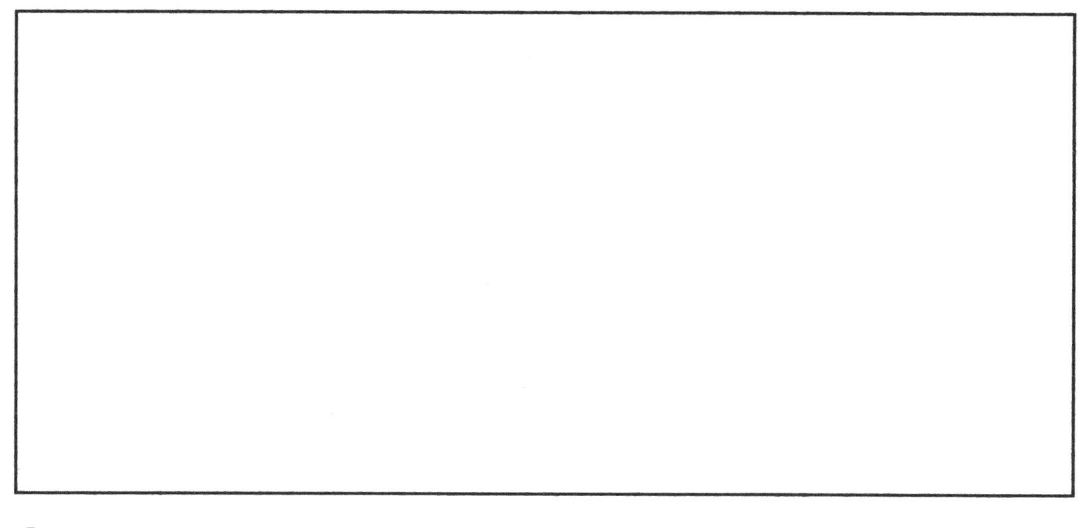

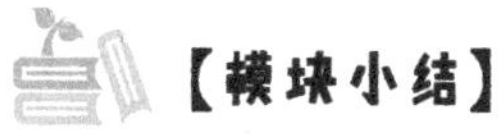

【模块小结】

本模块介绍了数据、信息、知识的概念与区别，数据与数据分析的基本概念，以及数据分析的作用和数据可视化的常用工具，重点介绍了数据的类型、数据的存储、数据与信息相互转换的过程。

【反思与评价】

项目名称	任务名称	评价内容	学生自评	教师评价	学生互评	小计
项目 1：识别数据、信息与知识	任务 1：甄别生活中的数据类型	了解数据、信息、知识的定义	能讲述数据、信息、知识的定义（2 分）	能讲述数据、信息、知识的定义（2 分）	能讲述数据、信息、知识的定义（1 分）	
		能阐述数据、信息、知识的区别与联系	能阐述数据、信息、知识的区别与联系（2 分）	能阐述数据、信息、知识的区别与联系（2 分）	能阐述数据、信息、知识的区别与联系（1 分）	
		具有自主学习能力	能使用思维导图工具整理任务 1 所学内容（2 分）	能使用思维导图工具整理任务 1 所学内容（2 分）	能使用思维导图工具整理任务 1 所学内容（1 分）	
	任务 2：使用合适的工具管理数据	了解常用数据管理工具	能说出 2 种以上数据管理工具的名称（2 分）	能说出 2 种以上数据管理工具的名称（2 分）	能说出 2 种以上数据管理工具的名称（1 分）	
		具有综合分析能力	能整理常见数据管理工具的信息，根据教师提问，选择合适的数据管理工具（2 分）	能整理常见数据管理工具的信息，根据教师提问，选择合适的数据管理工具（2 分）	与同学积极交流（1 分）	

续表

项目名称	任务名称	评价内容	学生自评	教师评价	学生互评	小计
项目 1：识别数据、信息与知识	任务 3：将数据转换为信息	了解数据转换为信息的过程	能讲述数据转换为信息的过程（2 分）	能讲述数据转换为信息的过程（2 分）	能讲述数据转换为信息的过程（1 分）	
		具有自主学习能力和知识迁移能力	能在数据透视表中添加数据透视图（2 分）	能在数据透视表中添加数据透视图（2 分）	能在数据透视表中添加数据透视图（1 分）	
项目 2：存储数据	任务 1：存储关系型数据	了解关系型数据的概念	能简述什么是关系型数据（2 分）	能简述什么是关系型数据（2 分）	能简述什么是关系型数据（1 分）	
		能安装数据库软件	能安装数据库软件（2 分）	能安装数据库软件（2 分）	能安装数据库软件（1 分）	
		具有知识迁移能力	能在数据库中建多个数据表（2 分）	能在数据库中建多个数据表（2 分）	能在数据库中建多个数据表（1 分）	
	任务 2：存储非关系型数据	了解非关系型数据的概念	能简述什么是非关系型数据（2 分）	能简述什么是非关系型数据（2 分）	能简述什么是非关系型数据（1 分）	
		能安装数据管理软件	能安装数据管理软件（2 分）	能安装数据管理软件（2 分）	主动查找资料（1 分）	
		具有逻辑思维能力	能根据所学知识处理实践中遇到的问题（2 分）	能根据所学知识处理实践中遇到的问题（2 分）	能根据所学知识处理实践中遇到的问题（1 分）	
项目 3：大数据时代下数据的作用	任务 1：让数据流动起来	掌握 JSON 文件的格式	能简述 JSON 文件的格式（2 分）	能简述 JSON 文件的格式（2 分）	能简述 JSON 文件的格式（1 分）	
		具有自主学习能力	能根据 JSON 文件内容设计 Excel 表格（2 分）	能根据 JSON 文件内容设计 Excel 表格（2 分）	能根据 JSON 文件内容设计 Excel 表格（1 分）	
	任务 2：从信息中抽取合适的数据	了解正则表达式	能介绍至少 2 种正则表达式的常用符号（2 分）	能介绍至少 2 种正则表达式的常用符号（2 分）	能介绍至少 2 种正则表达式的常用符号（1 分）	
		具有自主学习能力	能使用思维导图工具整理常用的正则表达式案例（2 分）	能使用思维导图工具整理常用的正则表达式案例（2 分）	能使用思维导图工具整理常用的正则表达式案例（1 分）	
		具有勇于创新和严谨细致的工作作风	能根据已有案例修改部分代码并适当注释（2 分）	能根据已有案例修改部分代码并适当注释（2 分）	能根据已有案例修改部分代码并适当注释（1 分）	

续表

项目名称	任务名称	评价内容	学生自评	教师评价	学生互评	小计
项目 3：大数据时代下数据的作用	任务 3：将数据可视化	了解数据可视化的意义	能简述数据可视化的意义（2 分）	能简述数据可视化的意义（2 分）	能简述数据可视化的意义（1 分）	
		具有自主学习能力	能自主学习使用一种 BI 工具（2 分）	能自主学习使用一种 BI 工具（2 分）	能自主学习使用一种 BI 工具（1 分）	
合计						

习　　题

一、选择题

1．组成数据的基本单位是（　　）。

A．数据项　　B．数据类型　　C．数据元素　　D．数据变量

2．（　　）是信息的表现形式和载体，可以是符号、文字、数字、语音、图像、视频等。

A．数据　　B．数字　　C．信息　　D．知识

3．（　　）指非动态数据以任何数字格式进行物理存储的阶段。

A．数据采集　　B．数据存储　　C．数据处理　　D．数据传输

4．（　　）指对客观事物进行记录并可以鉴别的符号，是对客观事物的性质、状态及相互关系等进行记载的物理符号或这些物理符号的组合。

A．数据　　B．数字　　C．文字　　D．信息

5．（　　）指组织机构在内部针对动态数据进行的一系列活动的组合。

A．数据采集　　B．数据存储　　C．数据处理　　D．数据传输

二、填空题

1．数据库系统的特点是__________、数据独立、减少数据冗余、避免数据不一致和加强了数据保护。

2．SQL 语言是__________数据库语言。

3．用以下 SQL 语句建立一个基本表：

CREATE TABLE Student(Sno int NOT NULL,Sname CHAR (8)NOT NULL, Sex CHAR(2),Age SMALLINT);

可以插入表中的元组是（11 ，' 张三 '，'__________'，NULL）。

4．SQL 语言具有两种使用方式，分别称为交互式 SQL 和________。

5．大数据最明显的特点是__________。

三、简答题

1．简述数据的类型。

2．阐述数据、信息、知识的区别与联系。

四、综合能力题

已知某轴承加工厂制造圆形轴承。圆形轴承高度为 50mm，外径为 80mm，加工方式为打磨内径尺寸。产品质量检测要求测量其内径尺寸，精度要求达到 0.02mm。

检测报告信息如下。

“序号 1，高度为 50mm，外径为 80mm，内径为 50.01mm，测量结果为合格；序号 2，高度为 50mm，外径为 80mm，内径为 50.02mm，测量结果为合格；序号 3，高度为 50mm，外径为 80mm，内径为 50.03mm，测量结果为不合格；序号 4，高度为 50mm，外径为 80mm，内径为 49.99mm，测量结果为合格；序号 5，高度为 50mm，外径为 80mm，内径为 49.98mm，测量结果为合格。”

（1）请使用 JSON 文件保存这 5 个轴承产品的信息和数据。

（2）请使用 Python 语言编程将 JSON 文件保存为 Excel 表格。

（3）请使用关系型数据库管理系统将转换后的 Excel 表格导入数据库。

（4）请使用 SQL 语句在数据库中查询出所有合格产品的信息。

（5）请使用正则表达式抽取出这 5 个轴承产品的内径尺寸。

模块 2

工业数据

知识目标

- 了解工业网络互联与数据互通基本概念。
- 了解工业数据采集的特点。
- 了解标识解析的概念。
- 理解标识解析的作用。
- 了解区块链的定义。
- 了解我国工业互联网标识解析体系。

能力目标

- 能够使用工具对标识数据进行智能分析。
- 能够根据编码规范标识编码。
- 能够使用工具进行性能测试。

素质目标

- 培养学生的自主学习能力和知识迁移能力。
- 培养学生的逻辑思维能力和分析、综合能力。
- 培养学生勇于创新和严谨细致的工作作风。

项目 1：将工业数据分类管理

【项目描述】

工业数据采集利用泛在感知技术对多源异构设备和系统、环境、人员等一切要素信息进行采集，并通过一定的接口与协议对采集的数据进行解析。信息可能来自加装的物理传感器，也可能来自装备与系统本身。

《智能制造工程实施指南（2016—2020 年）》中将智能传感与控制装备作为关键技术装备研制重点，针对智能制造提出了“体系架构、互联互通和互操作、现场总线和工业以太网融合、工业传感器网络、工业无线、工业网关通信协议和接口等网络标准”，并指出“针对智能制造感知、控制、决策和执行过程中面临的数据采集、数据集成、数据计算分析等方面存在的问题，开展信息物理系统的顶层设计”。

本项目以忽米网电机监测设备维保——压铸车间设备在线振动监测应用案例为例，企业难点在于电机故障处理方式传统，根据访谈压铸车间设备管理人员了解到，关键设备电机出现故障后，采取更换电机的方式进行处理。对于一般的普通电机，在备件库会备一台电机；而价值高的电机出现故障后要重新采购，从采购到安装完成平均为 5 小时左右。压铸车间设备电机维护采取的是“事后维修”的方式。每年电机故障产生的直接维修成本较高，同时电机故障造成的设备停机时间较长，极大影响设备效益。因此，需要对电机进行运行状态的监测，忽米网为电机预测性维护提供了整体解决方案：在关键设备（压铸机、抛丸机等）的电机上部署忽米边缘计算器，对压铸车间设备电机的运行状态进行实时监测；结合电机保养的现状对设备的振动、噪声、温度状态等数据进行采集、解析、边缘智能分析；应用 App 实时显示设备状态、传感器时频域信息、设备维护提示；将告警事件通过手机短信和邮件及时推送给维保管理人员。该方案实现了电机的预测性维护，计划外停机事件减少量大于 50%，减少了 20%～50%的维护时间，将设备正常运行时间延长了 10%～20%，降低了由设备的故障或突发故障所带来的难以估算的安全隐患；设备维护成本降低 18%～25%，设备综合效率提高大于 8%，对设备进行适时小修，减少大修，避免了突发故障所带来的巨大维修费用；设备维护和管理人员远程监测设备健康状态，减少了巡检人数和汇报流程；收集设备全生命周期健康数据，为设备管理系统提供数据来源和标准 API，减少了设备数量和生产管理成本。

任务 1：标识工业现场的数据

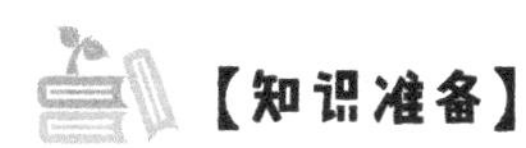
【知识准备】

1．工业网络互联与数据互通

1）工业网络互联

工业网络互联包括工厂内网络和工厂外网络的互联。

工厂内网络用于连接工厂内的各种要素，包括人员、机器、材料、环境等。工厂内网络与企业数据中心及应用服务器互联，支撑工厂内的业务应用。

工厂外网络用于连接工厂、分支机构、上下游协作企业、工业云数据中心、智能产品、用户等主体。

工厂内网络的企业数据中心及应用服务器，通过工厂外网络与工厂外的工业云数据中心互联。分支机构、上下游协作企业、智能产品、用户根据配置通过工厂外网络连接到工业云数据中心或企业数据中心。

2）工业数据互通

广义上，工业数据采集分为工业现场数据采集和工厂外智能产品/移动设备的数据采集（例如，工厂外的智慧楼宇、城市管理、物流运输、智能仓储、桥梁隧道和公共交通等，都是工业数据采集的应用场景），以及与工厂管理相关的 ERP、MES、APS 等传统信息系统的数据采集。

工业数据采集体系包括设备接入、协议转换、边缘计算。设备接入是工业数据采集体系建立物理世界和数字世界连接的起点。设备接入利用有线或无线通信方式，实现工业现场和工厂外智能产品/移动设备的泛在连接。数据接入后，将对数据进行解析、转换，并通过标准应用层协议（如 MQTT、HTTP）上传到物联网平台。部分工业物联网应用场景，在进行协议转换后，可以在本地进行实时数据分析和预处理，并上传到云端，以提升实时性和降低网络带宽压力。

工业数据采集是智能制造和工业物联网的基础和先决条件，后续的数据分析处理依赖于前端的感知。各种网络标准统一后才能实现设备系统间的互联互通，而多种工业协议并存是目前工业数据采集的现状。

工业内、外网络需要协调统一，在工业互联网平台层进行数据互通，实现数据和信息在各要素间、各系统间无缝传递，使得异构系统在数据层面相互融合，实现信息集成。信息集成一方面可以支撑工厂底层数据向工业云数据中心的汇聚，另一方面能为上层应用提供对多源异构系统数据的访问接口，支撑工业应用的快速开发与部署。

2．工业数据采集的特点

1）用时间序列组织数据

工业数据和互联网数据存在很大差别，前者通常是结构化的，而后者以非结构化数据为主。工业数据采集大多数时候带有时间戳，即数据在什么时刻采集。大量工业数据建模、工业知识组件和算法组件，均用时间序列数据作为输入数据，如时域分析方法或频域分析方法，都要求原始数据包含时间维度信息。

工业互联网应用越来越丰富，延伸到更多的场景中，如室内定位开始在智慧仓储、无人化工厂中探索应用，无论是基于时间还是基于接收功率强度的定位方式，其定位引擎都要求信号带有时间标签，这样才能完成定位计算，保证时空信息的准确性和可追溯性。

在搭建工业互联网平台时，应结合时间序列数据的特点，在数据传输、存储、分析方面进行有针对性的考虑。例如，时序数据库（Time Series DataBase，TSDB）专门从时间维度进行设计和优化，其中的数据按时间顺序组织管理。

2）多种工业协议并存

在工业现场，不同厂商生产的设备采用不同的工业协议，要实现所有设备的互联，需要对各种协议进行解析并进行数据转换。

3）实时性

工业数据采集的实时性包括数据采集的实时性和数据处理的实时性。例如，基于传感器采集振动信号，每秒采集几万个点甚至更多，方便后续信号分析处理以获得高阶谐波分量。此时设备故障诊断程序要求在数据采集、分析、决策执行之间，完成快速闭环，因此对数据的实时处理有着较高的要求。

3．标识解析

标识解析体系是全球工业互联网安全运行的核心基础设施之一。标识解析体系通过条形码、二维码、无线射频识别标签等方式为机器、产品等物理资源和算法、工艺等虚拟资源赋予唯一的“数字世界的身份证”，并通过公共解析，进行快速定位和信息查询，实现跨企业、跨行业、跨地城的信息资源集成共享。工业互联网标识解析体系建设是我国工业互联网发展战略的重要任务之一。

标识解析体系类似互联网领域的域名解析系统。例如，在互联网上访问网站时，通过域名解析系统可以获取服务器的 IP 地址，随即连接到该网站入口以获取相关信息。通过标识解析体系同样可以获取保存着标识信息的服务器 IP 地址。工业互联网标识解析体系示意图如图 2.1 所示。

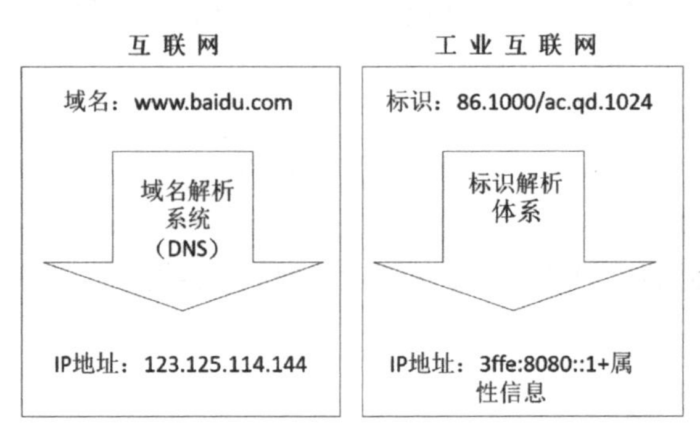

图 2.1　工业互联网标识解析体系示意图

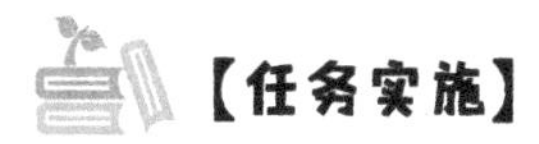

【任务实施】

将生产线上生产的产品转换为工业数据

某企业生产柜式空调，其生产线为老旧生产线的智能化改造。企业内部网络及信息化系统为多个不同提供商在不同年份提供的。数据传输涉及的协议超过 20 种。为实现该企业柜式空调产品数据上云，需要为其编制 OID（对象标识符）。

引导问题 1：OID 的编码结构是怎样的？

____

____

____

步骤 1：经确定，使用顶级 OID 中的 ISO 国家成员体编码，通过国家 OID 注册中心注册主体码，并结合该企业内部编码，得到如表 2.1 所示的 OID 编码示例。

表 2.1　某企业柜式空调生产线分配 OID 编码示例

构　成　项	分 配 说 明	分配数字值
行业/管理机构码	由国家 OID 注册中心批准的“智能制造”领域节点	3001
第三方平台码	由“智能制造”管理机构制定分配规则，家电行业为“05”	05
企业码	由“智能制造”管理机构分配，企业为“101”	101
批次码	柜式空调的生产批次，按企业内部编码规则产生	20190515
对象标识码	某一台柜式空调，按企业内部编码规则产生	2087

因此，该企业生产的某一台柜式空调分配到的 OID 为 1.2.156.3001.05.101.20190515.2087。

引导问题 2：OID 中每一组数字的含义是什么？

____

____

____

____

步骤 2：使用区块链技术为产品生成 DID。以“星火•链网”底层区块链平台为例，企业在 BID 和 VAA 注册过程中，通过该区块链合约生成 BID 或 VAA 标识，将其信息、签名、可信认证信息保存至可验证文件中，并在该区块链上存储。应用软件可通过“星火•链网”通用解析器，解析标识中对应的网络位置、子链入口及可验证文件等。

引导问题 3：什么是区块链技术？OID 和 DID 的关系是怎样的？

____

____

____

【拓展知识】

1. DID 编码

DID 即分布式标识符（Decentralized Identifiers），W3C 的 DID v1.0 将 DID 定义为一种新的全球唯一标识符。DID 属于统一资源标识符（URI）的一种，是一个永久不可变的字符串，它存在的意义有两点：第一，标记任何目标对象（DID Subject），可以是一个人、一台机器或一只动物等；第二，DID 是通过 DID URL 关联到描述目标对象的文件（DID Document，DID Doc）的唯一标识符，即通过 DID 能够在数据库中搜索到具体的 DID Doc。

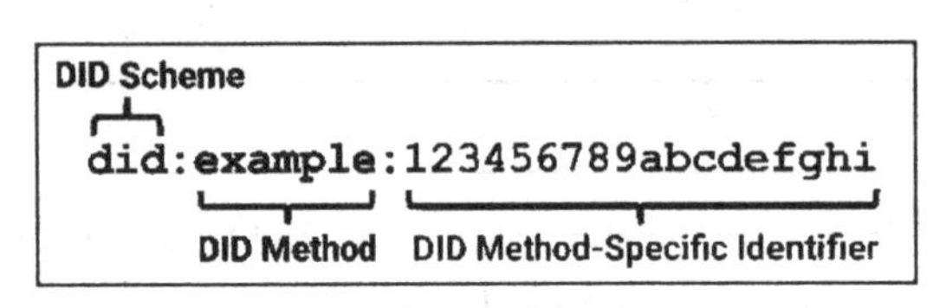

图 2.2　DID 示例

DID 分为 3 个部分，如图 2.2 所示，第一部分是 DID Scheme（类似 URL 中的 HTTP、HTTPS、FTP 等协议）；第二部分是 DID Method（一般是 DID 方法的名称）；第三部分是 DID Method-Specific Identifier（DID 方法中特定的标识符），它在整个 DID 方法命名空间中是唯一的。W3C 只规范了 DID 的表示结构，但没有规范 3 个部分的具体内容，具体内容与 DID 方法有关。

每个 DID 都会对应一个 DID Doc，DID Doc 为 JSON 字符串格式，主要包含了与 DID 验证相关的密钥信息和验证方法，用以实现对实体身份标识的控制。一个实体可对应多个 DID，实体在通过注册申请后可获得一个或多个由自己进行维护管理的 DID，不同 DID 所代表的身份之间互不相关，有效降低了身份信息之间的耦合性。

2. 工业数据标识编码

随着工业互联网服务的应用进程的推广，工业实体对象和虚拟对象需要进行更加灵活、透明的交互。现有标识技术已广泛应用在将工业实体对象转换为虚拟对象的过程中，但是由于标识技术各有其局限性，未来仍然面临诸多挑战。

基于识别目标、应用场景、技术特点等不同，标识可以分成对象标识、通信标识和应用标识 3 类。对象标识用于识别感知的物理或逻辑对象，如 EPC、MAC、URL、OID 等；通信标识用于识别具备通信能力的网络节点，如 IPv4、IPv6、E.164 等；应用标识用于对业务应用进行标识，如 URI、DOI 等。

任务 2：标识数据的智能分析

【知识准备】

数据分析是指用适当的统计分析方法对收集来的大量数据进行分析，对数据进行总结，在不损失重要信息的情况下，将数据总结为对系统的解释，以求最大化地开发数据的功能，发挥数据的作用。

标识数据智能分析模块以标识数据元为输入，以数据服务和数据存储为中转站，以算法逻辑为理论支撑，通过标识应用形成面向标识数据的智能分析能力。采集的标识数据元包括工业设备数据、企业内部非标准标识数据和标准标识数据。采集的标识数据元用于数据服务，包括实时数据接入服务、数据库实时复制服务、结构化数据接入服务和文件数据接入服务等。之后，采用分布式、并行计算架构进行数据存储。标识数据智能分析模块的核心是算法逻辑，使用合适的算法逻辑实现对数据的智能分析，最终为决策者提供参考。

常用的数据分析工具包括：直方图、相关系数、协方差、各种概率分布、抽样与动态模拟、总体均值判断、均值推断、线性回归、非线性回归、多元回归、移动平均等。这些工具目前使用的主流语言有 Python、R 语言、MATLAB 等。本书仅以 Python 语言为例进行介绍。

【任务实施】

使用 Pandas 对工业大数据进行皮尔逊相关系数与余弦相似度分析

大数据在工业企业中的应用主要体现在 3 个方面：一是基于数据的产品价值挖掘，通过对产品和相关数据进行二次挖掘，可以创建新的价值；二是提高服务型生产水平；三是创新经营模式。在工业控制系统中，各个系统相关分析与回归分析可以使用的分析工具非常多，由于涉及统计学知识，此处就不展开讲解了，仅以皮尔逊相关系数与余弦相似度为例，介绍油库发油过程中，使用 Pandas 实现数据分析，发现发油率与发油时长呈现弱负相关关系的过程。

已知发油情况涉及以下数据：时长、鹤位、设定量、发油量、发油率、时间、月份、日期、损溢量、温度、密度。工控系统按时间顺序记录数据，分析目标是提供发油工作效率，通过找出关键影响因素，优化发油工艺过程和相关操作流程。

一条数据记录示例如下。

```
时长      1
鹤位      0.128831
设定量    0.731287
发油量    0.731081
发油率    -0.12564
时间      -0.0051
月份      0.5789
日期      -0.6689
损溢量    0.032689
温度      0.093345
密度      0.173528
```

根据走访企业人员，得知企业日常发油过程中设定量、发油量、损溢量三者对于发油系统来说是重要数据。因此拟使用皮尔逊相关系数与余弦相似度进行数据相关分析。数据分析后可见，时长、温度、月份，设定量、发油量、损溢量，对于发油过程来说都有较强的正相关关系，日期和（发油）时间相关度不大，可以忽略。在大吨位槽车装油的过程中，耗时将更长些。对该企业提出槽车优选、鹤位整改布局的建议，达到装车效率高、损溢量小、安全性高的目标。

步骤 1：整理数据集。按以下格式整理数据集，将“时长”设定为 y，['鹤位','设定量','发油量','发油率','时间','月份','日期','损溢量','温度','密度']构成多元输入 x。

	时长	鹤位	设定量	发油量	发油率	时间	月份	日期	损溢量	温度	密度
时长	1	0.128831	0.731287	0.731081	−0.12564	−0.0051	0.5789	−0.6689	0.032689	0.093345	0.173528
鹤位	0.128831	1	0.08117	0.086203	−0.29569	0.006743	0.112001	0.00362	−0.11496	0.06167	0.82346
设定量	0.731287	0.08117	1	0.09115	0.087112	−0.00369	0.002141	0.013015	0.00161	−0.10591	0.03105
发油量	0.731081	0.086203	0.09115	1	0.08115	0.097116	−0.20369	0.001135	0.001215	0.00145	0.00576
发油率	−0.12564	−0.29569	0.087112	0.08115	1	0.07115	0.087226	−0.24319	0.002225	0.000325	0.00135
时间	−0.0051	0.006743	−0.00369	0.097116	0.07115	1	0.09113	0.098206	−0.31315	0.001132	0.000125
月份	0.5789	0.112001	0.002141	−0.20369	0.087226	0.09113	1	0.08113	0.098113	−0.30615	0.002342
日期	−0.6689	0.00362	0.013015	0.001135	−0.24319	0.098206	0.08113	1	0.07119	0.098115	−0.21215
损溢量	0.032689	−0.11496	0.00161	0.001215	0.002225	−0.31315	0.098113	0.07119	1	0.09112	0.070106
温度	0.093345	0.06167	−0.10591	0.00145	0.000325	0.001132	−0.30615	0.098115	0.09112	1	0.08215
密度	0.173528	0.82346	0.03105	0.00576	0.00135	0.000125	0.002342	−0.21215	0.070106	0.08215	1

引导问题 1：什么是皮尔逊相关系数与余弦相似度？

步骤 2：拆分数据集。

引导问题 2：feature_label_split 的作用是什么？

____

____

____

```
import pandas as pd
from sklearn.model_selection import train_test_split
from sklearn.linear_model import LinearRegression
from sklearn.externals import joblib
from sklearn.preprocessing import StandardScaler
from sklearn.metrics import mean_squared_error
from pandas.core.frame import DataFrame

#拆分数据集为x、y
def feature_label_split(data,label_name,normalization=True):
    data.rename(columns={'OutletTotalTime':'时长','CraneP':'鹤位
','SpecifiedL':'设定量','LCActualL':'发油量', 'Effi':'发油率','Time':'时间
','Month':'月份','Day':'日期','LossL':'损溢量','OilTemperature':'温度
','OilDensity':'密度'}, inplace=True)

    del_name = [label_name]

    #数据归一化处理
    if normalization:
        scaler = StandardScaler()
        columns = data.columns
        indexs_train = data.index
        data = pd.DataFrame(scaler.fit_transform(data),index = indexs_train,
columns = columns)

    #拆分特征与标签
    y = data[label_name]
    x = data.drop(del_name,axis = 1)

    return x,y
```

步骤 3：训练模型。

引导问题 3：训练模型的作用是什么？

____

____

____

```
def train_model(train_x,train_y):
    test_percent = 0.7
    x_train,x_test,y_train,y_test =
train_test_split(train_x,train_y,test_size = test_percent)

    model = LinearRegression()
    model.fit(x_train, y_train)

    score = model.score(x_train, y_train)
    print("Training score: ", score)

    ypred = model.predict(x_test)
    mse = mean_squared_error(y_test, ypred)
    print("MSE: %.2f" % mse)
    print("RMSE: %.2f" % (mse**(1/2.0)))

return model
```

步骤 4：计算复相关系数。

引导问题 4：什么是复相关系数？

____

____

____

```
def multi_corr():
    df = pd.read_excel('f:/pythonProject/test1.xlsx')
    key_name = ['时长','鹤位','设定量','发油量','发油率','时间','月份','日期','损溢
量','温度','密度']

    key_corr = []

    for key in key_name:
        train_x,train_y =
feature_label_split(df,label_name=key,normalization=False)
        model = train_model(train_x,train_y)
        ypred = model.predict(train_x)
        fit_y = DataFrame(columns=['预测值'],data = ypred)

        data = pd.concat([train_y,fit_y],axis=1)
        print(data)
        corr = data.corr(method='pearson',min_periods=1)
        key_corr.append(corr.iat[0,1])

    print(key_corr)
```

【拓展知识】

为加快我国工业互联网发展，推进工业互联网产学研用协同发展，在工业和信息化部的指导下，2016 年 2 月 1 日由工业、信息通信、互联网等领域百余家单位共同发起成立工业互联网产业联盟（以下简称联盟）。

在全体成员的共同努力下，联盟成员数量超过 2000 家，设立了“15+15+X”组织架构。在工业和信息化部的指导下，各工作组和特设组，与联盟成员共同努力，先后从工业互联网顶层设计、技术研发、标准研制、测试床、产业实践、国际合作等多方面开展工作，发布了工业互联网白皮书、工业互联网平台、测试床、优秀应用案例等系列成果，广泛参与国内外大型工业互联网相关活动，为政府决策、产业发展提供智力支持，联盟已经成为我国具有国际影响力的工业互联网产业生态载体。

更多工业大数据分析案例剖析资料可访问联盟网站进行学习。

项目 2：将工业数据分级管理

【项目描述】

我国工业互联网发展呈现良好势头：一是政策体系日益完善，已建立“顶层设计+行动计划+实施指南”等相关政策，地方政府相继出台本地工业互联网实施方案；二是技术体系建设协同发展，企业内外网络升级改造工作稳步推进，工业互联网大数据体系建设加速实施，标识解析体系建设取得进展，多层次的平台体系建设广泛开展，安全防护体系建设持续推进；三是融合应用创新活跃，钢铁、航空、航天、能源、机械、汽车、电子、家电、服装、建筑等行业涌现出一大批融合应用新模式、新业态、新动能，“政产学研用金”联动、跨领域协同广泛深入，产业生态加速形成。

本项目以我国工业互联网标识解析体系为例，介绍工业数据分级管理的相关知识。

任务 1：管理一级数据

【知识准备】

1．工业互联网标识解析体系

工业互联网标识解析体系是工业互联网网络体系的重要组成部分。北京、上海、广州、武汉、重庆五大国家顶级节点自 2018 年年底上线运行，系统功能逐步完备，与 Handle、OID（Object Identifier，对象标识符）、GS1 等国际根节点实现对接。国家顶级节点是我国工业互联网标识解析体系的一级节点，工业互联网标识解析体系分层架构示意图如图 2.3 所示。

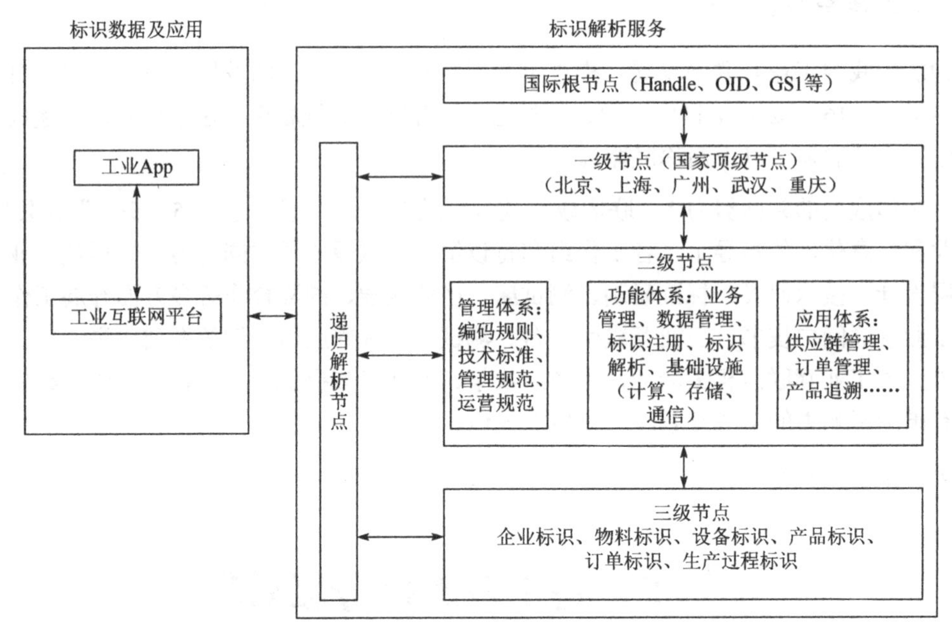

图 2.3　工业互联网标识解析体系分层架构示意图

一级节点系统建设了标识解析体系互联互通平台，部署了一级节点标识注册系统、标识解析系统、标识数据同步系统、标识查询系统 4 种核心系统，提供基于一级节点的标识解析监测、标识解析安全保障两种公共能力。

2. 一级节点的功能

一级节点服务平台提供了工业互联网标识解析体系全生命周期服务和工业互联网标识解析托管服务，并提供相应的标识解析安全保障等。

（1）标识分配和解析服务：向二级节点提供标识分配和解析服务。

（2）业务管理服务：通过综合管理平台对标识应用状态和使用情况进行管理；为国内二级节点服务平台申请者提供从申请到运营的一站式技术和业务解决方案。

（3）后台托管服务：为国内二级节点服务平台运营标识二级节点所需的技术系统提供支撑。

（4）实名核验服务：通过标识托管平台接入二级节点的待审核数据，进行标识注册者实名核验服务。

（5）数据托管服务：通过建设数据托管服务，为所有二级节点提供标识数据备份服务，确保二级节点的数据安全。

（6）标识安全解析：为二级节点、企业用户提供应急解析服务或解析托管的应急恢复服务。

（7）标识安全监测：通过全球分布的监测点，对工业互联网服务（解析服务配置信息、可用性信息）进行持续的监测和分析，根据监测项按小时粒度展开监测任务。

【任务实施】

使用编码工具

步骤 1：访问国家顶级节点标识查询系统，以游客身份登录，登录界面如图 2.4 所示。

引导问题 1：观察登录界面，思考二级节点向国家顶级节点注册时的注意事项。

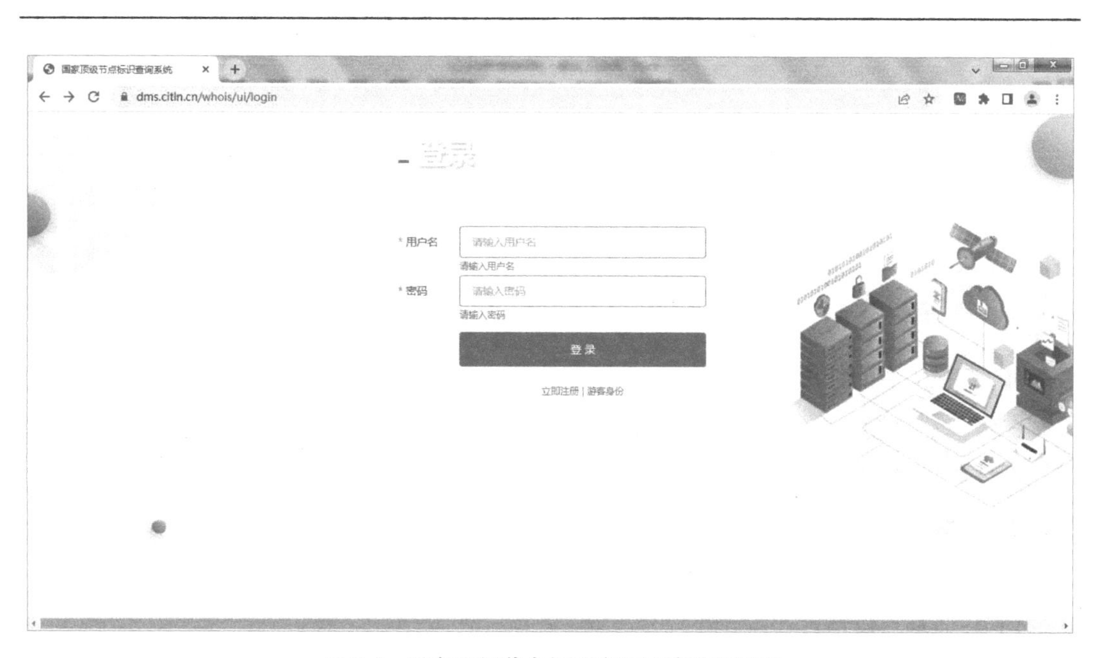

图 2.4　国家顶级节点标识查询系统登录界面

步骤 2：试用编码工具体验生成工业数据标识的过程。例如，可以输入当前使用的计算机网卡 MAC 地址，使用 3 种不同二维码格式生成图片，再使用手机微信扫一扫，观察得到的结果。生成二维码示例如图 2.5 所示。

引导问题 2：QRCode、PDF417、DataMatrix 分别是什么格式？

图 2.5　生成二维码示例

任务 2：管理二级数据

【知识准备】

1. 二级节点的作用

二级节点直接面向行业企业提供服务，是国家工业互联网标识解析体系的重要组成部分，为行业企业提供应用支撑能力。

2. 二级节点的类型

根据服务范围，二级节点可以划分为以下两类。

1）行业型二级节点

行业型二级节点是面向特定行业门类提供标识注册服务、标识解析服务、标识数据服务等的二级节点。此处行业门类的粒度参考的是国家标准 GB/T 4754—2023《国民经济行业分类》中所定义的“中类”或“小类”。

2）综合型二级节点

综合型二级节点是面向两个及两个以上行业提供标识注册服务、标识解析服务、标识数据服务的二级节点。

3. 二级节点的命名规则

行业型二级节点采用不排他的原则，同行业可建立多个行业型二级节点。为区分同一行业的不同二级节点，显性化二级节点责任主体，命名规则采用“工业互联网标识解析二级节点［行业类别+二级节点责任主体（单位简称）］”的形式。综合型二级节点命名规则采用“工业互联网标识解析综合型二级节点及应用服务平台［二级节点责任主体（公司简称）］”的形式。

4．二级节点的功能

（1）标识注册：包含企业前缀及产品/设备标识的注册变更、实名核验、数据查询等服务，同时提供各企业的应用程序编程接口，便于企业实现移动端标识管理/查询软件的开发；基于行业标准、区域特点建立二级节点标识编码规则，形成标准化的数据模型和平台的标识数据的创新应用管理模式。

（2）标识解析：对于二级节点自身分配的标识编码，二级节点负责为其用户提供标识解析服务。

（3）数据管理：支持多源异构数据管理，具有统一的数据管理体系，具备标识应用数据统计分析、数据挖掘等能力。

（4）业务管理：提供对工业互联网标识注册和标识解析相关的用户管理、计费管理、审核等功能。其中，用户管理包括对平台管理员、企业用户和审核员的管理；计费管理主要用于对标识注册、解析过程中产生的费用进行记录和结算；审核主要用于确保企业注册标识的有效性，即该标识对应的产品、设备是否真实存在。

（5）安全保障：保障标识解析二级节点的安全、稳定、高效运行，包括自身防护能力建设、安全能力建设两个方面。其中，自身防护能力建设主要针对二级节点自身部署安全防护措施，提升防护能力，主要包括标识查询与解析节点身份可信认证、解析资源访问控制、解析过程完整性保护、解析系统健壮性增强等方面；安全能力建设主要包括建设企业安全防护、安全监测、安全审计、安全处置技术能力，具备体系化安全管理技术手段，具备向一级节点和相关系统提供安全协同技术的接口。

【任务实施】

使用工具对二级节点进行 TCP 标识解析性能测试

已知现有国家标准要求二级节点 TCP 标识解析 RTT≤1500ms，UDP 标识解析 RTT≤500ms，服务可用性≥99.99%，标识解析数据更新时间≤30min。请测试某二级节点 TCP 标识解析性能指标是否达标。

步骤 1：安装 Wireshark 软件，勾选所有复选框，如图 2.6 所示。

引导问题 1：复选框后的各工具起什么作用？

____

____

____

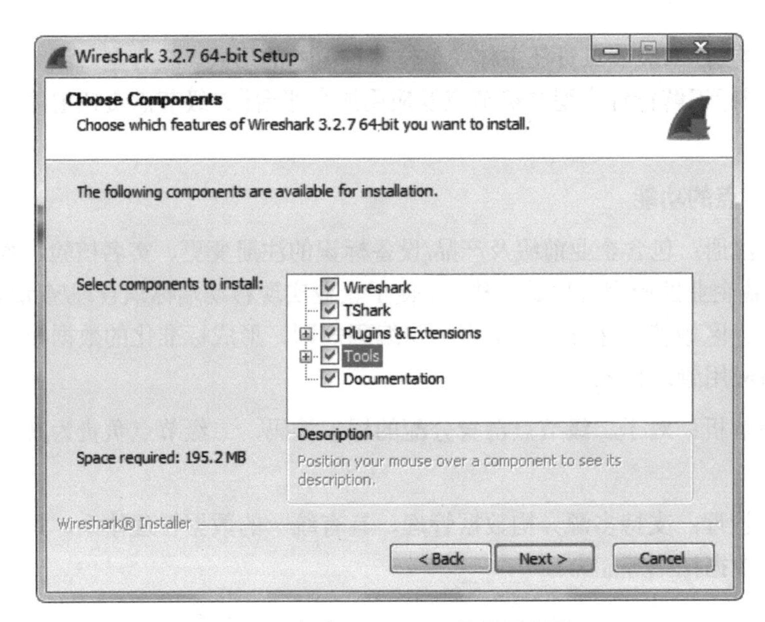

图 2.6　安装 Wireshark 软件示意图

步骤 2： 以管理员身份运行 Wireshark 软件，根据网络情况选择合适的过滤器，如图 2.7 所示。

引导问题 2：过滤器的作用是什么？

____

____

____

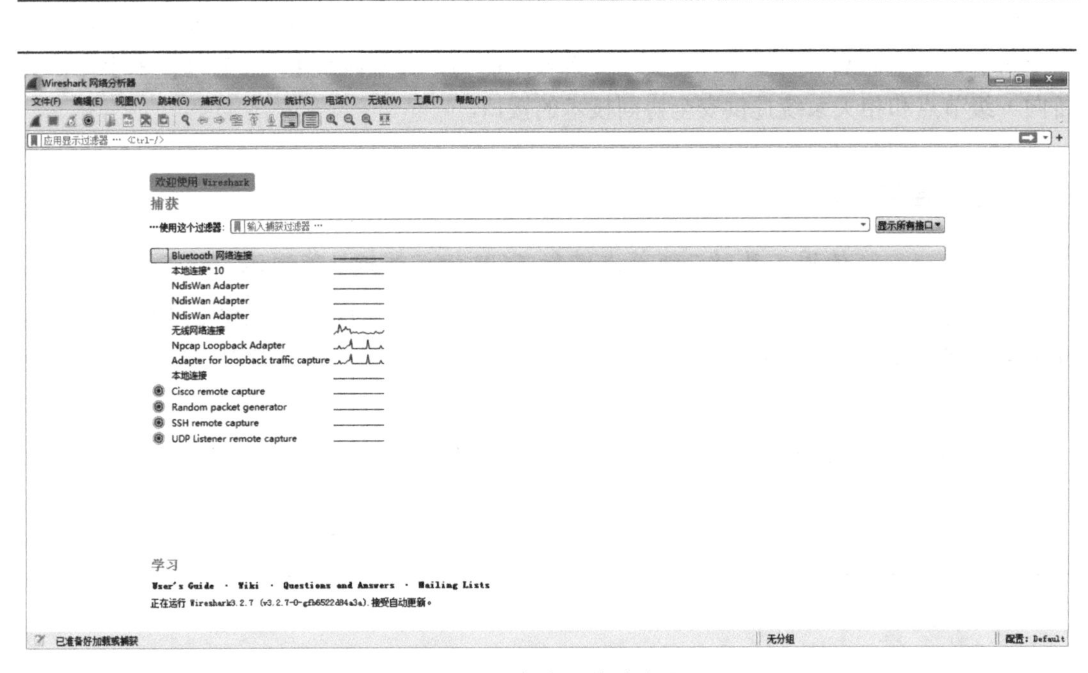

图 2.7　选择合适的过滤器

步骤 3： 等待一会儿，单击“停止捕获分组”命令，找到一条 TCP 协议的数据，查看抓包所得的结果，如图 2.8 所示。

引导问题 3：根据 TCP 两个数据包的时间差计算 RTT，你所使用的网络性能是否达到 TCP 标识解析 RTT≤1500ms 的要求？请写出计算过程。

____

____

____

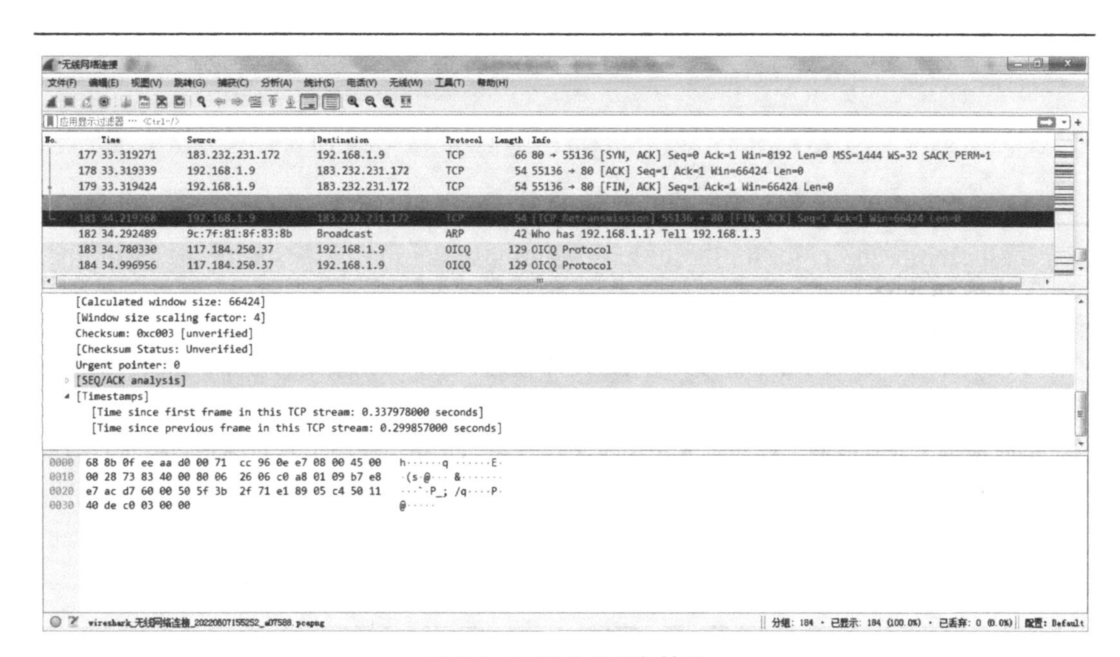

图 2.8　TCP 协议抓包结果

【拓展知识】

三级节点通常是指企业节点。企业可以使用不同的工业互联网管理平台将企业各个系统的数据进行融合后接入二级节点。

不同的工业互联网管理平台由于其处理的行业实际业务的不同，对数据的约定与规范要求也各不相同。

【思考】

工业互联网数据采集过程离不开网络环境，为保障数据安全应该注意哪些问题？

【提示】

阅读《工业互联网标识解析 安全风险分析模型研究报告》等参考材料后整理出你的想法。

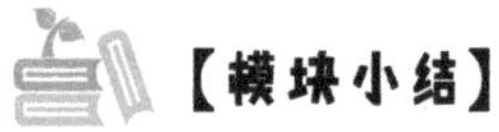

【模块小结】

本模块介绍了工业网络互联与数据互通基本概念、工业数据采集的特点、标识解析的概念与作用、区块链的定义及在工业互联网行业中的应用、我国工业互联网标识解析体系的架构，同时根据工业互联网工程技术人员岗位工作任务，介绍了使用工具对标识数据进行智能分析的方法、根据行业编码规范编码标识的方法和使用工具进行网络性能测试的方法。

【反思与评价】

项目名称	任务名称	评价内容	学生自评	教师评价	学生互评	小计
项目1：将工业数据分类管理	任务1：标识工业现场的数据	了解工业网络互联与数据互通基本概念	能讲述工业网络互联与数据互通的定义（2分）	能讲述工业网络互联与数据互通的定义（2分）	能讲述工业网络互联与数据互通的定义（1分）	
		能阐述工业数据采集的特点	能阐述工业数据采集的特点（4分）	能阐述工业数据采集的特点（4分）	能阐述工业数据采集的特点（2分）	
		具有自主学习能力	能根据OID对象标识符的编码结构进行编码（4分）	能根据OID对象标识符的编码结构进行编码（4分）	能根据OID对象标识符的编码结构进行编码（2分）	
	任务2：标识数据的智能分析	能够使用第三方库	能够使用第三方库（4分）	能够使用第三方库（4分）	能够使用第三方库（2分）	
		具有综合分析能力	能根据教师提问，选择合适的第三方库（2分）	能根据教师提问，选择合适的第三方库（2分）	与同学积极交流（1分）	

续表

项目名称	任务名称	评价内容	学生自评	教师评价	学生互评	小计
项目 2：将工业数据分级管理	任务 1：管理一级数据	了解我国工业互联网标识解析体系	能简述我国工业互联网标识解析体系（4 分）	能简述我国工业互联网标识解析体系（4 分）	能简述我国工业互联网标识解析体系（2 分）	
		理解标识解析的作用	能简述标识解析的作用（4 分）	能简述标识解析的作用（4 分）	能简述标识解析的作用（2 分）	
		能访问正确的网站	能访问正确的网站（4 分）	能访问正确的网站（4 分）	能访问正确的网站（2 分）	
		具有自主学习能力和知识迁移能力	能总结 3 种二维码的作用（4 分）	能总结 3 种二维码的作用（4 分）	能总结 3 种二维码的作用（2 分）	
	任务 2：管理二级数据	了解二级节点的作用	能简述什么是二级节点（4 分）	能简述什么是二级节点（4 分）	能简述什么是二级节点（2 分）	
		能安装工具软件	能安装工具软件（2 分）	能安装工具软件（2 分）	主动查找资料（1 分）	
		具有逻辑思维能力，勇于创新和严谨细致的工作作风	能使用工具分析数据包（2 分）	能使用工具分析数据包（2 分）	能使用工具分析数据包（1 分）	
合计						

习　　题

一、选择题

1.（　　）利用有线或无线通信方式，实现工业现场和工厂外智能产品/移动设备的泛在连接。

A．设备接入　　B．边缘计算　　C．协议转换　　D．数据上云

2．行业型二级节点不具备的功能有（　　）。

A．标识注册　　B．标识解析　　C．数据管理　　D．数据分析

3．国家顶级节点不具备的功能有（　　）。

A．标识注册　　B．标识解析　　C．数据管理　　D．实名核验

4．标识数据元包括经（　　）、企业内部非标准标识数据和标准标识数据。

A．园区环境数据　　　　B．工业设备数据

C．企业外部数据　　　　D．园区设备数据

5．基于识别目标、应用场景、技术特点等不同，标识可以分成对象标识、（　　）和应用标识 3 类。

A．通信标识　　B．解析标识　　C．传输标识　　D．网络标识

二、填空题

1．工业网络互联包括工厂内网络和____________________的互联。

2．工业数据采集体系包括设备接入、协议转换、________________。

3．在搭建工业互联网平台时，应结合______________数据的特点，在数据传输、存储、分析方面进行有针对性的考虑。

4．______________________________是工业互联网运行的核心环节。

5．工业数据采集的实时性包括数据采集的实时性和____________ 的实时性。

三、简答题

1．请调研国内外标识解析相关标准化进展。

2．请使用数据抓包工具测试 UDP 协议，并分析测试网络环境性能是否符合国家二级节点标准。

模块3

工业互联网数据采集技术

知识目标

- 了解数据采集的基本过程。
- 掌握数据采集的基本原理。
- 了解数据采集的方式和种类。
- 了解工业数据采集的重要性及难点。

能力目标

- 能够使用数据采集软件进行数据采集。
- 能够根据项目需求，确定合适的数据采集方案。
- 能够掌握工业数据采集的注意事项。

素质目标

- 培养学生的自主学习能力和动手采集数据的能力。
- 培养学生的逻辑思维能力和分析、综合能力。
- 培养学生弘扬工匠精神，引导学生成长为高技能人才。

项目 1：数据采集前的准备工作

【项目描述】

工业生产设备数据采集利用泛在感知技术对各种工业生产设备数据进行实时高效采集和云端汇聚。通过各类通信手段接入不同设备、系统和产品，采集大范围、深层次的工业生产设备数据，进行异构数据的协议转换与边缘处理，构建工业互联网平台的数据基础。

重庆某工业互联网园区以高质量发展为目标，以供给侧结构性改革为主线，以协同创新、集群集约、智能融合、绿色安全为导向，通过网络、平台、安全三大体系和新模式、新业态的构建，来指导新园区建设和已有园区转型发展，其产业赋能矿山、食品、制药、装备、汽车、电子、半导体等领域。在矿山数据采集领域，围绕“人、机、环、管”全要素，集成融合安全监控、人员定位、视频监控、通信调度、综采系统等各专业子系统，融合 IT 和 OT 数据，实现跨系统、跨专业、多维度、多指标、全场景的信息建模、可视化分析、预测预警，从而辅助生产决策；在食品、制药数据采集领域，采取数字化大思路——采集（API、PLC、OPC 等方式）、控制（设备监控、参数绑定、指令下发、工艺下发、生产监控等方面）、生产（生产工单、条形码跟踪、标签打印、投料确认等管理手段）、可视化（设备级数据看板）、分析应用；在高端装备制造数据采集领域，利用工业互联网、边缘计算、数字孪生、工业机器人、AI 视觉检测等技术，赋能数字化转型，达到质量改善、柔性增强，效率提升的目的；在汽车生产制造数据采集领域，在冲压、涂装、总装的各个工业机器人上布置工业网关，以便实现设备连网与数据采集，实时监控设备运行状态，汇集设备物联、大数据分析、AI 算法等技术能力，进而根据生产状态进行生态的管理和统计（新能源汽车与智能网联汽车叠加趋势增强，毫米雷达波、传感器、智能网联汽车操作系统等成为新能源汽车的重要组成部分），在工业互联网平台就能集中监控，打造数字工厂；在电子、半导体领域，引入自动化生产设备、自动化物流设备、自动化仓储设备，通过综采系统和物联网平台、数字孪生、MOM（Manufacturing Operation Management，制造运营管理）等系统应用的实施，打造数字化车间样板工程。

任务 1：选择合适的采集工具

【知识准备】

数据采集（Data Acquisition，DAQ）是指从传感器和其他待测设备等模拟和数字被测单元中自动采集非电量或电量信号，送到上位机中进行分析、处理。数据采集系统是基于计算机或其他专用测试平台的测量软硬件产品来实现的灵活、用户自定义的测量系统。数据采集技术广泛应用在各个领域，摄像头、麦克风都是数据采集工具。被采集数据是已转换为电信号的各种物理量，如温度、水位、风速、压力等，可以是模拟量，也可以是数字量。采集一般选用采样方式，即隔一定时间（称采样周期）对同一点数据重复采集。采集的数据大多是瞬时值，也可是某段时间内的一个特征值，准确的数据测量是数据采集的基础。数据测量方法有接触式和非接触式，测量元件多种多样，不论选用哪种方法和元件，均以不影响被测对象状态和测量环境为前提，以保证数据的正确性。

数据采集用于实现数字孪生全生命周期各阶段模型和关键数据的双向交互，是实现单一产品数据源和产品全生命周期各阶段高效协同的基础，可将物理实体和系统的属性、结构、状态、性能、功能和行为映射到虚拟世界，形成高保真的动态多维/多尺度/多物理量模型，为观察物理世界、认识物理世界、理解物理世界、控制物理世界、改造物理世界提供一种有效手段。

工业生产设备数据采集主要有 3 种方式，分别是设备直接连网通信、工业网关采集和远程 I/O 模块采集。设备直接连网通信是指借助数控系统自身的通信协议、通信网口，不添加任何硬件，设备直接与车间的局域网进行连接，与数据采集服务器进行通信，数据采集服务器上的软件进行数据的展示、统计、分析，一般可实现对设备开机、关机、运行、暂停、报警状态的采集及报警信息的记录，高端数控系统都自带用于进行数据通信的以太网口，通过不同的数据传输协议，即可实现对设备运行状态的实时监测。工业网关采集是指对于没有以太网口或不支持以太网通信的数控系统，可以借助工业以太网的方式连接设备的 PLC 控制器，实现对设备数据的采集，实时获取设备的开机、关机、运行、暂停、报警等状态信息，工业网关可以在各种网络协议间进行转换，即将车间内不同种类的 PLC 控制器的通信协议转换成一种标准协议，通过该协议实现数据采集服务器对现场设备信息的实时获取。远程 I/O 模块采集是指对于不能直接进行以太网通信，又没有 PLC 控制器的数据系统，可以通过部署远程 I/O 模块进行设备数据的采集，通过远程 I/O 模块可以实时采集到设备的开机、关机、运行、暂停、报警等状态信息，远程 I/O 模块是工业级远程采集与控制模块，可提供无源节点的开关量输入采集，通过对设备电气系统的分析，确定需要的电气信号，接入远程 I/O 模块，由 I/O 模块将电气系统的开关量、模拟量转化成网络数据，通过车间局域网传送给数据采集服务器。

自 2013 年德国提出“工业 4.0”的概念后，以两化（信息化和工业化）融合为特点的第四次工业革命的趋势愈加明显。智能工厂的建设前提是数字化工厂中从顶层到底层的系统集成和数据贯通，将数字信息结合 AI 算法，深度挖掘数据内涵，这样才能逐步形成智能化的应用。全面实现数字化是通向智能制造的必由之路，数据是智能化的基础，数据的应用关系到数字化工厂的质量、效率和效益，也是迈向智能制造的必经之路。设备直接连网通信实现数据采集如图 3.1 所示。

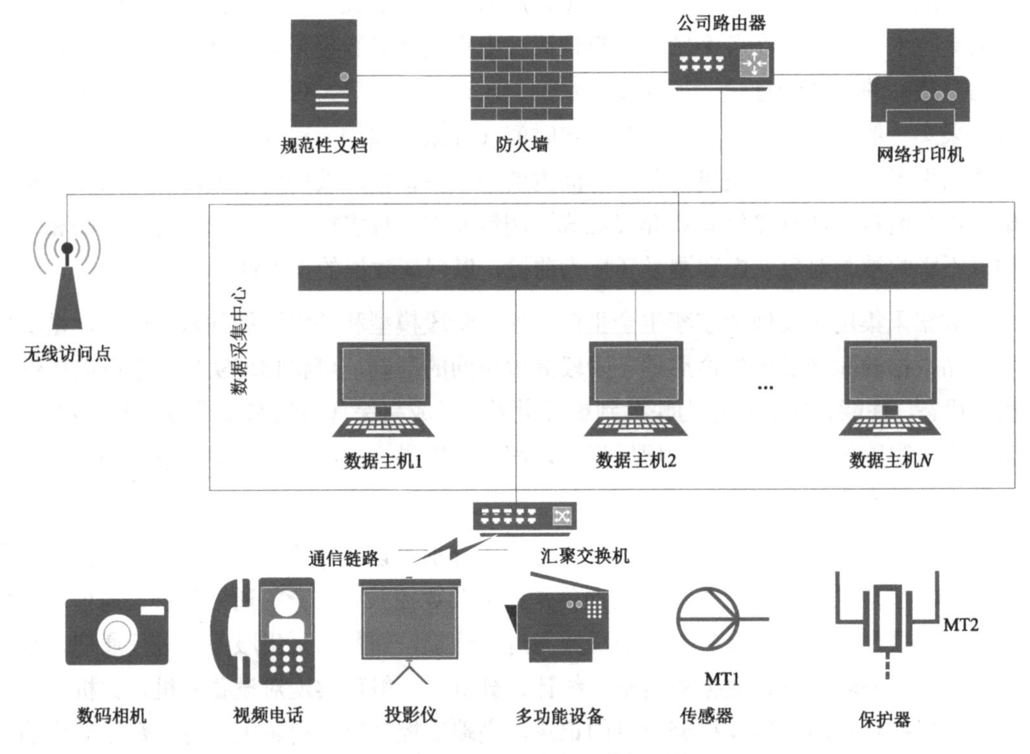

图 3.1　设备直接连网通信实现数据采集

【任务实施】

工业园区一卡通数据采集

在工业互联网虚拟仿真实验平台中搭建工业园区一卡通系统应用，启动程序，进行发卡、读卡等一系列功能操作，让同学们掌握工业园区一卡通系统硬件的选型及硬件的搭建步骤。

引导问题：各个工业园区对于区内人员的出入管理，普遍采取自助打卡进园区的方式。请谈谈为了开展安全生产工作，有效防范各类事故发生，结合实际工作要求，如何确保园区工作人员数据采集的安全重点管理？

____

____

____

步骤 1： 选择设备，启动虚拟仿真实验平台，在工具箱中找到 RFID14443 读写器（RFID14443 读写器是一种电子标签读写器，支持非接触式 IC 卡标准协议），将其拖入桌面-1 中，如图 3.2 所示。

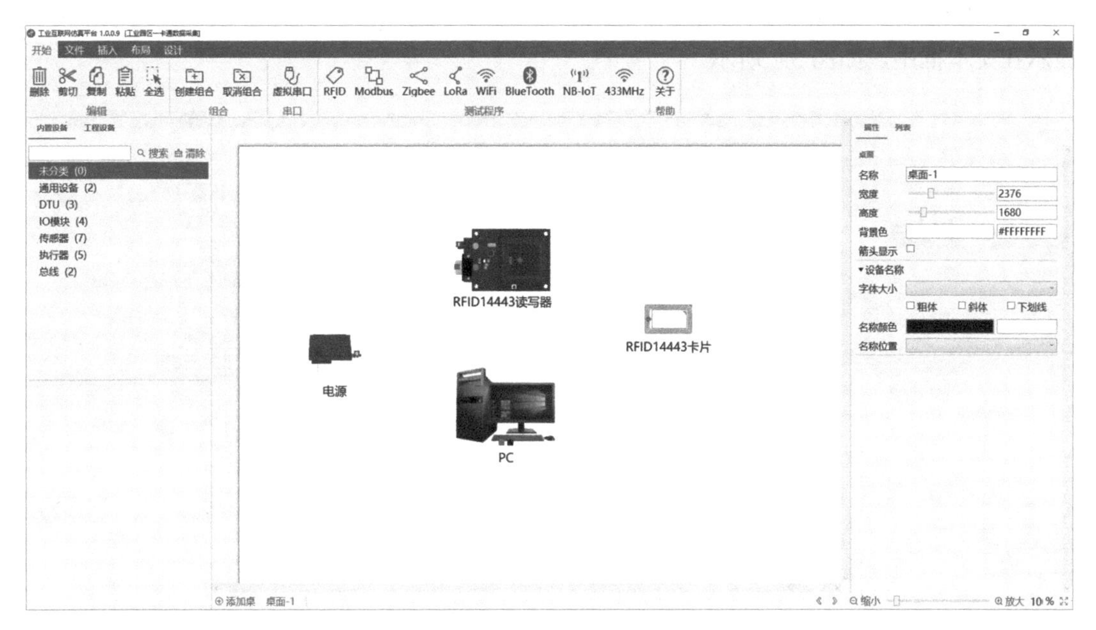

图 3.2 选择设备

步骤 2：选中电源，单击鼠标右键选择需要供电的设备（RFID14443 读写器），接电完成；选中 RFID14443 读写器，单击鼠标右键，连接到 PC 串口上，如图 3.3 所示；选中 RFID14443 读写器，单击右侧“插件”按钮，单击“执行”命令，即可查看串口号，如图 3.4 所示。

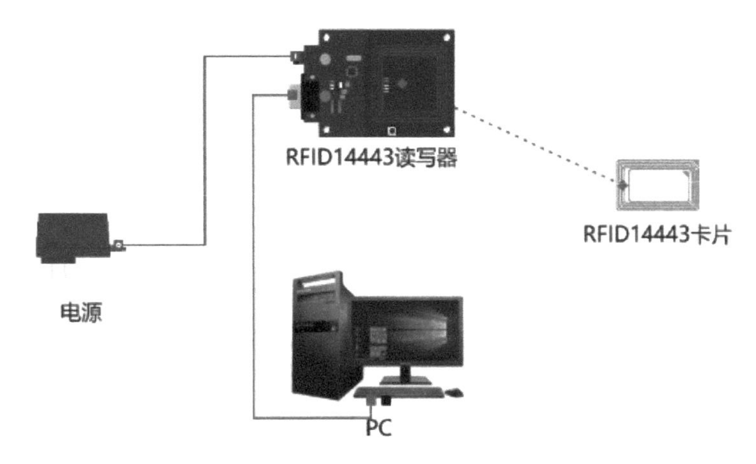

图 3.3 选择连接串口

步骤 3：测试，单击菜单栏中的测试程序，选择 RFID14443 读写器，测试程序界面如图 3.5 所示，选择与 RFID14443 读写器一致的串口号，单击“打开”按钮，使测试程序与 RFID14443 读写器建立通信链路，操作结果会在信息栏中显示，打开串口成功界面如图 3.6 所示；把 RFID14443 卡片拖入 RFID14443 读写器工作区内，单击“请求所有”按钮，使

RFID14443 卡片与 RFID14443 读写器建立通信链路，然后单击“寻卡”按钮，读取卡号并显示在文本框中，如图 3.7 所示。

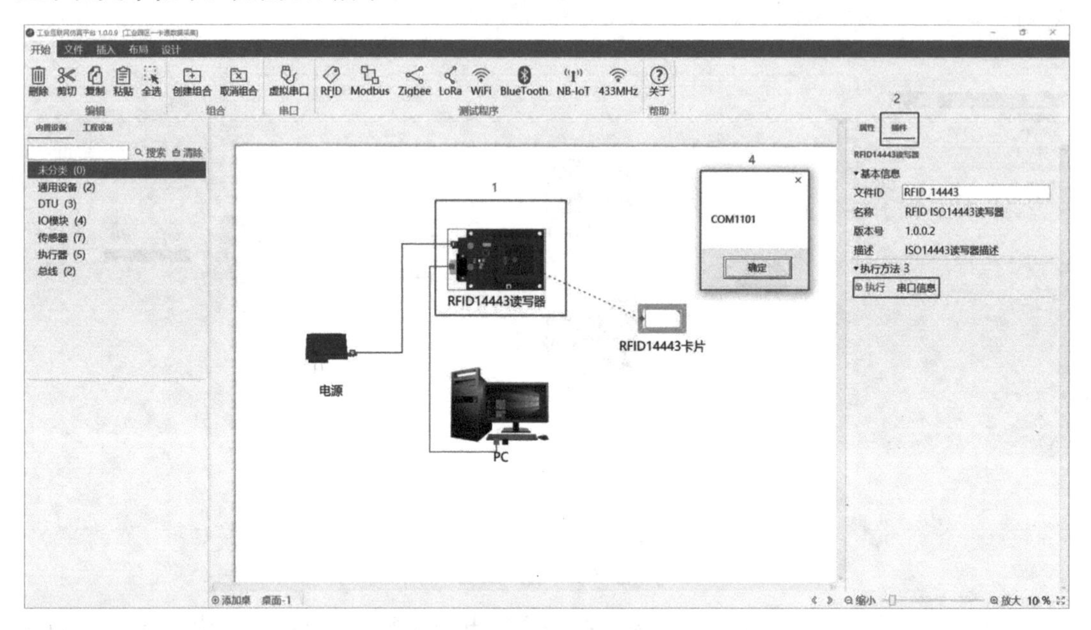

图 3.4　查看串口号

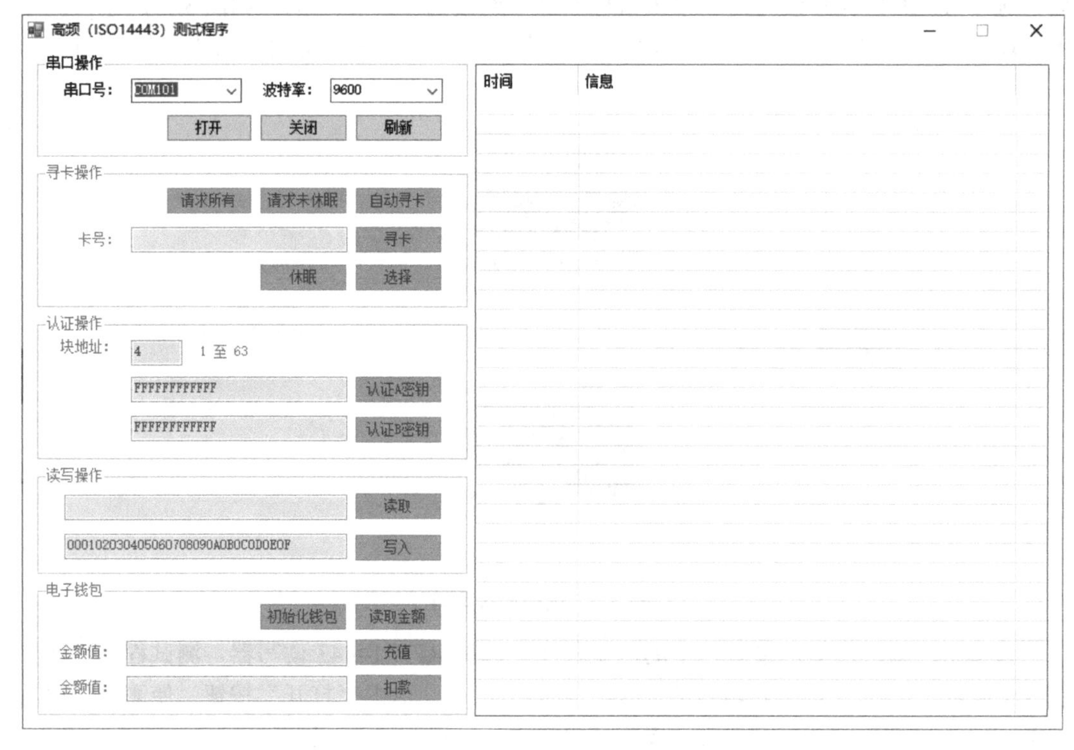

图 3.5　测试程序界面

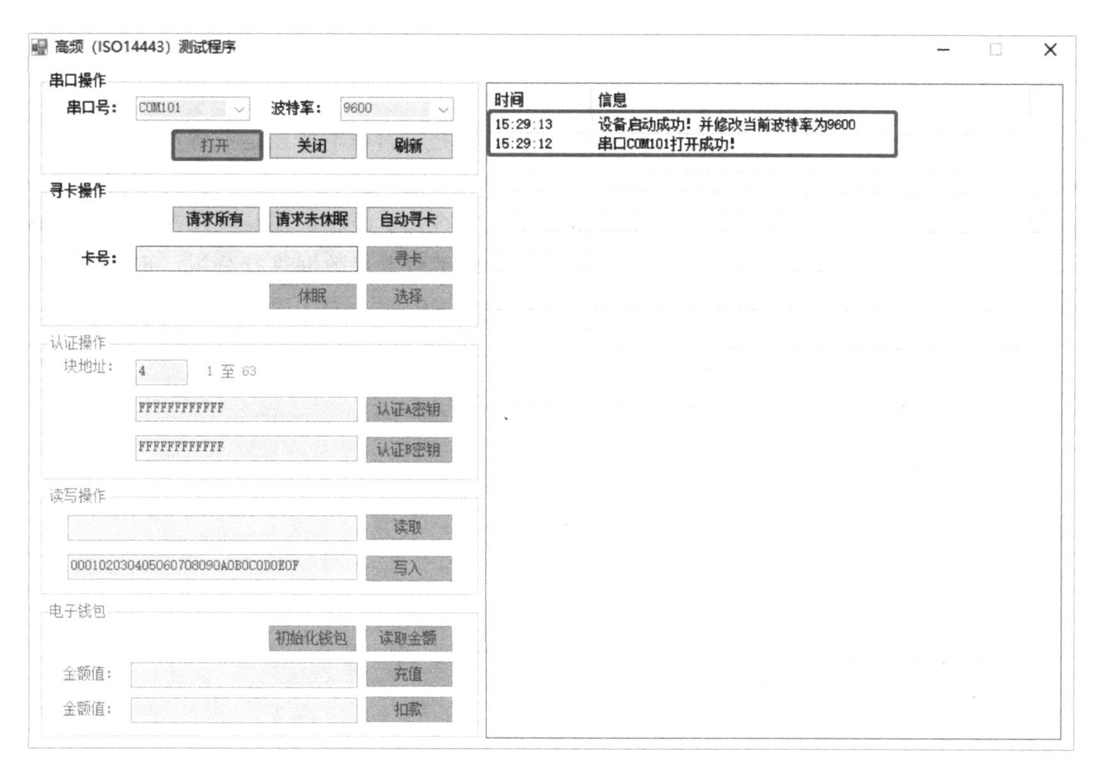

图 3.6　打开串口成功界面

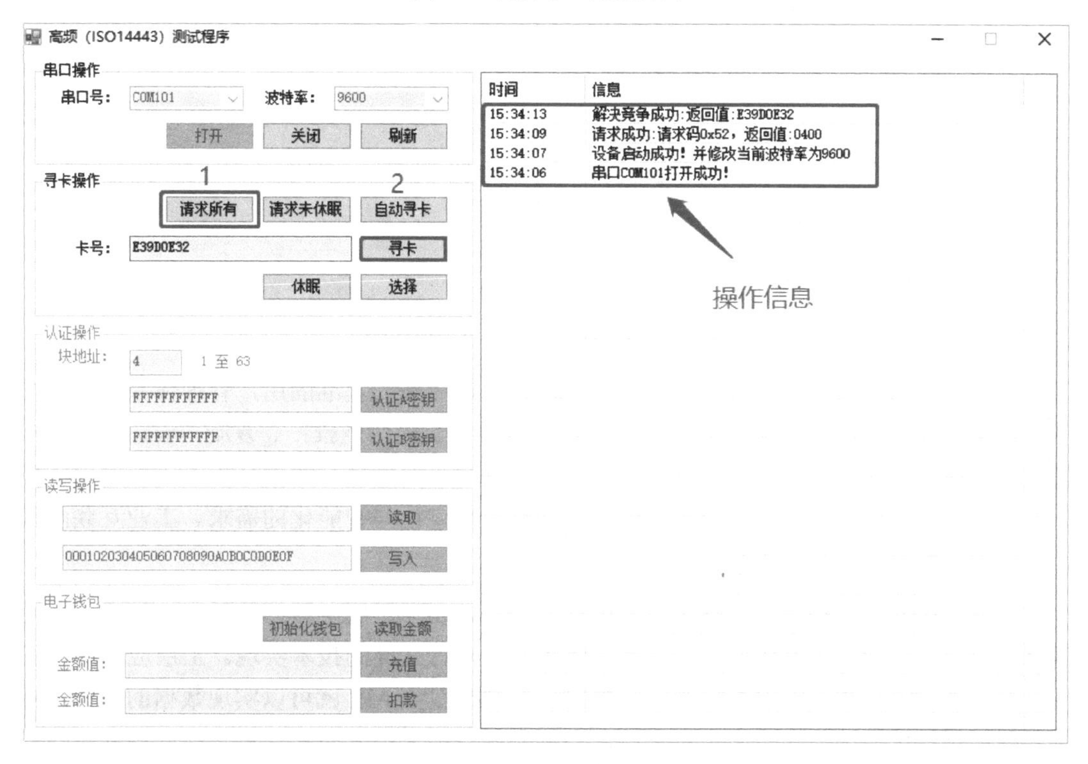

图 3.7　读取卡号

【拓展知识】

数据采集是企业数字化改革的先驱，企业数字化工厂的基本特点是业务流与信息流的融合，一是产品设计（产品数据管理系统）、制造执行（制造执行系统）、资源配置（企业资源计划系统）及生产线的业务流全部采用数字化的格式实现和传递；二是产品生产过程中生成并采集上来的各种数据可以回传归集，在管理平台上对数据进行分析，形成质量预警、管理决策的依据，用数据形成质量提升和管理改善的驱动力。以此为出发点，数字化工厂的数据应用架构如图 3.8 所示。

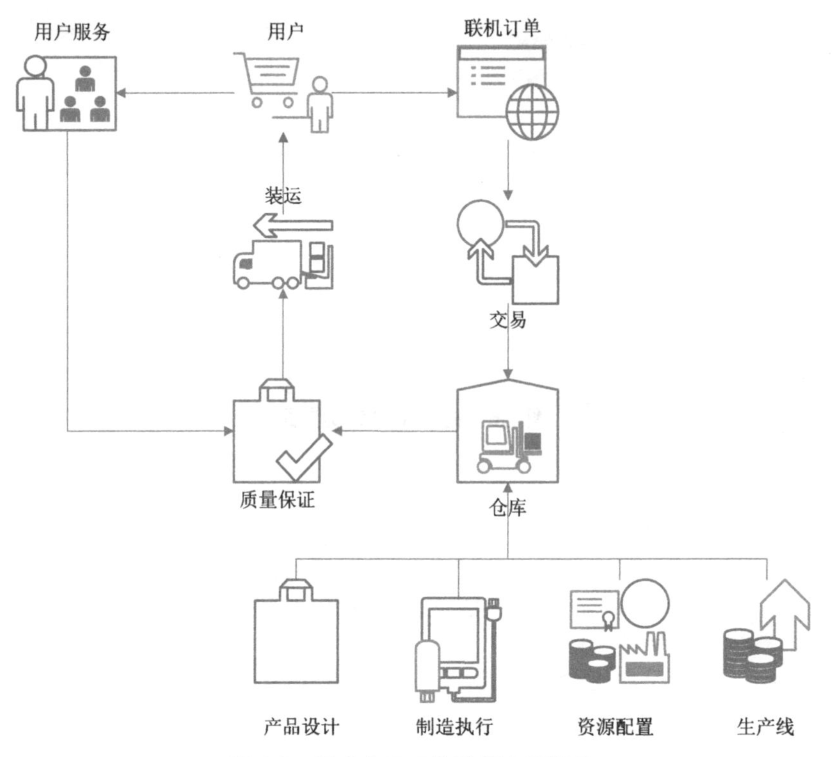

图 3.8　数字化工厂的数据应用架构

工业互联网云边协同平台支持在生产领域建立以业态为基准的用户管理体系，并根据基地规模，推广“云+边+端”或“云+端”架构模式，实现快速推广、复制，云边协同统一管理。工业互联网云边协同平台具有工业数据管理、工业建模与数据分析、工业应用创新研发的能力与优势，可以高效灵活地满足工业制造数字化与智能化的需求。工业互联网云边协同平台数据采集如图 3.9 所示。

工业互联网云边协同平台提供了数据微服务层，实现了底层数据管理与上层应用之间解耦。上层应用无须了解底层数据存储在哪里，采用什么样的技术实现。上层应用专注实现自身业务逻辑，通过调用数据微服务层的标准数据服务 API 就可以实现数据的读写，相关数据读写的可靠性与性能由平台托管。数据微服务层采用分布式计算与存储相分离的架构设计，可以在数据服务层、数据层分层弹性扩展，保证系统整体的性能与高可用性。

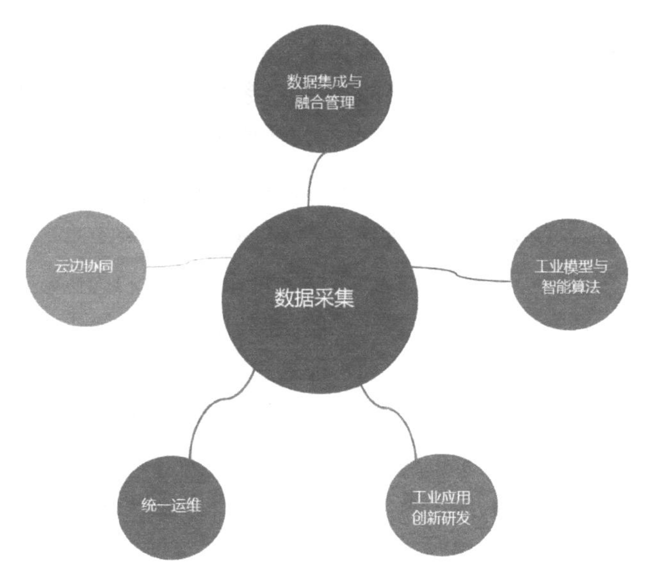

图 3.9　工业互联网云边协同平台数据采集

任务 2：设计采集方案

【知识准备】

数据经过加工后就成为信息。在计算机科学中，数据是所有能输入计算机并被计算机程序处理的符号的介质的总称，是用于输入计算机进行处理，具有一定意义的数字、字母、符号和模拟量等的通称。计算机存储和处理的对象十分广泛，表示这些对象的数据变得越来越复杂。

数据采集是对数据的整合和再造，采集完毕后把数据上传到系统中，系统自动对数据进行处理。数据采集与交换系统实现企业内部信息系统之间的横向集成、组织之间的数据报送和纵向贯通，构建数据采集、数据整合、数据共享、数据交换和数据监控的多层次、全过程、全方位、智能化的支撑平台，建成覆盖全集团的“横向集成、纵向贯通”数据采集与共享平台，其核心能力具体包括以下 5 个方面。

（1）打造统一、规范的数据报送和在线采集的平台支撑能力。以指标数据规划成果为依据，统一设计，建设数据采集与交换系统，提供填报、直采、推送、ETL（Extract-Transform-Load）抽取等多种采集方式，以及各种采集方式之间的自动切换，满足多种场景、多种方式、多种技术的采集需求，打造数据直采和交换的能力，形成统一、规范的数据采集和交换支撑平台。

（2）构建安全可靠的传输通道。平台为企业提供一个双向、可靠、安全的信息高速通道，不仅可以将本级系统数据上传至上级单位，还可以接收上级单位分发的共性数据或本企业的专属数据，并自动同步到本级对应业务系统，实现跨地域、跨组织的系统融合和数据贯通。

（3）形成统一、规范、标准的数据。依据企业有关规定和要求，并吸收 IEC 相关标准，形成统一、规范的组织体系：系统资源体系、资源参数体系、资源量测体系和资源指标体系，构建数据的标准化存储体系、编码体系、共享体系和交换体系。

（4）提供完备的数据交换技术能力。基于标准化数据，按照共享需求和业务约定，平台提供完整、实时、自动的数据交换机制，将数据同步到目标端。

（5）提供全面、智能、可视化的监控。围绕平台稳定运行和确保数据质量，对相关的信息系统、网络、通道、数据库、预订集等对象的状态、运行参数等进行实时监测，以及全面审查数据的完整性、实时性和有效性，捕获可能发生的异常，通过可视化的界面将异常展现出来，及时报警，同时借助邮件、短信等形式通知相关责任人，快速定位，协同解决。

采集方案的设计在于分析需求，明确采集的目标行为。数据采集技术路线的选择取决于信息化建设的有关规范标准、应用系统的需求和软件开发技术架构的发展情况。数据采集与交换系统的功能架构如图 3.10 所示。

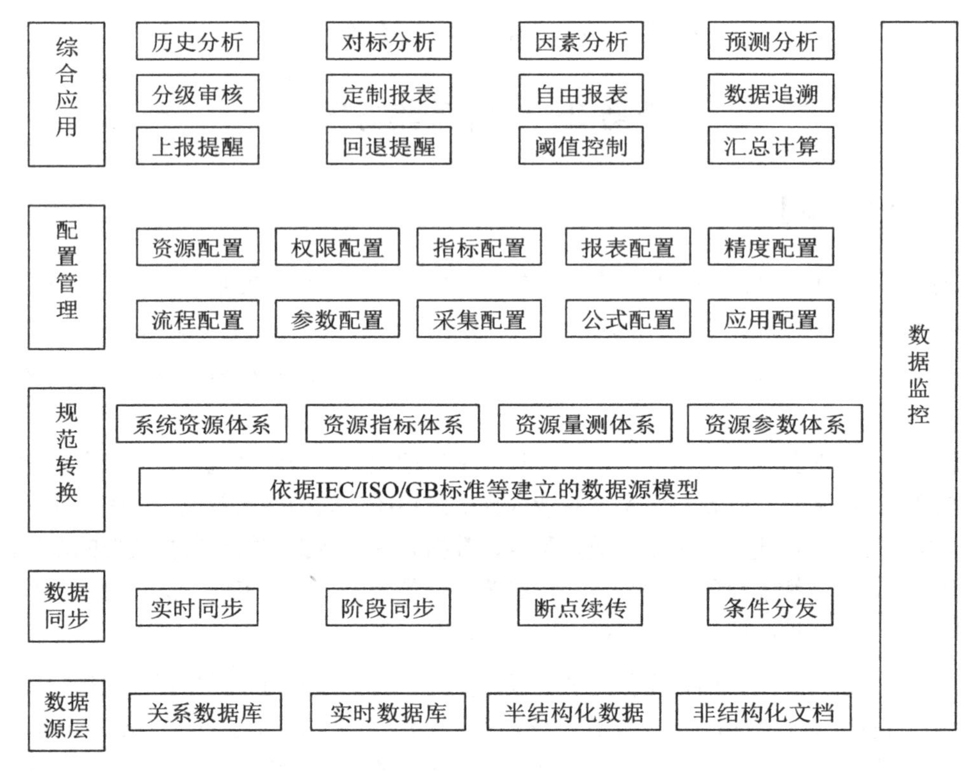

图 3.10　数据采集与交换系统的功能架构

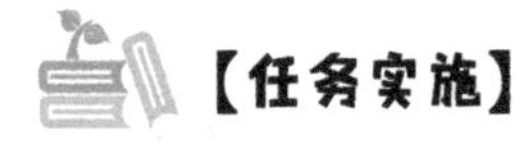

【任务实施】

数据采集流程

数据采集流程分为数据采集与数据处理，其中两台数据采集服务器之间采用全冗余的方式实现双机热备来防止出现故障时的数据中断。数据采集流程图如图 3.11 所示。

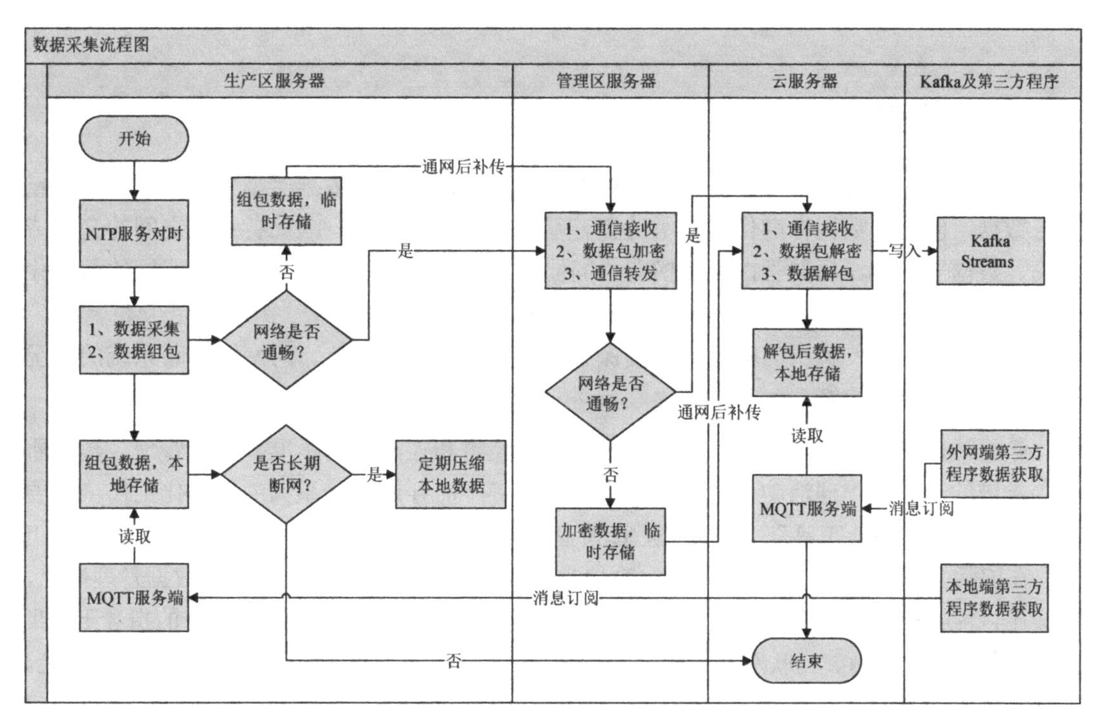

图 3.11 数据采集流程图

采用数据采集流程图，根据不同设备的通信协议，建立对应的通信点表，也可以通过模板的方式创建 I/O 点表，从而快速完成配置文件的生成。I/O 点表可以放到数据服务器中，采集服务进程采用数据同步机制。

引导问题：数据同步机制需要注意哪些方面？

步骤 1：结合物联网通信技术及应用、传感器与自动检测技术等前期专业课程，谈谈对数据采集流程的了解。

步骤 2：查阅资料，认真思考，如何有效设计心跳信号？若出现问题，又当如何及时修复？

【拓展知识】

目前，各企业已经陆续建立了多种业务应用系统，涉及的数据类型繁多，积累了大量业务数据。但由于数据标准化体系不健全、基础数据质量不佳，因此各系统之间的交互成本高、数据采集难、精益管控难、横向协同弱，从而出现无法发挥基于数据协同的数字化管理效能等问题。基于数字化的装备制造，即要实现“设计-采购-生产-试验-交付-售后”一体化管理，首先要解决的就是如何确保关键基础信息在跨单位、跨网络、跨系统的情况下唯一识别并贯穿始终。

数据治理是数据管理的核心职能，是规划、监督和控制数据标准、数据管理、数据质量等领域的一系列管理活动，是将数据作为组织资产而开展的一系列的具体化工作，主要内容包括“两体系一工具”，即主数据管理标准体系、主数据管理保障体系和主数据管理工具。在国际上，以国际数据管理协会（DAMA）为代表的组织机构长期从事数据管理研究，形成了以能力成熟度模型集成（CMMI）为代表的一批理论成果。在这些理论的指导下，我国金融、电信、能源、互联网等信息化程度较高的行业，已经积累了丰富的数据治理经验。在此基础上研究构建具备数据治理、数据标准、数据架构、数据安全、数据质量、数据应用等核心能力，三位一体并覆盖装备制造全生命周期的数据治理体系，以实现装备制造研制数字化协同建设过程中涉及的型号、项目、物料、客商、合同、试验等基础数据的平台化管理，对于在装备制造全生命周期的各阶段对设计数据、试验数据、生产数据、产品及其保障性数据进行标准化管理具有重要实用价值。

项目 2：确定合适的采集方案

【项目描述】

数据采集是数据应用的源头，指导企业在产品、运营和业务等多方面决策。数据采集方式是指利用一种装置从系统外部获得数据或信息并输入系统内部的一种手段或过程。所谓数据采集，即为了满足数据统计、分析和挖掘的需要，搜集和获取各种数据的过程。在通常情况下，数据采集指的是采集企业内部的数据。

在当前互联网领域，随着流量红利的衰退，越来越多的企业通过精细化运营，深度挖掘每一位用户的价值。当下流行的数据驱动、精细化运营等方法论和实践方式，变得越来越重要，并且被越来越多的企业接受和采纳。而数据驱动、精细化运营都要基于数据来做各种决策。数据采集，正是它们的基础和前提条件。数据采集，本质上是为了数据应用。如果我们没有任何数据上的应用需求，那么投入再大的精力去做好数据采集，也是没有任何意义的。数据应用其实是一个比较大的范畴，包含简单的统计报表、复杂的交互式在线分析、当下非常热门的个性化推荐等。

在进行数据应用的时候，我们首先要通过各种方式采集数据；然后将采集得到的数据，通过实时或批量的方式，向后进行传输；对于这些传输过来的数据，选择合适的数据模型进行 ETL 和建模，并且根据后续的应用选择合适的存储方案；在数据完成建模并且存储下来之后，就可以对数据进行统计、分析和挖掘等数据应用了。这些数据应用的结果，一方面，可以通过数据可视化的方式直接展现，并帮助我们做出各种产品、运营和商业等方面的决策；另一方面，可以直接反馈给用户，以类似「猜你喜欢」的产品形态，直接作用在产品上。

很显然，在一个典型的数据应用上，数据采集是第一个环节，是源头，是一切数据应用的起点。

任务 1：设计使用工业传感器的采集方案

【知识准备】

传感器是一种检测装置，能感受到被测量的信息，并能将感受到的信息，按一定规律变换为电信号或其他所需形式的信号输出，以满足信息的传输、处理、存储、显示、记录和控制等需求。生产车间中一般存在许多的传感器，24 小时监控着整个生产过程，当发现异常时可迅速反馈至上位机。传感器是数据采集系统的感官接收节点，属于数据采集的底层环节。

传感器在数据采集过程中的主要特性是其输入与输出的关系。其静态特性反映了传感器在被测量各个值处于稳定状态时的输入和输出关系，也就是说，当输入为常量或变化极慢时，这一关系就称为静态特性。我们总是希望传感器的输入与输出呈现唯一的对照关系，最好是线性关系。

在一般情况下，输入与输出不会符合所要求的线性关系，同时由于存在迟滞、蠕变等因素，输入与输出关系的唯一性不能实现。因此，我们不能忽视工厂中的外界影响，其影响程度取决于传感器本身，可通过传感器本身的改善加以抑制，有时也可以对外界条件加以限制。

【任务实施】

化学反应釜温度压力测量

重庆某化工设备有限公司专业生产炉类设备化学反应釜，用于完成聚合、缩合、硫化、氢化等化学工艺过程。化学反应釜的温度控制分为升温和降温两种（视内部是放热反应还是吸热反应），升温采用蒸汽、熔盐或其他加热介质，降温一般采用冷却水或其他冷却介质。温度控制的一种方式是采用手动开关阀门进行加热介质流量控制或冷却介质流量控制，另一种方式是系统自动采集温度信号通过加热控制器控制升温或调节冷却流量阀帮助降温。化学反应釜中由于存在密闭性，所以温度升高和降低是会影响压力变化的，为了证实这一点，我们准备在一个只观察温度与压力参数的环境中做一个测试。

引导问题：某企业主要生产温度传感器、压力传感器，根据需求方数据源设备的特性和测试场景，选择不同的传感器，请举例说明你所了解的不同传感器的采集精度、量程。

步骤 1： 搭建环境，添加设备 1 化学反应釜，作为数据源设备，产生温度数据和压力数据；温度属性设置（精度为±0.01，最小量程为-30，最大量程为 70，单位为℃），压力属性设置（精度为±0.1，最小量程为 0，最大量程为 2，单位为 MPa）。添加设备 2 压力传感器，作为采集设备，采集压力数据；压力属性设置（精度为±0.001，最小量程为 0，最大量程为 1000，单位为 MPa）。添加设备 3 热电偶，作为采集设备，采集温度数据；温度属性设置（精度为±1，最小量程为 0，最大量程为 1000，单位为℃）。添加设备 4 面板，为了展示设备属性而设置的，可以实时展示当前值。添加设备 5 线图，为了展示数据的走势而设置的，可以选择多个数据源进行对比展示。化学反应釜设备连接和数据源配置如图 3.12 所示。

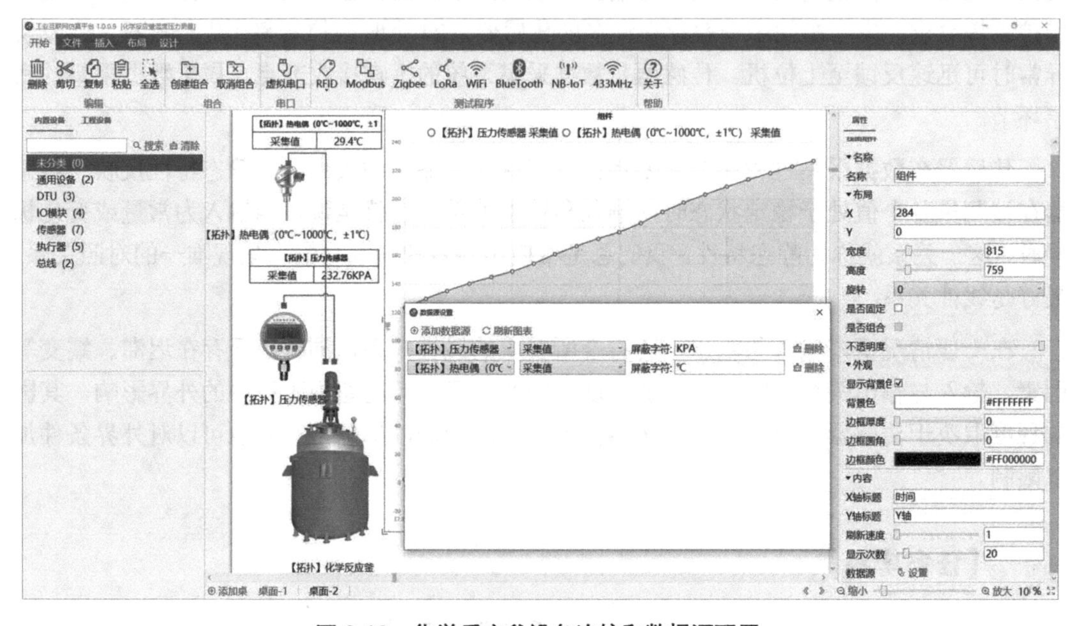

图 3.12　化学反应釜设备连接和数据源配置

步骤 2： 在测试初始时，我们可以得知化学反应釜内的温度和压力是有一定的变化规律的，温度升高，压力也会升高；温度降低，压力也会降低，这将会影响整个测试的进行，我们要注意这些参数的变化。根据化学反应釜的工作特性可知，化学反应釜内的工作温度对化学反应有极大的影响。在分析对象的特性时，为了便于分析，我们进行了许多的简化和假设，如忽略了热交换中的能量损失、忽略了反应过程中许多复杂的化学现象和不确定因素、对方程进行了近似处理等。化学反应釜数据源文件配置如图 3.13 所示。

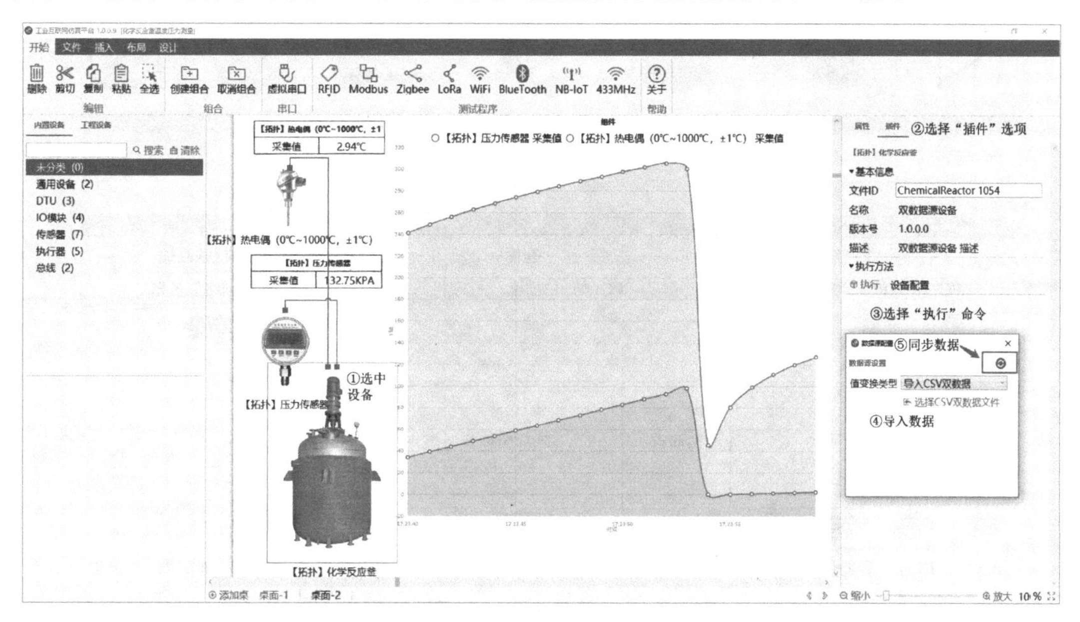

图 3.13　化学反应釜数据源文件配置

【拓展知识】

以下为三维数字化工厂解决方案和水泥行业解决方案。

（1）三维数字化工厂就是以三维数字化平台为管理基础建立的数字化工厂，它把“实体空间”和“虚拟呈现”融合在一起，通过传感器采集“实体空间”生产制造过程中的所有实时数据，在“虚拟呈现”环境中用三维方式集成展示并具备分析、模拟、演练、培训和监控功能，使虚拟环境中的生产仿真与现实中的生产无缝融合，利用虚拟工厂的灵活优势，促进现实生产。三维数字化工厂应用数字化模型、大数据分析、物联网等技术，集成生产运营、安全环保、产品质量、视频监控等各种静态、动态数据和各种专业信息管理系统的结果数据，为工厂的生产运营提供准确数据支持，实现生产过程可视化和高效的指挥调度，从而实现企业的精细化与智能化管理。

三维数字化工厂解决方案是一个全方位的三维生产监控与数据集成应用的解决方案，提供一个生产智能化与业务可视化的综合生产管理平台，为生产制造企业提供功能强大、性能稳定和高性价比的平台产品和执行策略。通过该解决方案，用户能够轻松地创建、浏览、监控、分析各种设备、仪表、管线的数据，并且通过智能感知、实时监控、虚拟现实等手段提升企业的管理水平。该解决方案既支持对生产车间、单一场站的运行监控管理，又支持对高自动化现代工厂、场、站的全方位管理。该解决方案具有良好的数据接口，可以便捷地与 SCADA 服务器、MES 服务器、视频网络服务器和各种关系型数据库、模型计算软件进行数据交换。三维数字化工厂系统架构如图 3.14 所示。

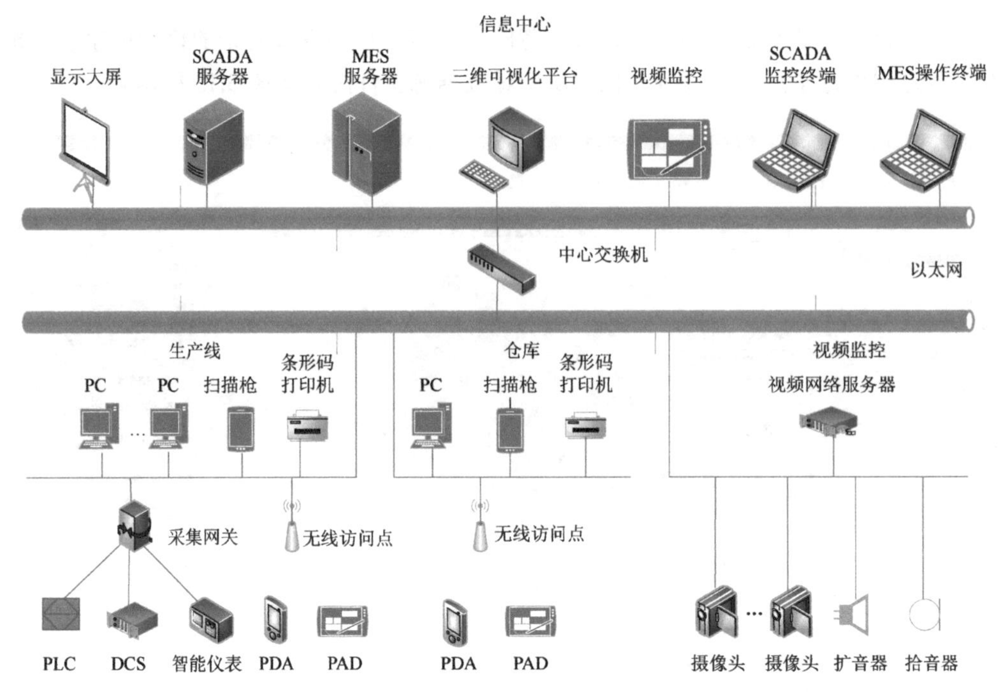

图 3.14 三维数字化工厂系统架构

（2）水泥行业解决方案：第一，系统平台建立以业态为基准的用户管理体系，实现生产领域的统一管理；第二，根据基地规模，推广“云+边+端”或“云+端”架构模式；第三，实现内部的推广、复制，内部生产环境的专有平台+对外推广的赋能中心的外网平台。水泥行业解决方案如图 3.15 所示。

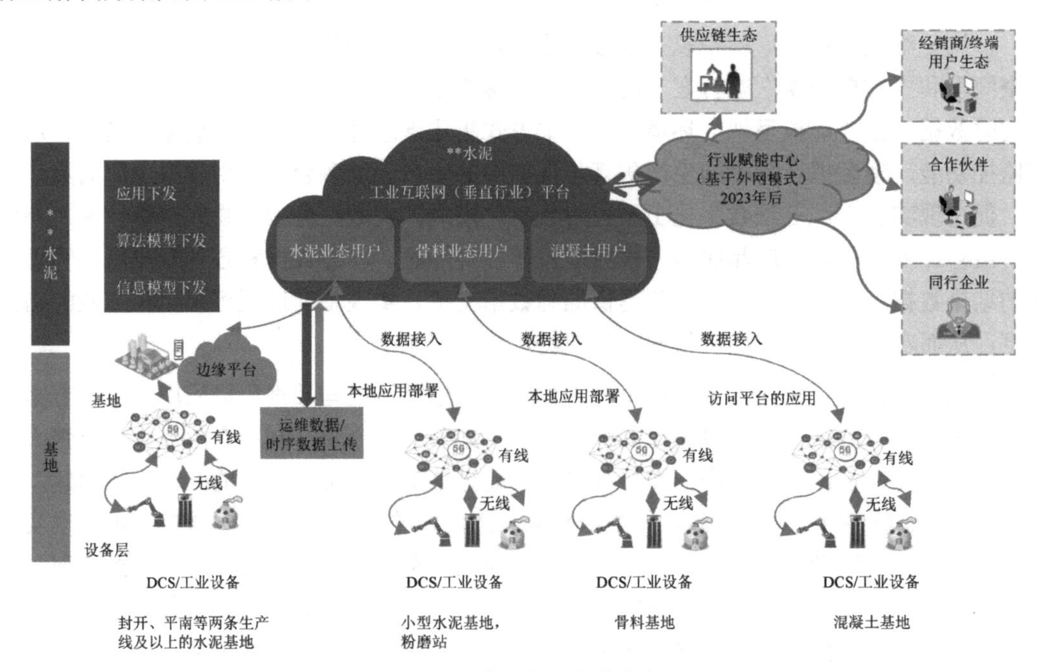

图 3.15 水泥行业解决方案

任务 2：设计使用工业网关的采集方案

【知识准备】

数据采集其实是工业网关基本的功能，首先工业网关需要与产品的控制系统建立连接，工业网关通过读取设备 PLC 的控制系统，来获取设备运行的相关参数信息。想获取哪些数据，工业网关就负责采集哪些数据。采集完成后，工业网关内置了专门的工业物联网网卡，可以将读取的信息通过工业物联网网卡直接传递到工业物联网云平台上，平台将采集到的信息进行分析、汇总，最终呈现给设备管理人员。设备管理人员根据工业网关采集的数据，即可分析设备运行的动态信息，完成对设备的远程监控及调试。

对于所有工业网关的数据采集方法，我们发现有两个搭配物品是不可或缺的。第一个是专门的工业物联网网卡。工业物联网网卡是网络信息的来源，通过工业物联网网卡来传递信息；第二个是与之配套的工业物联网云平台。工业物联网云平台就是工业物联网解决方案中的软件平台。工业物联网云平台的作用除数据采集外，还包括设备的监控与调试。如果离开了工业物联网云平台，工业网关的价值就会黯然失色。整个工业物联网解决方案，实质上就是工业网关和工业物联网云平台一体化的解决方案。

工业网关采集数据的模式一般有两种，一种是串口采集，另一种是网口采集。用户在使用本地数据采集系统时，首要的需求便是采集现场数据。这要求系统能够支持用户设备的通信协议。经过分析研究，Modbus TCP 与 Modbus RTU 协议已经能够满足用户的基础需求。另外，为了支持一些原始的串口协议，系统加入了对 DTU（Data Terminal Unit，数据终端单元）的支持，经过正确配置后，也可以通过 DTU 读取下属设备的数据。为了能够方便用户的操作配置，系统的配置文件一定要清晰明了，不使用户感到迷惑。网口采集更加简单便捷，数据通过网络直接传输即可。

目前在工业物联网解决方案中，数据采集的方式大致可以分为以下两种。

一是利用嵌入式工业网关接入工业现场，或者通过以太网，或者通过串口，或者通过 OPC 服务器等介质进行数据采集，这种方式需要一台专业的工业网关。工业网关作为专业的数据采集工具，用户接入即可使用，更加高效与便捷。同时工业网关配备专业的工业物联网云平台，可完成数据的采集并将其上传到配套的工业物联网云平台中。

二是利用 DTU 进行透明传输，将现场设备接入厂商云端，通过 Socket 方式实现数据采集。这种方式不需要购买或替换厂商的硬件网关，能直接利用用户已有的设备，减少了硬件成本开销。这种方式虽然看似更加省钱，不用专门购买工业网关模块，但有一个弊端，那就是其后期与工业互联网云平台配置较为麻烦，不利于对后期数据的提取与利用。

【任务实施】

光伏电站的环境参数监测

随着现代社会人们环保意识的逐步觉醒，以太阳能为代表的新型能源凭借其安全、清洁、无污染、储量巨大等优势逐步进入人们的日常生活中，并发挥积极作用。光伏电站一方面通过可视化、可管理、可维护的方式实时监测逆变器的工作状态，另一方面通过增强周围环境参数监测力度，进而减少巡检成本，最终帮助用户提升整体运维管理效益。随着光伏产业步入“向管理要效益，向运维要效益”的新阶段，建立高效的数字化运营模式将成为新需求。重庆某大型分布式光伏项目本着便于安装、性能稳定的原则，采用的工业网关可同时监测温度、湿度、光照、红外、烟雾等环境参数。

引导问题：光伏电站的环境参数监测能够在很大程度上解决人力不足和专业度不高的问题。通过数据的采集和分析，有助于及时下达当天电力生产任务和进行外来人员的准确管理，请谈谈如何更好地设计感知层、传输层和应用层？

____

____

____

步骤 1：搭建环境，添加设备 1 工业直流电源。添加设备 2 ECU-1251 网关（这是基于 RISC 架构的立式工业物联网智能无线通信网关，具备开放且稳健的平台设计，支持以太网有线通信及 Wi-Fi/4G/GPRS/5G 无线通信方式，兼容多种工业标准通信协议 Modbus 及 IEC-60870，并且可与 Web Access 上层软件有效整合，ECU-1251 网关更适合在工业物联网、能源物联网相关分布式监测领域进行应用）。添加设备 3 温度传感器、设备 4 湿度传感器、设备 5 光照传感器、设备 6 烟雾传感器、设备 7 红外传感器。光伏电站环境监测设备连接及通道配置如图 3.16 所示。

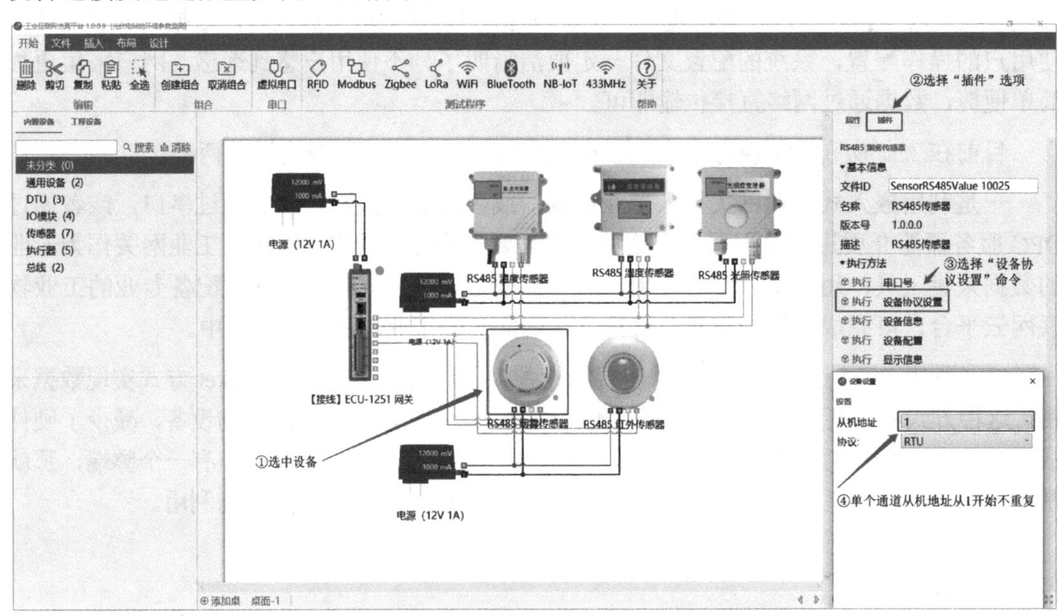

图 3.16　光伏电站环境监测设备连接及通道配置

步骤 2：为网关添加设备，选中 COM101，右击分别添加温度传感器、湿度传感器、光照传感器设备；选中 COM102，右击分别添加烟雾传感器、红外传感器设备，如图 3.17 所示。

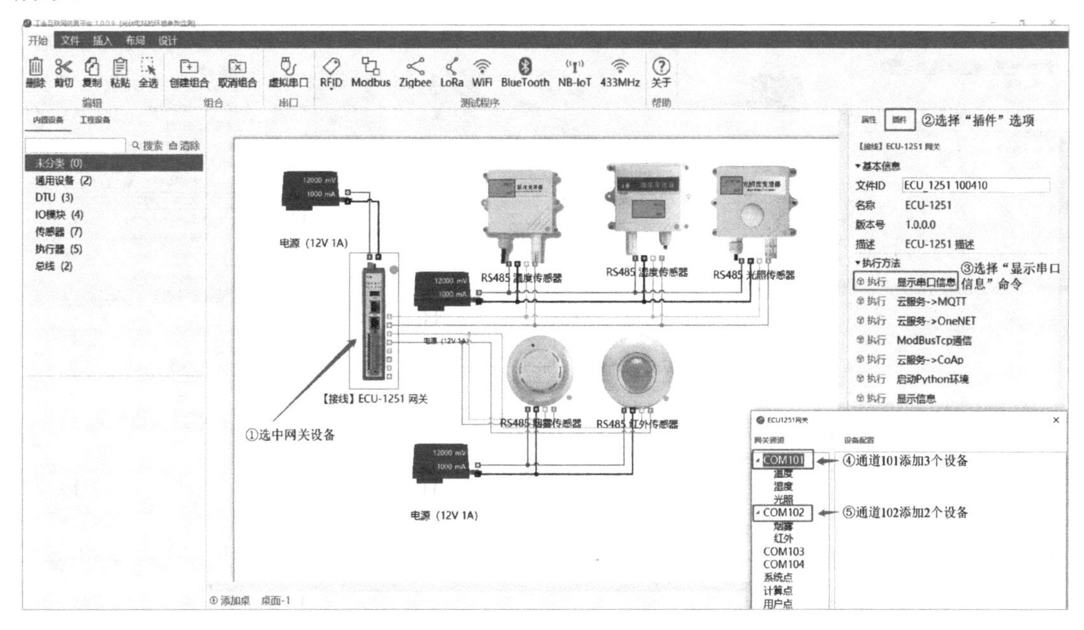

图 3.17　为 ECU-1251 网关添加设备

步骤 3：为网关添加寄存器地址，选中 ECU-1251 网关，选择右上角“插件”选项，选择“显示串口信息”命令，查看 COM101、COM102 串口信息。选中 COM101、COM102，右击添加寄存器地址，如图 3.18 所示。

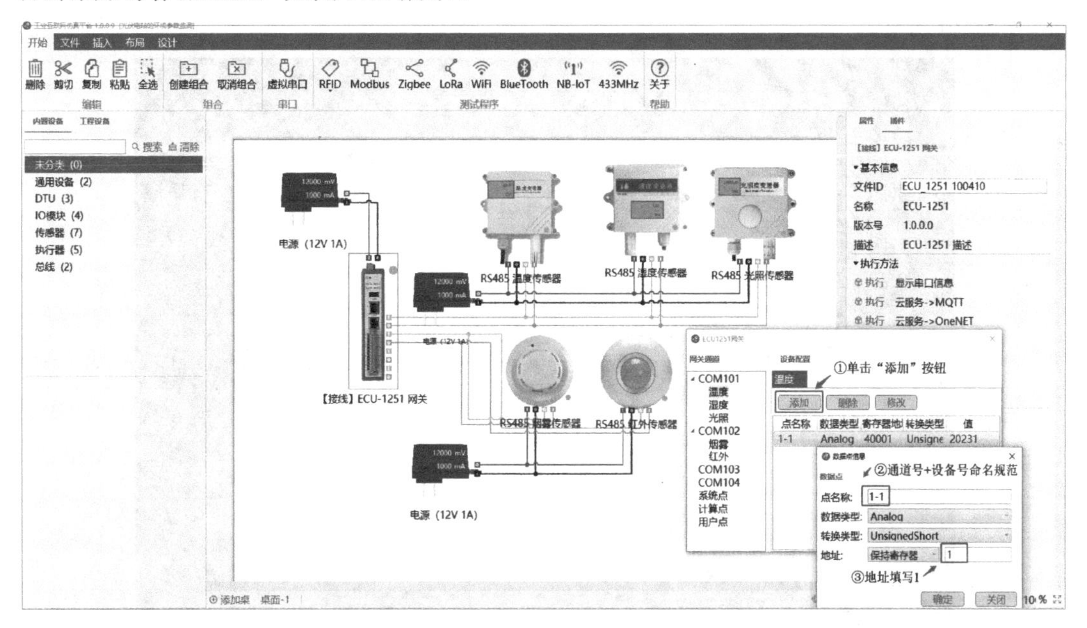

图 3.18　为 ECU-1251 网关添加寄存器地址

步骤 4：配置网关 MQTT 协议上云端口号为 1883，如图 3.19 所示。

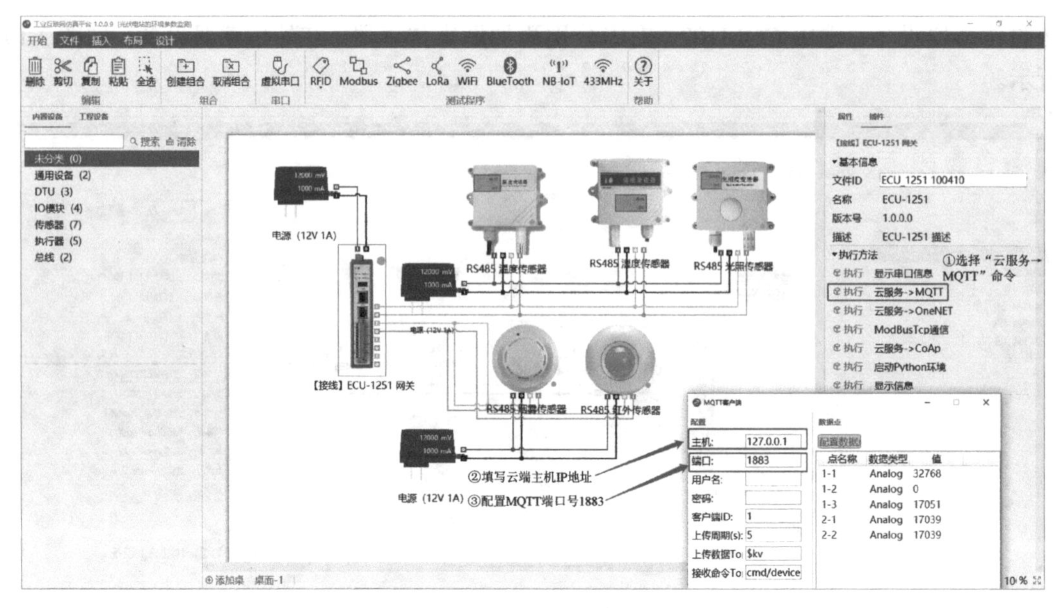

图 3.19　配置网关 MQTT 协议上云端口号为 1883

【拓展知识】

工业设备数据采集使用工业网关会更加便捷与高效，现在大多数用户在使用物联网技术时仍担心价格问题。随着物联网技术的日益成熟，产品价格在不断下降。一台工业网关在数据上带给我们的价值目前已经远远超过了购买工业网关本身的费用。工业网关解决方案如图 3.20 所示。

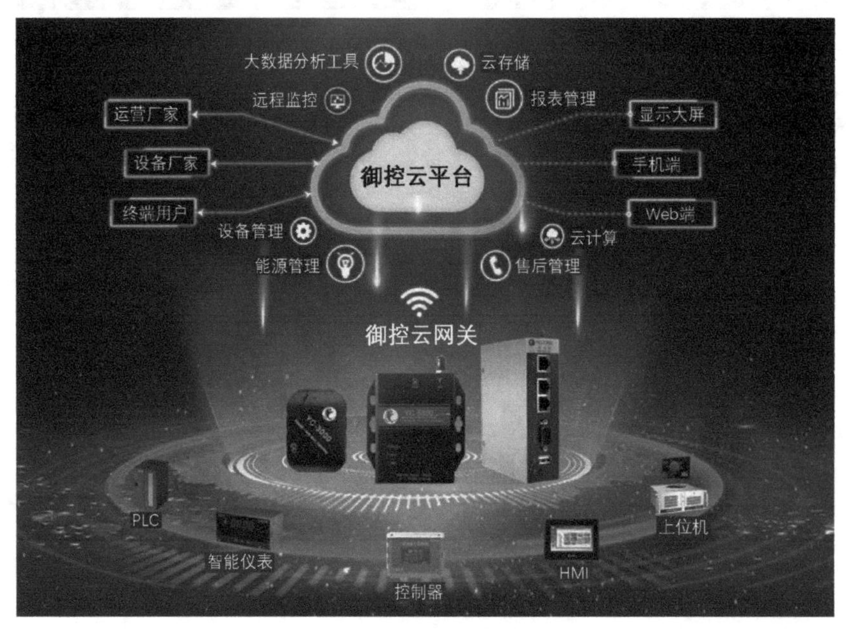

图 3.20　工业网关解决方案

某自动化与信息技术解决方案公司是一家从事自主设计、制造与应用自动化控制系统平台和行业解决方案的高科技企业集团。公司主要包括过程自动化（DCS）、工厂自动化（PLC 及驱动）、核电站数字化仪控系统、高速铁路、城市轨道交通自动化等业务单元。各业务单元以“用自动化改进人们的工作、生活和环境”为宗旨，经营各有特色，产品定位准确，现已形成强大的市场合力与品牌影响力。下面以该公司电厂总体方案为例进行说明，如图 3.21 所示。

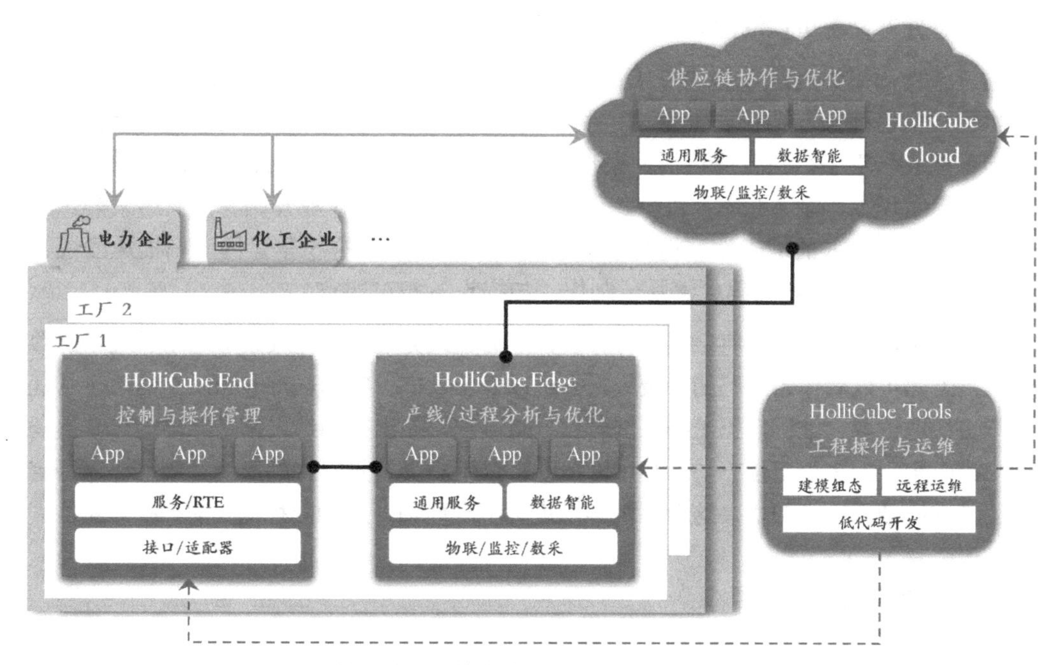

图 3.21　某自动化与信息技术解决方案公司电厂总体方案

HolliCube Cloud、HolliCube Edge 分别是云计算版本、边缘计算版本，其中云计算版本支持公有云、私有云部署；边缘计算版本属于轻量化版本，可部署于工厂环境；HolliCube End 是新一代 PLC，是兼有端和边特征的产品，强调开放性及云边端高效协同。

HolliCube Tools 融合了 FA-AT、HolliView、低代码开发工具（建模、流程、算法、应用编排）。

以上产品线都包含多个子产品。监控、MOM 类应用、行业特色类软件包等，都构建于云平台之上，以 App 形式实现。

任务 3：设计使用条形码的采集方案

【知识准备】

随着仓储物流行业竞争日益激烈，越来越多的企业意识到，企业间的竞争实质上是企业的作业效率和成本控制能力的竞争。为了有效控制并跟踪仓库业务的物流和成本管理全过程，WMS（Warehouse Management System，仓库管理系统）应运而生。WMS 是一款标准化、智能化过程导向管理的仓库管理软件，它结合了众多知名企业的实际情况和管理经验，能够准确、高效地管理跟踪用户订单、采购订单，以及进行仓库的综合管理。条形码管理促进企业管理模式的转变，从传统的依靠经验管理转变为依靠精确的数字分析管理，从事后管理转变为事中管理、实时管理，加速了资金周转，提高了供应链响应速度，这些必将增强企业的整体竞争能力。通过使用 WMS 的强大条形码/RFID 技术做到每件产品有据可查，每件产品都可以溯源。

通过条形码采集制造数据的方式是最为普遍的方式之一。条形码由黑白相间的条纹组成，黑色和白色部分分别代表 0 和 1，利用二进制的编码，可以表示数字、字母和符号信息，但不能表示汉字。在生产现场，条形码可以采集的数据包括产品批号、物料批号、异常类别、异常现象、设备状态（维修、保养、故障停机等）、作业开始、作业结束等。条形码可以提高数据录入的准确性，提高录入速度（是键盘录入的 5 倍，同时扫描速度快于二维码），且成本较低（条形码标签易于制作，扫描设备相对便宜）。

因此，可以尽可能多地将数据进行分类，然后编码处理，转化成条形码用于现场的数据采集。二维码可以看作条形码的升级版，它可以表示数字、字母、符号和汉字信息。从任一方向均可快速读取二维码，正着扫、倒着扫、斜着扫，扫出来的结果都是一样的。其奥秘就在于二维码角上的 3 个定位方块，其可以帮助二维码不受背景样式的影响，实现快速稳定的读取。二维码便于手机扫描，这让手机得以走进生产现场，成为一种重要的扫描设备。

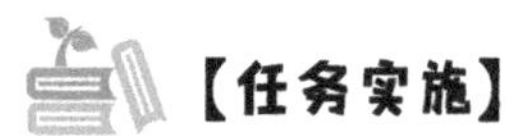

【任务实施】

供应链管理中常温管道阀门的条形码应用

重庆某企业常温管道阀门物料管理中，将阀门编码并打印条形码标签，不但有助于阀门跟踪管理，而且有助于做到合理的阀门库存准备，提高生产效率，便于企业资金的合理运用。对采购的阀门按照行业及企业规则建立统一的物料编码，可杜绝物料无序导致的损失和混乱。将企业的生产计划作为建立采购订单的依据，并向阀门供应商下达采购订单。对需要进行标识的阀门打印其条形码，以便在生产管理中对其进行单件跟踪，从而建立完整的产品档案。利用条形码技术，对仓库进行基本的进、销、存管理，有效地降低库存成本。

引导问题：条形码技术为我们的日常生活带来了方便与快捷，它还存在于哪些行业，有哪些应用？

____

____

____

步骤 1：添加设备 1 PC 串口服务器。添加设备 2 工业直流电源（可调）。添加设备 3 ADAM4117（ADAM4117 是一款电子工控模块，8 路不同且可独立配置差分通道，具有宽温运行、高抗噪性等特点）。添加设备 4 扫码枪。添加设备 5 二维码。添加设备 6 条形码。搭建条形码采集平台如图 3.22 所示。

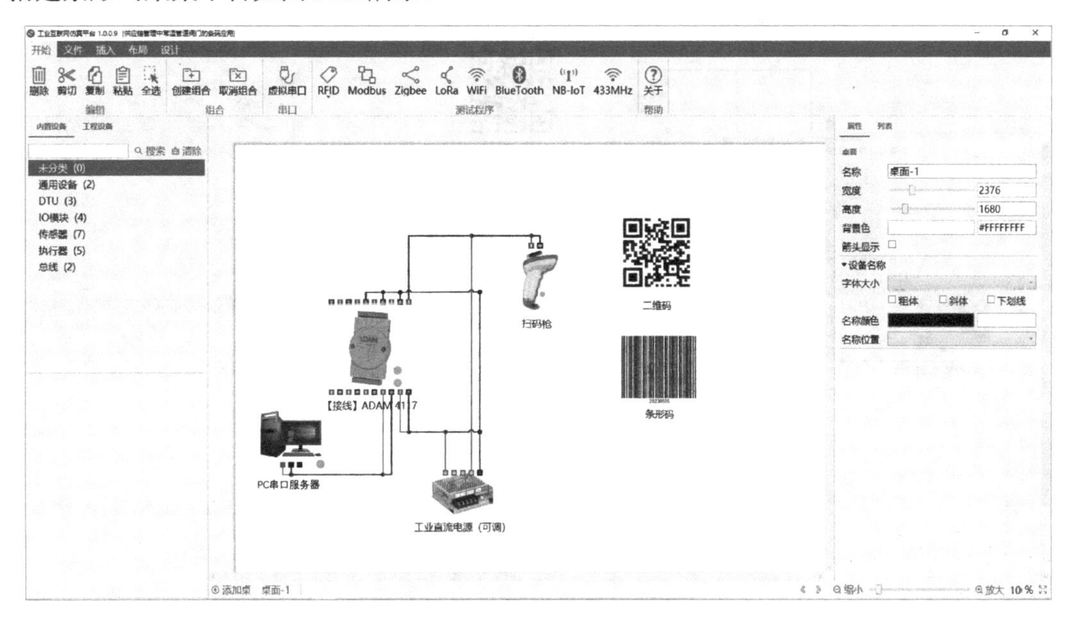

图 3.22　搭建条形码采集平台

步骤 2：修改常温管道阀门二维码，阀门二维码如图 3.23 所示。

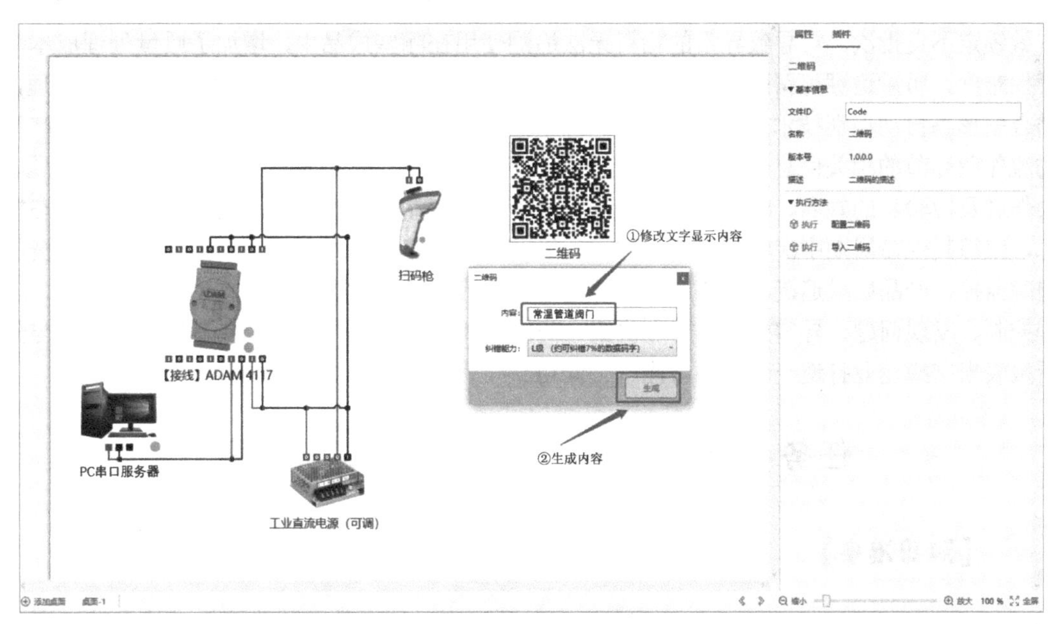

图 3.23　阀门二维码

步骤 3：修改常温管道阀门条形码，阀门条形码如图 3.24 所示。

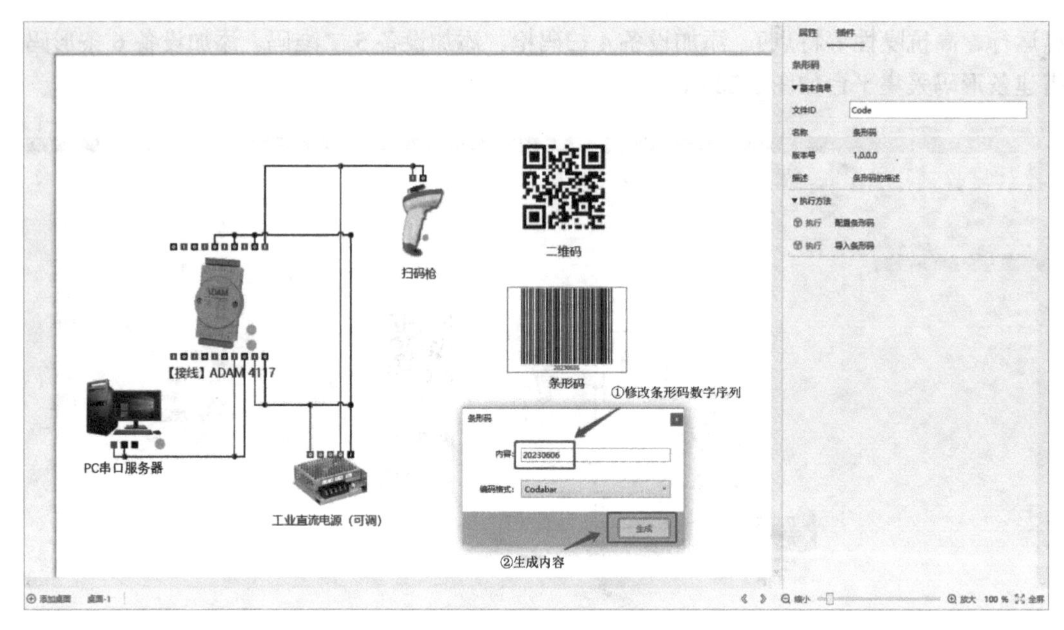

图 3.24　阀门条形码

【拓展知识】

传统的质量管理方式局限于对当时产品生产过程数据的监控，在出现批质量异常时无法有效锁定不良批次，对导致异常的物料无法追溯使用在哪些成品中，增加了质量处理成本与管控难度。质量追溯可帮助企业实时、高效、准确、可靠地实现生产过程管理和质量管理，结合条形码自动识别技术、序列号管理思想和条形码设备，可有效采集产品或物料在生产和物流作业环节的相关信息数据，每完成一个工序或一项工作，记录其检验结果、存在问题、操作者及检验者的姓名、时间、地点及情况分析，在产品的适当部位做出相应的质量状态标志，跟踪其生命周期中流转运动的全过程，以便企业能够实现对采、销、生产过程中物资的追踪监控、产品质量追溯、销售窜货追踪等目标。最后利用数据分析工具建立质量计划、过程控制、发现问题、异常处理、管理决策、问题关闭的质量闭环管理平台，形成经验库与分析报表来支撑企业打造一套来源可溯、去向可查、责任可追的质量闭环追溯系统。

任务 4：设计使用 RFID 技术的采集方案

【知识准备】

RFID（Radio Frequency Identification，射频识别）技术是一种非接触式的自动识别技术，通过射频信号自动识别目标对象并获取相关的数据信息。RFID 技术利用射频方式进行非接触双向通信，达到识别目的并交换数据。RFID 技术可识别高速运动物体并可同时识别多个标签，操作快捷方便。在工作时，RFID 读写器通过天线发送出一定频率的脉冲信号，当 RFID 标签进入磁场时，凭借感应电流获得能量发送出存储在芯片中的产品信息（Passive

Tag，无源标签或被动标签），或者主动发送某一频率的脉冲信号（Active Tag，有源标签或主动标签）。

RFID 读写器对接收的脉冲信号进行解调和解码，然后送到后台主系统进行相关处理；主系统根据逻辑运算判断 RFID 标签的合法性，针对不同的设定做出相应的处理和控制，发出指令信号控制执行机构动作。RFID 技术解决了产品信息与互联网实现自动连接的问题，结合后续的大数据挖掘工作，能发挥其强大的威力。

RFID 数据采集方式的特点如下。

（1）RFID 标签数据的记忆容量比条形码、二维码大。条形码的容量是 50B，二维码可存储 2000～3000 字符，RFID 最大的容量则为数 MB。

（2）RFID 标签具有体积小型化和形态多样化的特点，可以应用于不同产品。

（3）RFID 标签是电子标签，信息是保存在芯片里的，芯片可以读写。使用的打印机是专门的打印机，能够在芯片上写入信息，而条形码和二维码打印后，只能读取，不能再次写入信息。

（4）RFID 标签可以重复地新增、修改、删除内部保存的数据，方便信息的更新。

（5）在被覆盖的情况下，RFID 技术能够穿透纸张、木材和塑料等非金属或非透明的材质，并能够进行穿透性通信。

【任务实施】

门禁系统 RFID 设计

RFID 读写器根据频率可以分为 125kHz（低频）、13.56MHz（高频）、900MHz（超高频）、2.4GHz（微波段）等频段的读写器。其中，RF125 是一款低功耗、远距离、125kHz 无线空中唤醒和数据收发模块。125kHz 低频卡具备无线空中唤醒和数据收发功能，包含 RF125-TX 模块、RF125-RX 模块，可以应用于 RKE 无钥匙门禁、校园门禁等。重庆某企业 RF125-RX 模块主要应用于车主随身携带的智能车钥匙，当车主拿着处于休眠状态的智能车钥匙靠近汽车时，RF125-RX 模块收到汽车的 RF125-TX 模块信号后唤醒处理器，处理器控制短波与汽车上的短波模块通信，从而打开车锁。

引导问题：RFID 技术的日常应用场景还有哪些方面？

____

____

____

步骤 1：选择设备（RFID125K 读写器、RFID125K 控制器、RFID125K 门禁、PC、电源、RFID125K 卡片），启动虚拟仿真实验平台，在设备列表中找到实验所需设备，拖入桌面-1 中，如图 3.25 所示。

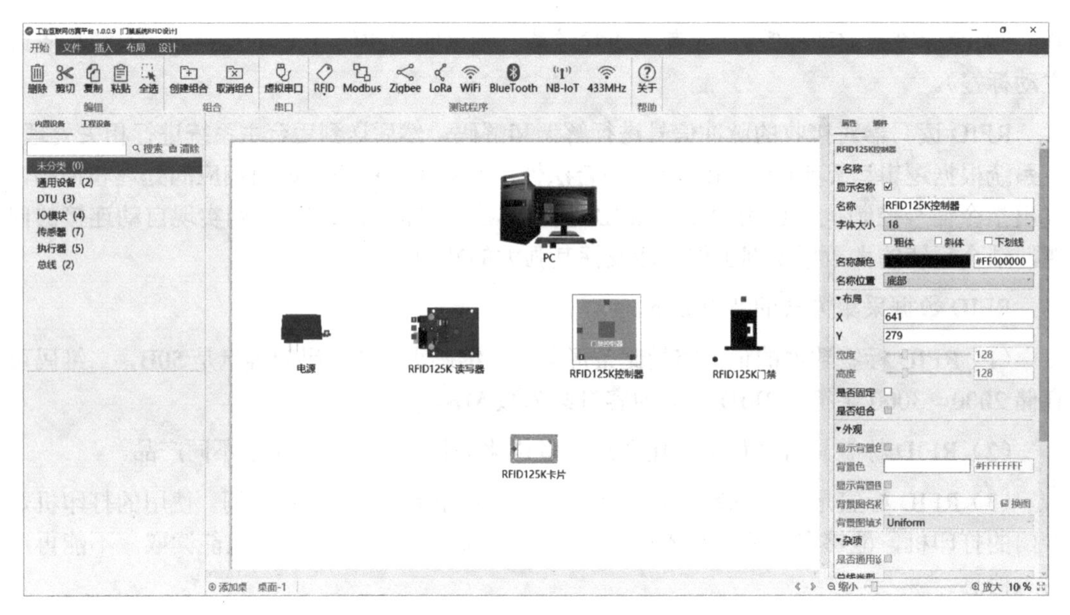

图 3.25　添加 RFID 设备

步骤 2： 设备供电，右击电源的“电源”接口，进入接线模式，然后分别连接 RFID125K 读写器的“电线（通用）”接口和 RFID125K 控制器的“电线（通用）”接口。设备连接，使 RFID125K 读写器、RFID125K 门禁与 RFID125K 控制器相连，右击 RFID125K 读写器的“RFID 射频”接口，进入接线模式，然后单击 RFID125K 控制器的“读写器”接口；右击 RFID125K 控制器的“门禁”接口，进入接线模式，然后单击 RFID125K 门禁的“控制器”接口完成连接。连接 PC，右击 RFID125K 控制器的“RS485（TIA/EIA-485）”接口，进入接线模式，然后单击 PC 的“RS485”接口完成连接，如图 3.26 所示。

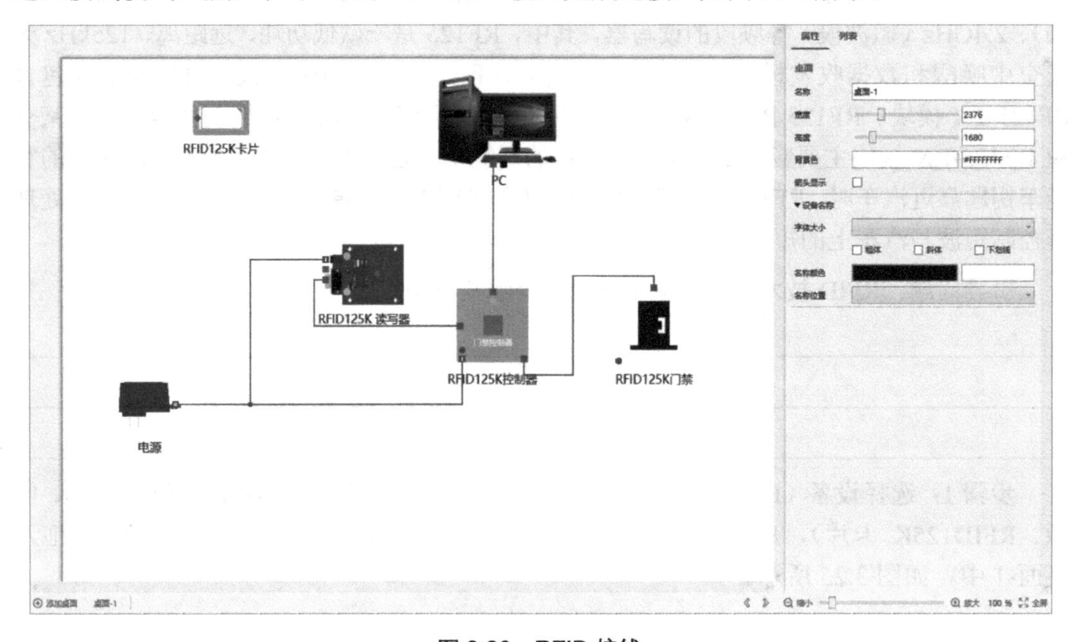

图 3.26　RFID 接线

步骤 3：在虚拟仿真实验平台中刷卡“开门”，把 RFID125K 卡片从 RFID125K 读写器场区外拖入场区内，实现“开门”效果，如图 3.27 所示。

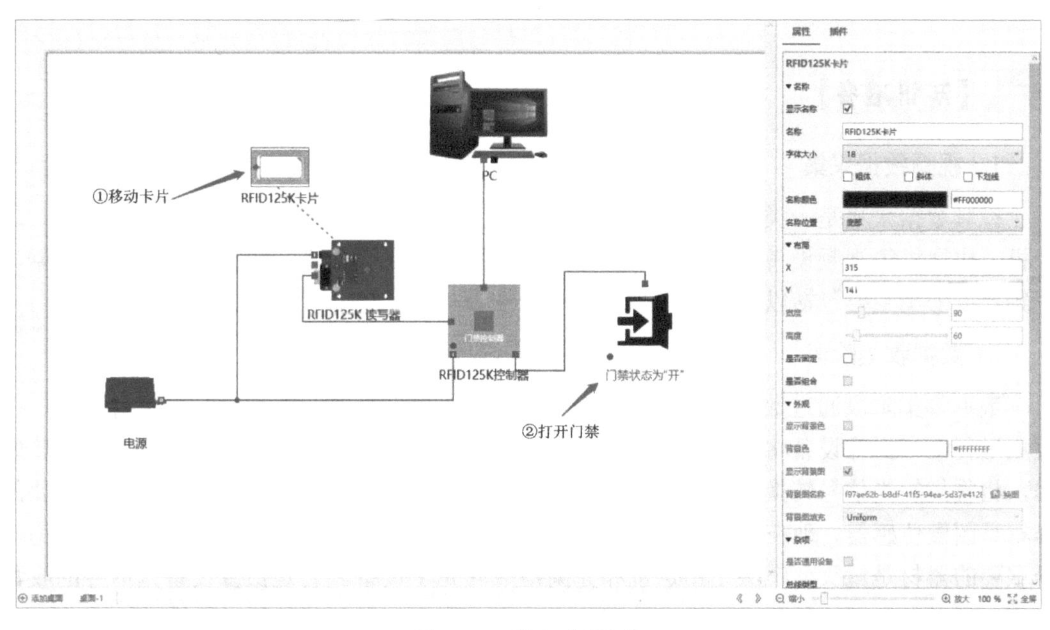

图 3.27 刷卡“开门”

【拓展知识】

RFID 技术在汽车制造业中使用广泛。在汽车装配流水线上配有 RFID 系统，该系统使用可重复利用的电子标签，电子标签上带有详细的汽车所需的所有信息，在每个工作点都有 RFID 读写器，这样可以保证汽车在各个流水线位置毫不出错地完成装配任务。汽车使用 RFID 技术进行装配如图 3.28 所示。

图 3.28 汽车使用 RFID 技术进行装配

任务 5：设计使用工业摄像机的采集方案

【知识准备】

1. 视频数据采集

视频数据采集是一类特殊的数据采集方式，主要是指将各类图像传感器、摄像机、录像机、电视机等视频设备输出的视频信号进行采样、量化等操作，从而转换成数字数据。视频数据采集主要包括以下过程。

1）数据收集阶段

数据收集阶段通过数据收集设备（如光源、镜头、云台等）将视频数据进行收集。在收集过程中，摄像设备将需要收集的数据通过光信号的形式进行收集，然后通过光电传感器，将收集的光信号转换为电信号，完成视频数据的转换。在数据收集阶段，一个重要的器材是图像传感器。现在我们经常采用的图像传感技术主要有 CCD 和 CMOS 两种。另一个重要的器材是镜头。镜头是由透镜和光阑组成的光学设备。它是摄像设备光信号的收集来源，所以在数据收集阶段，镜头的好坏直接影响到收集的视频数据是否清晰、完整。在数据收集工作中，云台的作用也很重要。云台主要是指在摄像过程中安装、固定摄像设备，为摄像设备提供挪移等运动的机械设备。云台的主要作用是扩大摄像设备的监控范围。

2）数据传输阶段

数据收集完成后，将其转换为电信号并传输给计算机或移动设备。数据传输设备决定了视频数据采集系统的组网方式和范围。在传统的数据传输工作中，大多采用同轴电缆传输基带信号技术或以光纤传输技术为主的有线传输技术。但随着无线网络、流媒体技术等新技术的出现，无线连接数据传输技术的使用越来越广泛。流媒体技术包括流媒体编解码技术、流媒体服务器技术、端到端流媒体技术和流媒体系统技术。利用视频编码器，流媒体技术可以把视频信号压缩编码为 IP 流，而利用视频解码器可以还原视频信号。随着无线网络的发展，视频数据的传输范围越来越广泛。流媒体技术的出现对于视频数据采集技术的发展是很有帮助的，它扩大了数据的传输距离，减少了传输成本。

3）数据整理阶段

视频数据经过传输进入数据整理阶段。在这个阶段，视频数据经过处理并被保存下来。随着计算机技术的发展，视频数据处理和自动保存技术越来越先进。数据收集工作中收集来的模拟信号经过 D/A 转换器、A/D 转换器二次处理，最终转换为数字信号，去除噪声等干扰信号，同时利用数字技术进行保存，保存时间更长，也不会出现失真等现象。另外在某些采集系统中，采用的是实时监控系统，就是不用保存数据的采集系统。在这种系统中，一般采用的是显示器。

2. 工业摄像机在新能源风力发电中的视频监控系统应用

工业摄像机可实现对工业设备重要部位的实时图像监控、入侵报警等安全防护功能。在每台工业设备的关键位置安装了网络高清摄像头，如风电机组设备中塔筒门口（高清、360° 可旋转）不少于 1 个、塔筒底部不少于 2 个、机舱内不少于 2 个，摄像头分别连至机组内交换机，通过场内光缆网络与升压站视频监控服务器进行通信，服务器对前端视频数据进行存储，在操作端进行监控图像的显示。视频监控系统需要考虑当地气候条件（防尘、防雨），不应因气候变化影响正常使用和性能。

在塔筒门口安装红外双鉴探测器，当有人员侵入时，可产生报警信号，并进行声光报警。工作人员通过场内光缆网络与升压站管理服务器和存储服务器进行通信，在视频监控工作站进行监控图像的显示。

视频监控系统的功能如下。

（1）实时图像监控，自动轮巡播放，可手动停止自动轮巡播放并调取任意摄像头图像。

（2）与消防、门控等报警系统实现联动控制，报警信息应该和录像数据相结合，可根据报警信息检索回放相应的录像数据。

（3）可回放任一摄像头的历史图像及报警录像，回放方式支持慢放、快放、单帧、倒帧等；能够将任意一幅回放图像存放成 JPEG 或 BMP 格式的图像，供调取使用；支持按日期、时间或报警事件等多种方式检索录像文件，所有录像存储周期为 90 天。

（4）通过监控客户端可进行录像方案、轮巡方案的设置与管理。

（5）具有用户管理、用户权限管理、用户状态实时查询，设备管理、设备权限管理、设备状态实时查询等功能；可进行系统组织结构管理、权限组设置等。

（6）配置标准通信接口，采用通用的通信协议，预留接口与广域网连网及实现远传功能；拥有相应权限的远程用户可通过广域网 IP 地址登录远程客户端对设备进行访问与操作。

根据各场站现场的环境特点，所选择的设备必须具备较高的防护等级，在恶劣环境下能稳定工作。工业摄像机的平台管理软件需要基于 Linux 平台搭建，同时支持 B/S 和 C/S 架构，要支持全区域连网能力，具备远程管理和批量快速支持、诊断、升级能力，要支持当前主流厂商产品，具备强大的设备管理能力、上墙显示和多个子系统整合的能力，并应具备与业务系统整合的能力。同时，为了将来工作的便利性，平台系统要支持手机视频拍摄和上传功能（基于 iOS），便于在特定的状况下，对塔筒进行巡检。

存储服务器要采用主流厂商产品。存储采用高可靠性的 IPSAN 存储主机，采用控制器架构，大于或等于 12 盘位，风扇、电源、控制器全部采用模块化，风扇、电源采用冗余设计，支持热插拔，至少具备 2 个千兆以太网口，配置企业级硬盘，确保数据的可靠性。

根据前端路由情况的差异，前端录像格式要支持 720 像素、D1（704 像素×576 像素）等不同分辨率进行 24 小时不间断录像，视频录像资料保存至少达到 30 天。

在各个站点建设独立的数字视频管理平台、核心交换机、存储系统、解码系统，并具备多级多域的连网能力。在数字视频管理平台内直接进行报警管理，支持报警联动、语音对讲，进行统一管理和控制。

3. 工业摄像机在其他方面的应用

在人们的传统意识中，视频数据采集的作用停留在安全监控方面。但是随着视频数据采集技术的发展，其应用的领域越来越广泛，特别是在安全、体育、医务等领域。

（1）安全领域的应用。在视频数据采集工作中，安全一直是重中之重。在实际工作中，视频数据采集系统对银行、火车站、机场、道路等重点部位进行全方位的监控，同时对一些细节进行微观监控。这样不仅可以做好全面的安全监管工作，还可以就安全的细节进行检查。例如，现在的道路交通安全工作主要使用的摄像头就采用了这样的技术，既可以对道路的全面情况进行了解，又可以对个别的违章车辆进行记录。又如，在反恐工作中，如果遇到可疑人员，那么警察等安全人员可以通过视频数据采集技术对可疑人员信息进行采集，通过网络数据库进行数据对比，查找可疑人员的真实身份。

（2）体育、医务等领域的应用。在使用视频数据采集技术的领域中，很多新的采集技术出现在实际工作中。在体育领域，视频数据采集技术的应用正得到大家的重视。例如，2014 年巴西世界杯中采用的“门线技术”就是视频数据采集技术在体育领域的应用。在医务领域，视频手术等技术正在推广使用。

（3）其他领域的应用。视频数据采集技术除以上领域外，还经常出现在其他领域，如视频会议、视频聊天等领域。这些应用的发展从侧面促进了视频数据采集技术的发展。

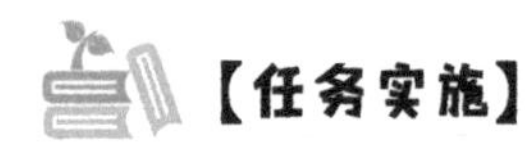

【任务实施】

工业摄像机应用于电力生产企业

工业摄像机已经被用在各种领域，尤其是在生产监测和一系列复杂的测量任务当中，经常会被用在交通、电力等领域。重庆某电力生产企业在变电站实现无人值守后，变电站中一次设备、二次设备运行状况的数据采集及设备的远程监控成为工作重心。目前，SCADA 系统只能对部分设备的数据进行采集监控，却没有设计对整个变电站的外观监测和变电站的防火防盗功能，所以，工业摄像机在变电站中应用将会使变电站的数据采集和监控变得更加有效全面，顺利解决防火防盗问题，让变电站运行更加稳定可靠。

引导问题：电力生产企业除车间安全生产需要使用工业摄像机进行监控外，请问还有哪些方面要加强防范？

____

____

____

步骤 1：结合自己的实训课内容，如何安装摄像头可以有效检测用电安全？

____

____

____

步骤 2：查阅资料，并应用实验室简易的工具，进行工业摄像机数据采集、存储、查询、显示、报警及推送。

____

____

____

【拓展知识】

随着计算机、无线网络、数字技术等新技术的出现，视频数据采集系统的发展趋势表现为高容量、远距离、低成本、高清晰度。由于高清视频技术的出现，采集到的视频数据容量大，这就要求处理、传输、存储的数据容量更大。无线网络的出现使得视频数据采集系统可以摆脱以往的电缆连接。这使得采集到的视频数据的传输距离更远，同时使得连接的成本大大降低。在视频数据采集系统中，数字化高清技术具有优良的抗干扰性、失真小等优点，使得采集的视频信号的清晰度大大提高。这些新技术的出现带动了视频数据采集系统的技术发展，为该技术的进步提供了空间。

下面以风力发电机组视频监控系统参数为例进行说明，机舱俯瞰图如图 3.29 所示，机舱水平图如图 3.30 所示。

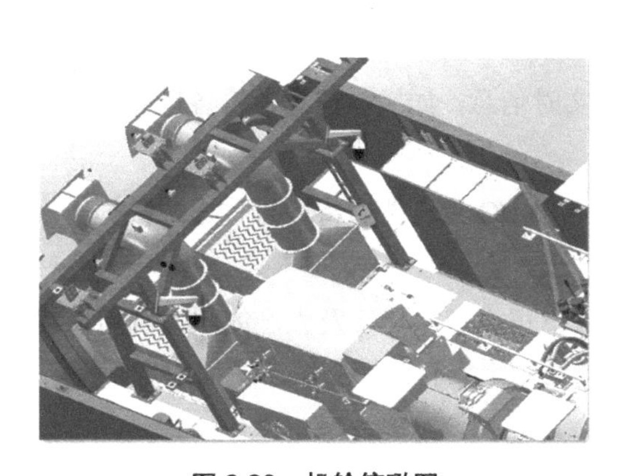

图 3.29　机舱俯瞰图

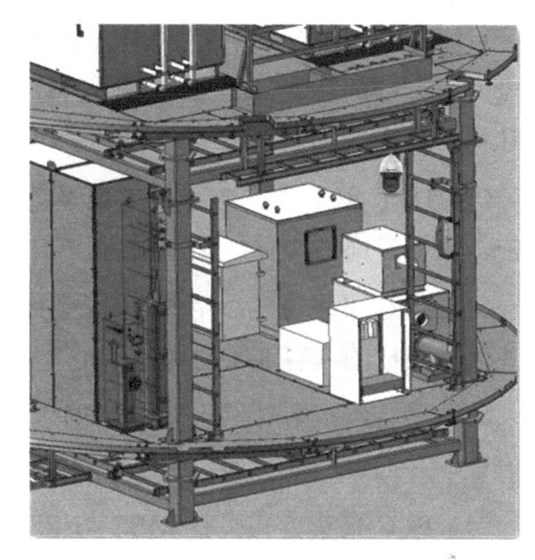

图 3.30　机舱水平图

（1）系统可达到工业级使用标准，摄像头防护等级达到 IP66，防雷、防浪涌、防突波，工作温度可扩展到-45～65℃。

（2）具备防抖补偿功能，适合在振动较大的风力发电机组内部使用。

（3）具有红外功能，日夜模式的自动转换可使弱光源情况下的监控清晰不中断。

（4）单台录像机支持 128 路信号源同时存储，客户端支持 64 路视频同时显示。

（5）可进行用户权限设置，分管理员、操作员、普通用户三级管理。

（6）采用用户名和密码、MAC 地址绑定、HTTPS 加密、IEEE 802.1x 网络访问控制、IP 地址过滤等多种安全模式，保障视频数据安全。

（7）内置 Micro SD 卡插槽，支持 Micro SD/SDHC/SDXC 卡，可支持手动录像/报警录像。

（8）支持软件集成的开放式 API，支持标准协议（ONVIF、PSIA、CGI），支持第三方管理平台接入，支持 GB/T 28181 协议，支持浏览器访问。

（9）支持双码流技术，支持 H.265/H.264/MJPEG 视频压缩算法，支持多级别视频质量配置。

（10）高清摄像头达到 400 万及以上像素。

任务 6：设计使用其他工具的采集方案

【知识准备】

数据采集是 MES（Manufacturing Execution System，制造执行系统）业务进行的根本，也是 MES 进行统计分析的基础。离开生产数据采集，生产管理部门就不能及时、准确地得到产品的生产数量；不能准确分析设备利用率等瓶颈问题；不能准确、科学地制定生产计划；不能实现生产管理协同。MES 软件应用中根据不同的数据、应用场景、人员能力、设备投入等方面的因素需要采用不同的数据采集方式，除前面讲述的采集方式外，还存在以下几种采集方式。

（1）DNC 网卡方式：可采集到设备各类实时信息，如操作信息、设备运行状态、故障报告、开机时间、零件加工工时等。

（2）LLC 采集方式：用 PLC 直接采集设备的 I/O 点，然后将信息传递给数据库。这种方式信息集成的内容非常有限。

（3）手持终端方式：通过专用的手持终端，根据设备运行及生产的状态利用该终端输入信息，并通过网络传递给数据库。这种方式适用于没有数控系统的老旧设备。

（4）PLC 采集方式：在 MES 与 PLC 通信过程中，采用直接相连传输方式，可以使用 OPC（OLE for Process Control）、TCP/IP（Transmission Control Protocol/Internet Protocol）等通信协议，实现快速稳定的数据传输，也可以把数据通过 PLC 传给第三方设备或在 MES 和 PLC 之间增加 SCADA 系统（数据采集与监视控制系统），具体选用哪种方式要看 MES

的通信协议。对于具备网络接口的自动化生产线或设备 MDC（元数据控制器），系统直接通过网络与设备的 PLC 进行数据交换，可以采集到生产线或设备的工作状态，如生产数量、速度、停机次数及时间等，并形成直观形象的图形界面。

（5）基于宏指令的采集方式：在加工时，机床通过外部通信宏指令上传工件加工进度信息到本地监控终端，采集系统进行处理、显示，并上传到企业的数据库供相关制造系统调用，解决了大型工件数控加工中采集工件加工进度信息困难的问题。

【任务实施】

造纸厂 PLC 采集方案设计

重庆某园区造纸厂安装了多种类型的传感器，PLC 对室内空气进行实时监测，从而确保室内空气质量和安全，同时在出现不良状况时，能够及时进行报警处理，远程关闭生产设备，并将报警信息发送到用户移动终端和安全中心，确保室内的安全性。

引导问题：PLC 的日常应用场景还存在哪些方面？

____

____

____

步骤 1： 添加设备 1 电源，添加设备 2 电压型光照传感器，添加设备 3 S7-1200 西门子 PLC，添加设备 4 PM2.5 传感器，搭建环境并连线。PLC 采集方案拓扑图如图 3.31 所示。

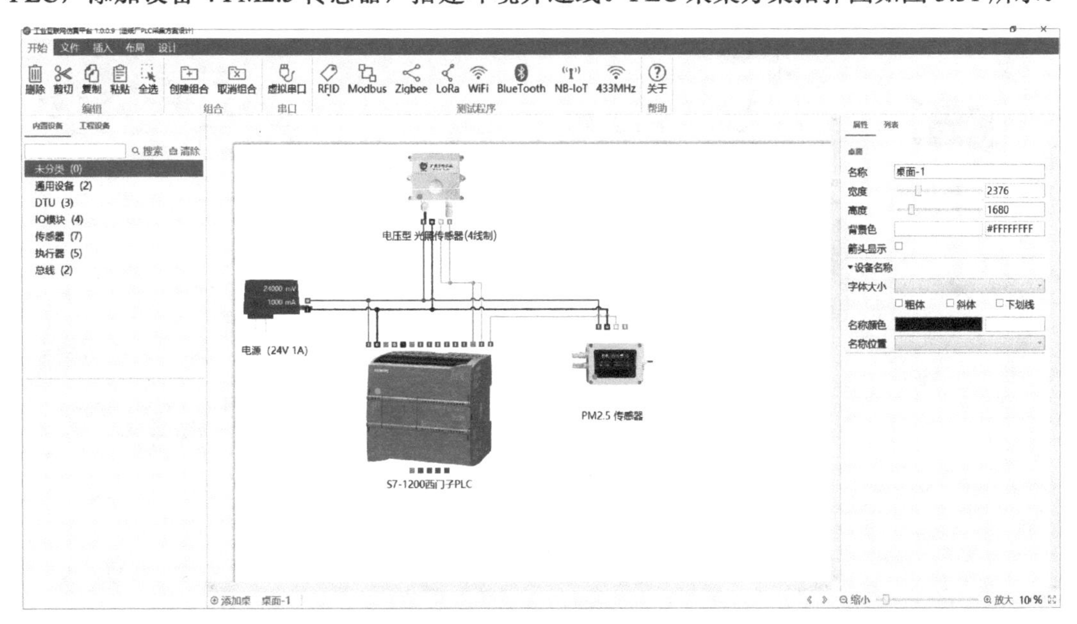

图 3.31　PLC 采集方案拓扑图

步骤 2： 为 PLC 配置通信端口，如图 3.32 所示。

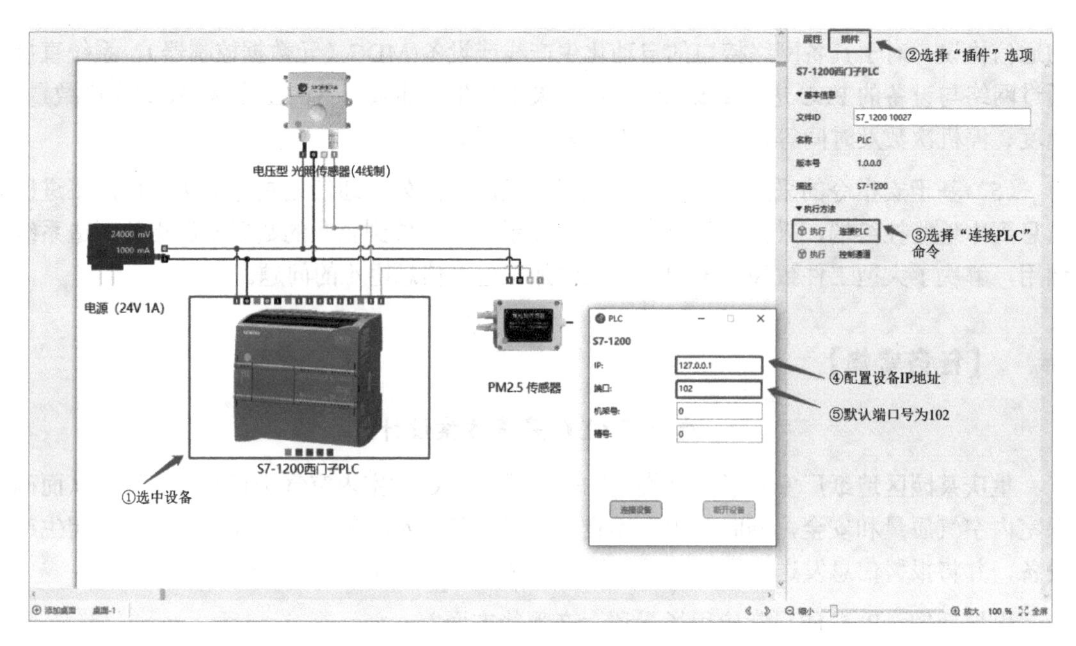

图 3.32　为 PLC 配置通信端口

步骤 3：利用 M 区的寄存器地址通断来控制 DO1 的打开和关闭，为 PLC 配置寄存器地址如图 3.33 所示。

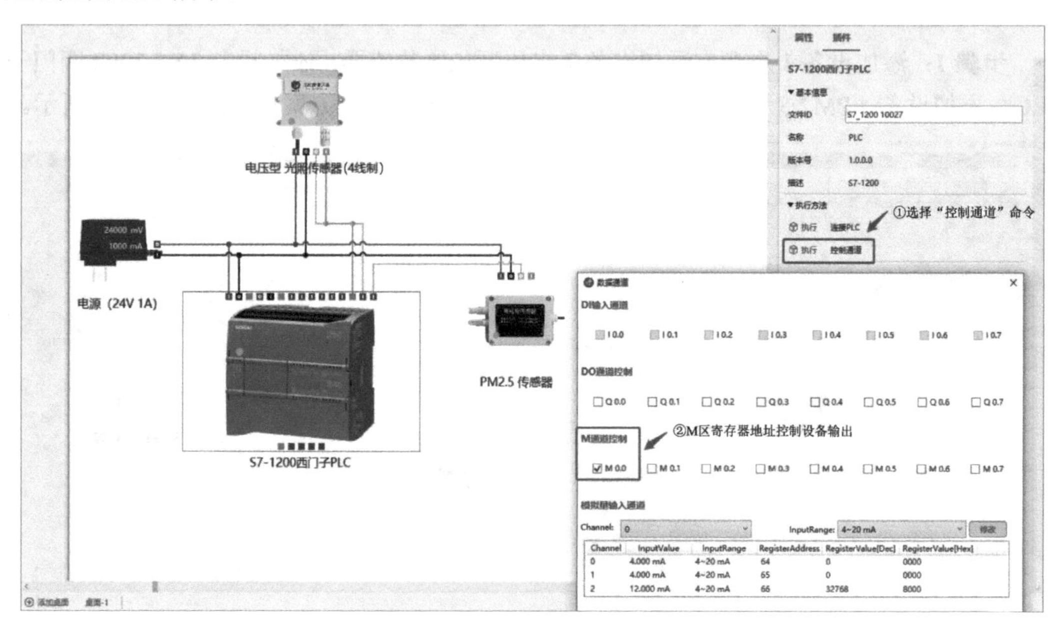

图 3.33　为 PLC 配置寄存器地址

【拓展知识】

数据采集传输对于企业后续进行分析和决策是十分重要的，实时数据采集更能提升对整体生产的认识度，从而采取更加及时高效的措施。采集软件数据的方式一般有 3 种。第 1 种是软件接口对接方式，这种方式需要各个软件厂商提供数据接口，要花费大量人力和时间协调，工作量很大，时间周期也长。第 2 种是开放数据库方式，这是最直接的一种方式，但操作难度比较大。第 3 种是基于底层数据交换的数据直接采集方式，它的技术原理是通过获取软件系统的底层数据交换、软件客户端和数据库之间的网络流量包，进行流量包分析，从而采集应用数据。这种方式还可以利用仿真技术模拟客户端请求，实现数据的自动写入。相比较而言，采用基于底层数据交换的数据直接采集方式进行软件数据采集更好。

项目 3：新能源汽车组装流程中的数据采集

【项目描述】

新能源汽车组装工艺作业流程主要分为内外饰线、底盘线、最终线、分装线、检测线及终检线。新能源汽车组装工艺作业流程设计需要考虑生产线通过性（如空间、设备、工装及安全等方面）、生产线布局（如工位数量、工位节距、节拍及仿真技术等）及工艺技术（如装配特性、扭矩、加注及工艺设备水平等）3 个方面。未来新能源汽车的制造技术将是一个渐进的发展过程，涉及产品、工艺、设备、刀具和材料等，产品一定起主导作用，电池的制造和装配技术有很多创新的变化，并且数字化技术（数据采集数字化的最终目的是将实时数据作用于管理和生产，为企业的数字化功能模块提供坚实基础。通过构建精准、实时、高效的数据采集互联体系，建立面向工业大数据存储、集成、访问、分析、管理的开发环境，实现工业技术、经验、知识的模型化、标准化、软件化、复用化，不断优化研发设计、生产制造、运营管理等资源配置效率，形成资源丰富、多方参与、合作共赢、协同演进的制造业新生态）、智能制造技术和 3D 打印技术将会被广泛应用。

任务 1：设计生产线

【知识准备】

新能源汽车电动化、智能化、网联化发展，汽车上的传感器越来越多，达到成百上千个，需要对车内传感器搭建一个通信网络系统进行数据采集和智能分析。车载网络就是基于 CAN、LIN、FlexRay、MOST、以太网等总线技术建立的标准化整车网络，实现车内各电气、电子单元间的状态信息和控制信号在车内网上的传输，使车辆具有状态感知、故障诊断和智能控制的功能。

新能源汽车利用车载超声波传感器（也称超声波雷达）、毫米波雷达、激光雷达、摄像头，以及 V2X 通信技术等获取道路、车辆位置和障碍物的信息，并将这些信息传输给车载控制中心，为驾驶操纵提供决策依据。对环境的感知和判断是新能源产品研发工作的前提和基础，环境感知系统获取周围环境和车辆信息的实时性和稳定性，直接关系到后续检测和识别的准确性和执行的有效性。

新能源汽车对自身的导航定位非常重要，其通过全球定位系统（GPS）、北斗卫星导航定位系统（BDS）、惯性导航系统、激光雷达等，获取车辆的位置和航向信息。定位的方式可分为绝对定位、相对定位和组合定位。绝对定位是指采用双天线，通过卫星获得车辆在地球上的绝对位置和航向信息。相对定位是指根据车辆的初始位置，通过惯性导航系统获取车辆的加速度和角加速度信息，将其对时间进行积分，得到相对初始位置的当前位置信息。组合定位将绝对定位和相对定位进行结合，以弥补单一定位方式的不足。新能源汽车导航定位通过定位系统准确感知自身在全局环境中的位置，并与环境有机结合起来，再通过导航系统准确感知车辆所要行驶的方向和路径等信息，从而使环境信息和车辆信息融合为一个系统性的整体。

【任务实施】

汽车环境感知数据采集

环境感知系统是新能源汽车的“眼睛和耳朵”，其性能将决定该产品是否能适应复杂多变的交通环境。环境感知的对象有静止的，如道路、静止的障碍物、交通标志和交通信号灯；也有移动的，如车辆、行人和移动的障碍物。环境感知在新能源汽车中的典型应用如图 3.34 所示。

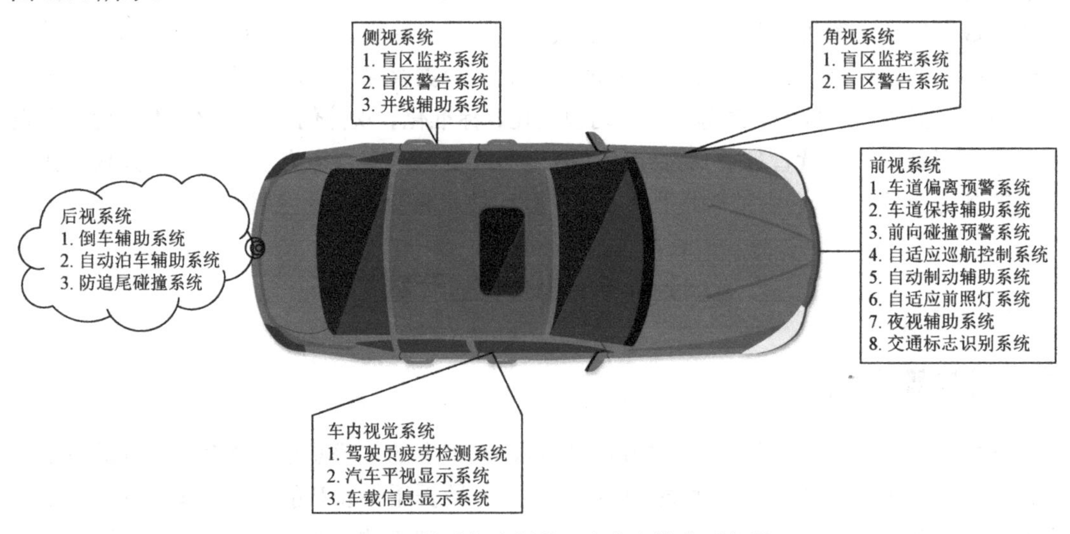

图 3.34　环境感知在新能源汽车中的典型应用

引导问题：讨论实训车辆环境感知系统的组成、功能与特点。

____

____

____

步骤 1：结合自己的实训课内容，并应用虚拟仿真实验平台，绘制车辆生产线数据采集拓扑图。

____

____

____

步骤 2：查阅资料，并应用虚拟仿真实验平台，进行新能源汽车组装流程的数据采集、存储、查询及显示。

____

____

____

【拓展知识】

环境感知传感器的融合是指将多个传感器获取的数据、信息集中在一起综合分析，以便更加准确、可靠地描述外界环境，从而提高系统决策的正确性。

多传感器融合的基本原理类似于人类大脑对环境信息的综合处理过程，人类通过眼睛、耳朵、鼻子和四肢等探测信息并传输至大脑，与先验知识进行综合，以便对周围的环境和正在发生的事情做出快速准确的评估。人类的感官相当于各种传感器，人类的大脑相当于信息融合中心，人类的先验知识相当于数据库。

任务 2：设计综合数据采集方案

【知识准备】

汽车生产线环境感知数据采集方案采用“激光雷达+毫米波雷达+摄像头”的感知方案。激光雷达识别结果、毫米波雷达识别结果和摄像头识别结果进行目标级数据融合。该方案输出的结果可以覆盖车辆 360° 的感知范围，可以识别车辆周围的常见目标物信息。环境感知系统示意图如图 3.35 所示。激光雷达、毫米波雷达和摄像头示意图如图 3.36 所示。

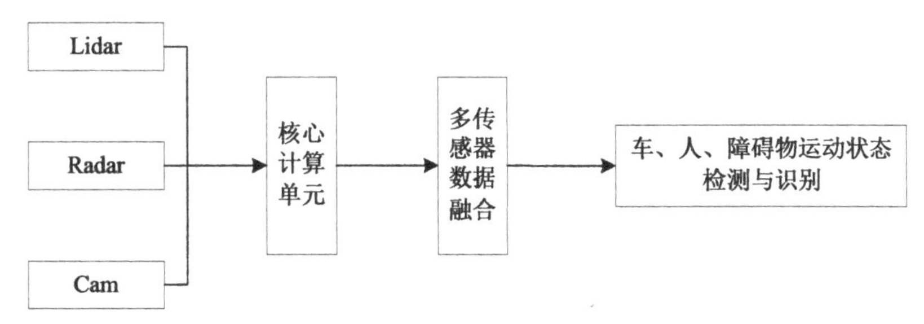

图 3.35　环境感知系统示意图

图 3.36　激光雷达、毫米波雷达和摄像头示意图

采用摄像头、毫米波雷达和激光雷达进行感知数据融合，其算法整体框架如图 3.37 所示。

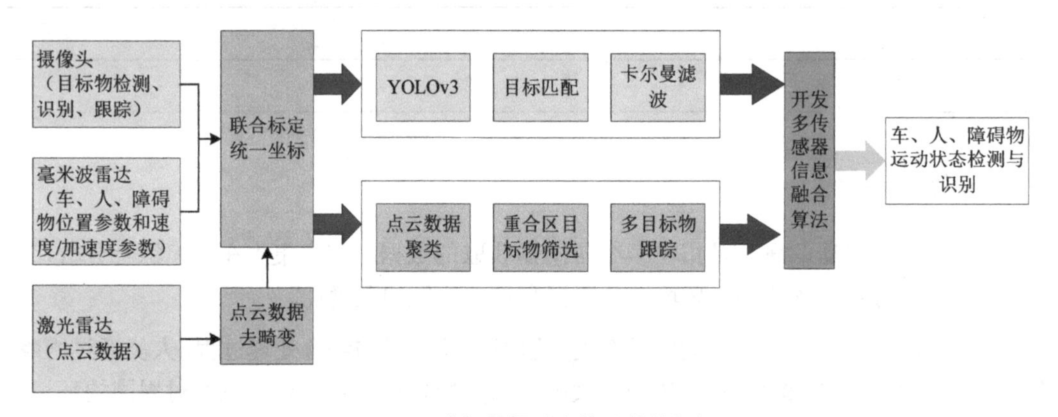

图 3.37　感知数据融合算法整体框架

感知数据融合系统总体技术流程图如图 3.38 所示，主要创新点包括：在目标级数据融合中，多目标关联采用目标物点迹和历史航迹相结合的方法来实现匹配；在减小计算量的同时增加跟踪稳定性；对于多传感器探测范围的重合区，采用聚类的方法来融合同一目标物的跟踪状态；在进行数据融合时，动态地调整噪声矩阵来对多个传感系统的融合结果的影响程度进行调节，可以把多个传感器的优势进行互补，实现充分的数据利用，提高融合后数据的精准度。

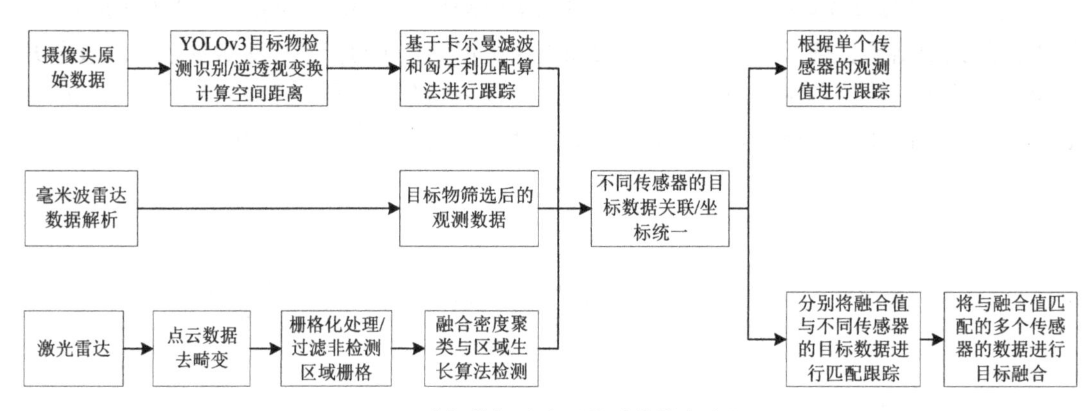

图 3.38　感知数据融合系统总体技术流程图

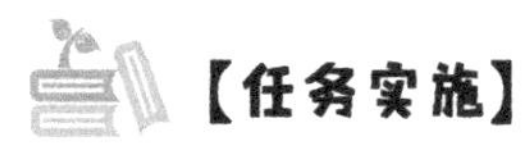

【任务实施】

汽车环境感知融合数据采集

环境感知传感器网络把信息处理（毫米波雷达、激光雷达、摄像头）单元传输来的信息输送到控制系统的执行模块，控制模块结合速度模拟器、加速度模拟器、转向角模拟器和视觉识别模块进行信息处理，对驾驶员进行必要提示，防范碰撞风险，提高驾驶员驾驶安全性和驾驶效率。

引导问题：新能源汽车环境感知系统的激光雷达、毫米波雷达、摄像头安装在什么位置更为合适？

____

____

____

步骤 1：结合自己的实训课内容，绘制新能源汽车激光雷达、毫米波雷达、摄像头感知范围示意图。

____

____

____

步骤 2：查阅资料，了解新能源汽车进入完全未知无地图环境下的自主定位及路径规划问题。

____

____

____

【拓展知识】

基于激光雷达、毫米波雷达和摄像头的数据融合环境感知方法，其流程框图如图 3.39 所示，主要包括以下内容：数据获取步骤，获取激光雷达、毫米波雷达和摄像头的数据；数据匹配关联步骤，获取 3 个传感系统检测到的目标物数据列表，并对 3 个传感系统检测到的目标物数据进行匹配关联；目标物跟踪步骤，对目标物进行匹配跟踪，更新目标物的生命周期状态；目标物数据融合步骤，对激光雷达、毫米波雷达和摄像头输出的目标物的数据信号进行融合。

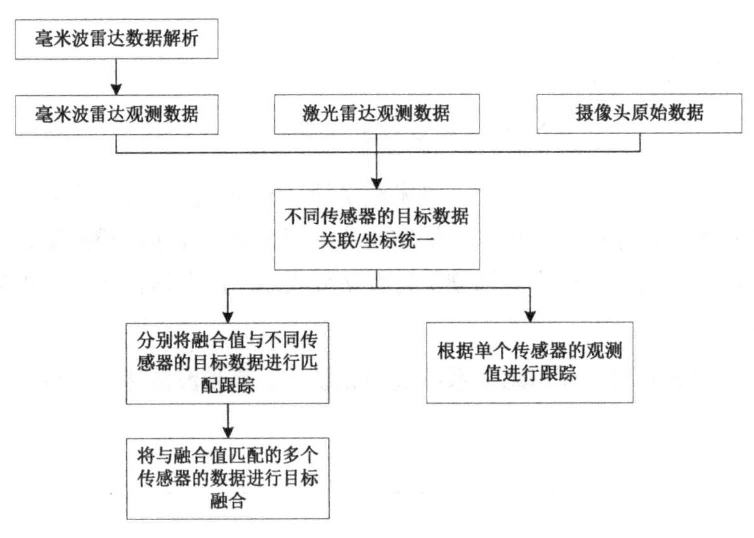

图 3.39　数据融合环境感知方法流程框图

任务 3：使用仿真工具测试数据采集系统

【知识准备】

激光雷达是通过发射激光束来探测目标的位置、速度等特征量的雷达系统，其工作原理是首先向目标发射探测信号（激光束），然后将接收到的目标反射回来的信号（目标回波）与发射信号进行比较，进行适当处理后，就可获得目标的有关信息，如目标距离、方位、高度、速度、姿态，甚至形状等参数，从而对飞机、导弹等目标进行探测、跟踪和识别。激光雷达由激光器、光接收机、转台和信息处理系统等组成，激光器将电脉冲变成光脉冲发射出去，光接收机把从目标反射回来的光脉冲还原成电脉冲，送到显示器。

【任务实施】

车载激光雷达数据采集

激光雷达在车辆上主要以多整车线束为主导，能够协助车辆认知路面自然环境，自主整体规划行驶路线，并操控车辆做到预定总体目标。例如，依据激光束碰到障碍物后的返回时间，测算总体目标与自身的物理间距，进而可以协助车辆识别系统街口与方位。

引导问题：讨论车辆导航定位系统的组成和功能。

____

____

____

步骤 1： 添加设备 1 PC，添加设备 2 电源，添加设备 3 激光测距传感器，添加设备 4 协调器，搭建环境并连线。激光雷达设备拓扑图如图 3.40 所示。

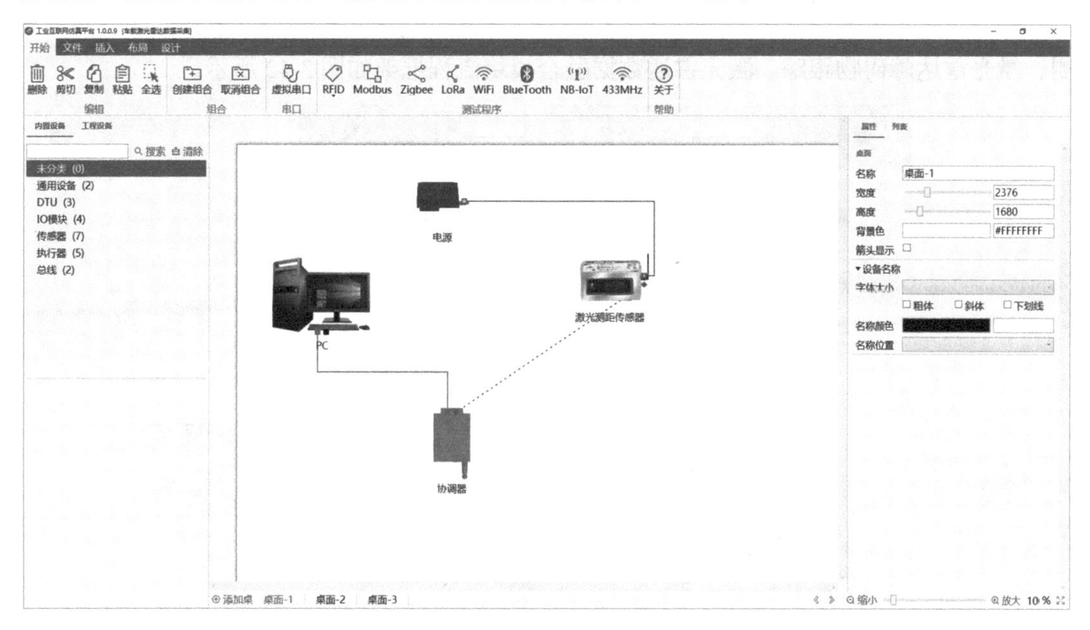

图 3.40　激光雷达设备拓扑图

步骤 2： 查阅资料并应用虚拟仿真实验平台，修改数据源进行数据采集和显示，如图 3.41 所示。

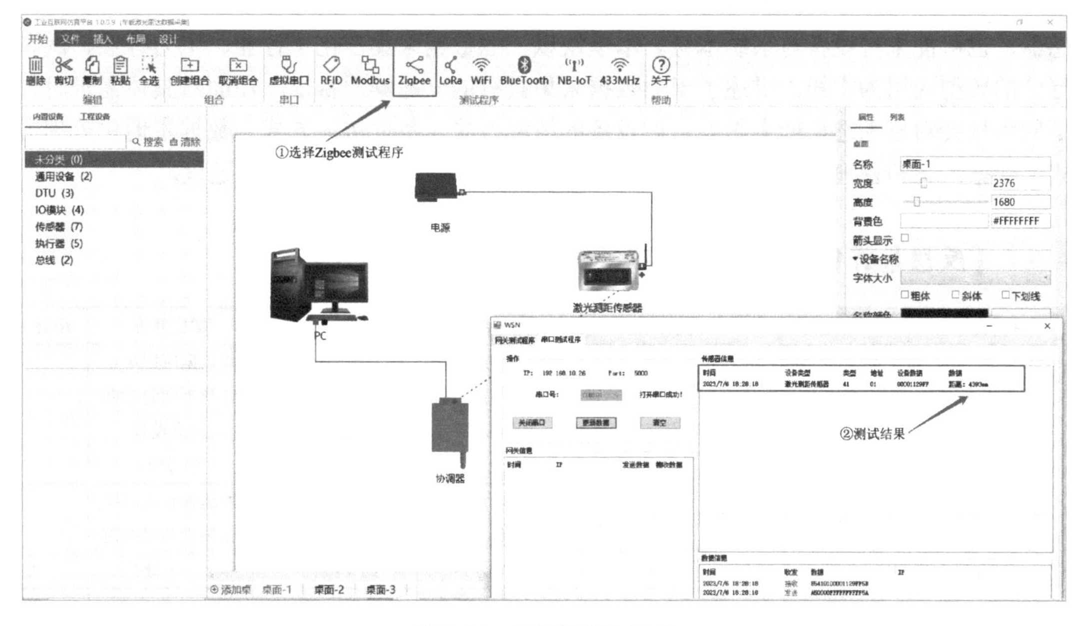

图 3.41　数据采集和显示

【拓展知识】

激光雷达数据融合模块主要包括 3 个部分：激光雷达数据预处理、激光雷达障碍物检测、激光雷达障碍物跟踪。激光雷达数据融合模块流程框架如图 3.42 所示。

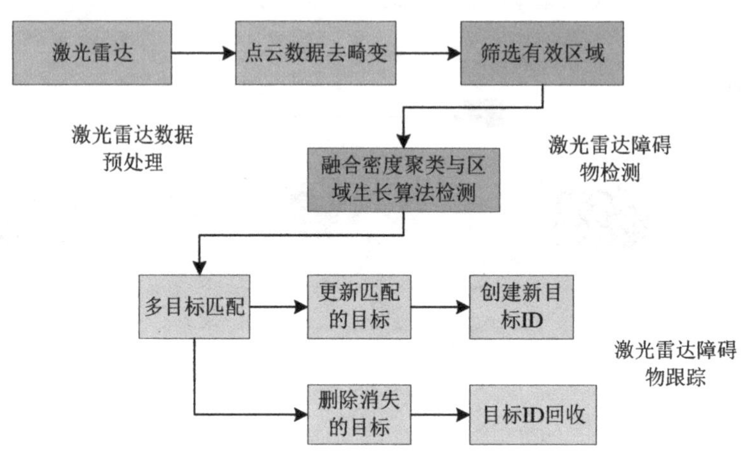

图 3.42　激光雷达数据融合模块流程框架

【模块小结】

本模块介绍了利用泛在感知技术对多源异构设备和系统、环境、人员等一切要素信息进行采集，并通过一定的接口与协议对采集的数据进行解析。信息可能来自加装的物理传感器，也可能来自设备与系统本身。本模块以工业数据采集在化工行业、电力行业、汽车行业的典型应用为主线，讲述了工业数据采集具有的一些鲜明特征，在面对具体需求时，不同场景会对技术选型产生影响，如设备的组网方式、数据传输方式、数据本地化处理方式、数据汇聚和管理方式等，帮助读者进一步熟悉工业数据采集的工作过程。

【反思与评价】

项目名称	任务名称	评价内容	学生自评	教师评价	学生互评	小计
项目 1：数据采集前的准备工作	任务 1：选择合适的采集工具	了解采集工具的适用范围	能根据应用场景选择不同的数据采集设备（2 分）	能根据应用场景选择不同的数据采集设备（2 分）	能根据应用场景选择不同的数据采集设备（1 分）	
		能掌握采集工具的接口要求	能选择合适的操作环境和界面模式（1 分）	能选择合适的操作环境和界面模式（1 分）	能选择合适的操作环境和界面模式（1 分）	
		具有综合分析能力	能够查找生活中常见的数据采集方式，并能区分类别（1 分）	能够查找生活中常见的数据采集方式，并能区分类别（1 分）	与同学积极交流（1 分）	

续表

项目名称	任务名称	评价内容	学生自评	教师评价	学生互评	小计
项目 1：数据采集前的准备工作	任务 2：设计采集方案	掌握采集方案核心要素	能分析需求，明确采集的目标行为（2 分）	能分析需求，明确采集的目标行为（2 分）	能分析需求，明确采集的目标行为（1 分）	
		具有撰写数据采集方案的能力	能精心设计数据采集方案，可由多个包容性框架组成（2 分）	能精心设计数据采集方案，可由多个包容性框架组成（2 分）	与同学积极交流（1 分）	
项目 2：确定合适的采集方案	任务 1：设计使用工业传感器的采集方案	了解工业传感器的性能指标	能识别工业传感器的通用和特殊用途（1 分）	能识别工业传感器的通用和特殊用途（1 分）	能识别工业传感器的通用和特殊用途（1 分）	
		具有逻辑思维能力	能正确描述工业传感器输入、输出的数据关系（1 分）	能正确描述工业传感器输入、输出的数据关系（1 分）	与同学积极交流（1 分）	
	任务 2：设计使用工业网关的采集方案	掌握工业网关网口、串口数据采集方式	能实现网关数据的远程维护和管理（2 分）	能实现网关数据的远程维护和管理（2 分）	能实现网关数据的远程维护和管理（1 分）	
		具有知识迁移能力	能在虚拟仿真实验平台搭建新型网关数据采集环境（2 分）	能在虚拟仿真实验平台搭建新型网关数据采集环境（2 分）	能在虚拟仿真实验平台搭建新型网关数据采集环境（1 分）	
	任务 3：设计使用条形码的采集方案	了解条形码的条纹组成及效率优势	能讲述条形码的应用及发展前景（2 分）	能讲述条形码的应用及发展前景（2 分）	能讲述条形码的应用及发展前景（1 分）	
		具有自主学习能力和知识迁移能力	能在虚拟仿真实验平台进行条形码采集入库（1 分）	能在虚拟仿真实验平台进行条形码采集入库（1 分）	与同学积极交流（1 分）	
	任务 4：设计使用 RFID 的采集方案	了解 RFID 与传感技术相结合	能讲述 RFID 在汽车产业链的深层影响（1 分）	能讲述 RFID 在汽车产业链的深层影响（1 分）	能讲述 RFID 在汽车产业链的深层影响（1 分）	
		具有知识迁移能力	能在虚拟仿真实验平台搭建解锁车辆实验环境（2 分）	能在虚拟仿真实验平台搭建解锁车辆实验环境（2 分）	能在虚拟仿真实验平台搭建解锁车辆实验环境（1 分）	
	任务 5：设计使用工业摄像机的采集方案	了解工业摄像机的技术参数	能讲述 CCD 尺寸、水平分辨率、最低照度值、信噪比、快门速度等基本参数（1 分）	能讲述 CCD 尺寸、水平分辨率、最低照度值、信噪比、快门速度等基本参数（1 分）	能讲述 CCD 尺寸、水平分辨率、最低照度值、信噪比、快门速度等基本参数（1 分）	
		具有自主学习能力	能收集整理工业摄像机的产品信息（2 分）	能收集整理工业摄像机的产品信息（2 分）	在信息整理过程中有自己的解决方法（1 分）	

续表

项目名称	任务名称	评价内容	学生自评	教师评价	学生互评	小计
项目2：确定合适的采集方案	任务6：设计使用其他工具的采集方案	了解其他工具采集方案	能举例说明2种以上的其他工具采集方案（1分）	能举例说明2种以上的其他工具采集方案（1分）	能举例说明2种以上的其他工具采集方案（1分）	
		具有综合分析能力	能整理常见工具采集方式，根据教师提问，选择合适的采集工具（2分）	能整理常见工具采集方式，根据教师提问，选择合适的采集工具（2分）	与同学积极交流（1分）	
项目3：新能源汽车组装流程中的数据采集	任务1：设计生产线	了解汽车环境感知系统的组成	能够识别汽车的环境感知系统（2分）	能够识别汽车的环境感知系统（2分）	能够识别汽车的环境感知系统（1分）	
		具有综合分析能力	能够对汽车环境感知系统进行分析讲解（2分）	能够对汽车环境感知系统进行分析讲解（2分）	与同学积极交流（1分）	
	任务2：设计综合数据采集方案	了解汽车环境感知系统方案	能够进行汽车生产线环境感知数据采集（2分）	能够进行汽车生产线环境感知数据采集（2分）	能够进行汽车生产线环境感知数据采集（1分）	
		具有综合分析能力	能够对汽车环境感知系统的安装位置、技术流程进行分析讲解（2分）	能够对汽车环境感知系统的安装位置、技术流程进行分析讲解（2分）	与同学积极交流（1分）	
	任务3：使用仿真工具测试数据采集系统	了解激光雷达的工作原理	能够讲述激光雷达系统组成及物理原理（2分）	能够讲述激光雷达系统组成及物理原理（2分）	能够讲述激光雷达系统组成及物理原理（1分）	
		具有知识迁移能力	能借助虚拟仿真实验平台搭建车载激光雷达实验环境（2分）	能借助虚拟仿真实验平台搭建车载激光雷达实验环境（2分）	能借助虚拟仿真实验平台搭建车载激光雷达实验环境（2分）	
合计						

习　　题

一、选择题

1. 若将计算机比喻为人类的大脑，那么传感器可比喻为（　　）。

A. 眼睛　　B. 感觉器官　　C. 手　　D. 皮肤

2. 属于传感器静态特性指标的是（　　）。

A. 固有频率　　B. 临界频率　　C. 阻尼比　　D. 重复性

3．以下关于二维码特点的描述中，错误的是（　　）。

A．二维码在水平和垂直方向的二维空间存储信息

B．信息译码可靠性高、纠错能力强、制作成本低、保密与防伪性能好

C．信息容量与编码规则无关

D．二维码某个部分遭到一定程度破坏，可以通过其他位置的纠错码还原出损失的信息

4．以下关于被动式 RFID 标签工作原理的描述中，错误的是（　　）。

A．被动式 RFID 标签也叫作无源 RFID 标签

B．当无源 RFID 标签接近读写器时，标签处于读写器天线辐射形成的远场范围内

C．RFID 标签天线通过电磁波感应电流，感应电流驱动 RFID 芯片电路

D．芯片电路通过 RFID 标签天线将存储在标签中的标识信息发送给读写器

5．CPU、系统程序存储器、用户存储器、输入/输出元件、编程等都属于 PLC 中的（　　）。

A．软件　　　　B．硬件

C．硬件和软件　　　　D．输入设备

二、填空题

1．RS485 采用平衡发送和差分接收算法，具有抑制共模干扰的能力，采用______工作方式，任何时候只能有一点处于发送状态，因此，发送电路应由使能信号加以控制。

2．网络通信传输主要是指通过______协议用 RJ45 通信接口连接的方式传输设备实时数据、运行状态等。

3．依据传感器的工作原理，传感器由______、______、______3 个部分组成。

4．MQTT 的默认端口号为______，加密端口号为______。

5．一般而言，RFID 系统由 5 个组件构成，包括传送器、接收器、微处理器、______和______。传送器、接收器和微处理器通常被封装在一起，又统称为______。

三、简答题

1．简述工业数据采集存在哪些技术难点。

2．简述实验车辆环境感知系统的组成。

四、综合能力题

小王同学在某汽车生产车间实习，即将实习结束，要进行综合考核，考核分实训和理论两部分，其中实训占 70%，理论占 30%。实训考核需要小王同学模仿车间技术工人，完成实训任务。小王同学需要对环境感知系统给予详细讲解，并对环境感知系统设备进行安装、调试与验证。

1. 请使用工业互联网虚拟仿真实验平台搭建车辆的毫米波雷达、激光雷达、摄像头实验环境，并采集实验数据。

2. 请记录环境感知传感器的安装位置。

3. 请分析环境感知传感器的原理与用途。

4. 请分析实验车辆环境感知系统的组成。

5. 请分析实验车辆环境感知系统的应用。

模块 4

数据采集终端——工业传感器

知识目标

- 了解传感器的基本概念和分类。
- 理解传感器的组成、工作原理和基本特性。
- 掌握在各领域中各类传感器的应用方法。

能力目标

- 能够根据各应用场景进行传感器的选型操作。
- 能够根据检测目标和要求，编制传感器数据采集方案。

素质目标

- 培养学生的自主学习能力和知识迁移能力。
- 培养学生的逻辑思维能力和综合分析能力。
- 培养学生勇于创新和严谨细致的工作作风。
- 培养学生理论联系实际、善于发现问题并积极寻求解决问题方法的能力。

项目 1：解读工业传感器

【项目描述】

随着信息化时代的到来，人类的一切社会活动都是以信息获取与信息转换为中心的。作为信息获取与信息转换的重要手段，传感器技术是实现信息化的关键技术之一。传感器是人类“五官”的延伸，是感知外界环境重要的途径之一。本项目通过对传感器定义、结构与分类等进行描述，使得读者对传感器有更进一步的认知和了解。

任务 1：认识传感器

【知识准备】

1. 了解传感器的定义

世界是由物质组成的，各种事物都是物质的不同形态。人们为了从外界获得信息，必须借助于感觉器官。人的“五官”——眼、耳、鼻、舌、皮肤，分别具有视、听、嗅、味、触觉等直接感受周围事物变化的功能，人的大脑对“五官”感受到的信息进行加工、处理，从而调节人的行为活动。但要研究自然现象、规律及生产活动，获得准确的信息，单靠人的“五官”显然是远远不够的，因此必须要借助某种仪器设备，这种仪器设备就是传感器。因此可以说，传感器是人类“五官”的延伸。人与传感器的关系如图 4.1 所示。

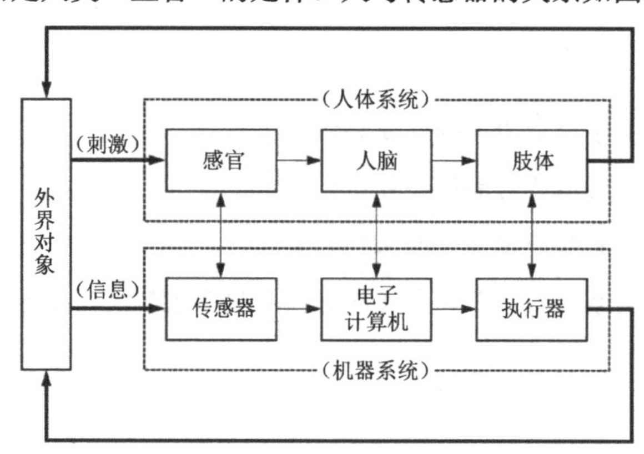

图 4.1　人与传感器的关系

通常来说，传感器是一种检测装置，能感受到被测量的信息，并能将感受到的信息，按一定规律变换为电信号或其他所需形式的信息输出，以满足信息的传输、处理、存储、显示、记录和控制等要求。由于应用领域的不同，传感器有时又称为变换器、发送器、接收器等。

2. 认识传感器的组成

传感器主要由敏感元件、转换元件和转换电路 3 个部分组成，它的作用主要是将来自外界的各种信号转换为电信号，实现非电量与电量的转换，如图 4.2 所示。

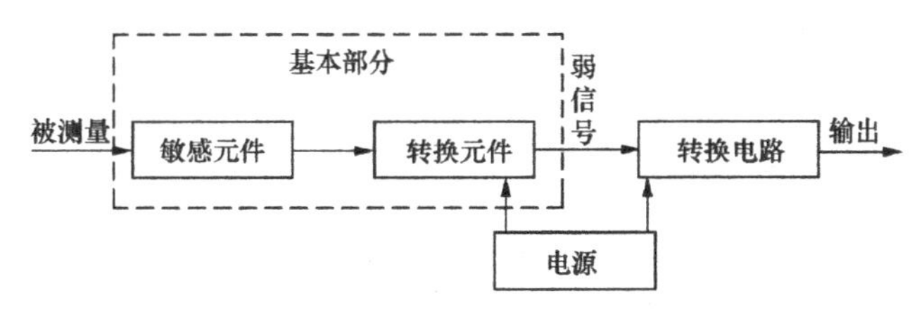

图 4.2　传感器的组成

其中，敏感元件作为传感器的核心部件，主要作用是直接感受被测量，如环境温度、氧气浓度等，并输出与被测量成确定关系的某一物理量，主要是光、电信号。

转换元件的主要作用是将敏感元件的输出转换成电路参量，如电压、电阻变化等。

转换电路的主要作用是将转换元件得到的电路参量接入转换电路，转换为可直接利用的电信号。

最简单的传感器可以由一个敏感元件（兼转换元件）组成，它感受被测量时直接输出电量，如热电偶。有些传感器由敏感元件和转换元件组成，没有转换电路，如压电式加速度传感器。有些传感器，其转换元件不止一个，要经过若干次信号转换。

3. 认识传感器的分类

工业传感器种类繁多，原理各异，工业传感器分类如表 4.1 所示。

表 4.1　工业传感器分类

分类方法	传感器类型	特　性	应用案例
按照构成原理	结构型	通过转换元件结构参数变化实现信号转换	电容式传感器
	物理型	通过转换元件物理特性变化实现信号转换	热电偶
按照基本效应	物理型	采用物理效应进行转换	热电阻
	化学型	采用化学效应进行转换	电化学传感器
	生物型	采用生物效应进行转换	生物分子传感器
按照能量关系	能量控制型	从外部供给能量并由被测输入量控制	电阻应变片
	能量转换型	直接由被测对象输入能量使其工作	热电偶
按照工作原理	电阻式	利用电阻参数变化实现信号转换	电阻应变片
	电容式	利用电容参数变化实现信号转换	电容传感器
	电感式	利用电感参数变化实现信号转换	电感传感器
	热电式	利用热电效应实现信号转换	热电阻
	压电式	利用压电效应实现信号转换	压电式传感器
	磁电式	利用电磁感应原理实现信号转换	磁电式传感器
	光电式	利用光电效应实现信号转换	光敏电阻
	光纤式	利用光纤特性参数变化实现信号转换	光纤传感器

续表

分类方法	传感器类型	特性	应用案例
按照输入量	温度	基于用途分类	温度传感器
	压力		压力传感器
	流量		流量传感器
	位移		位移传感器
	角度		角度传感器
	加速度		加速度传感器
按照输出量	模拟量	输出量为模拟量	应变式传感器
	数字量	输出量为数字量	光栅式传感器
按照工作时是否外接电源	无源式	不需要外接电源	压电式传感器
	有源式	需要外接电源	应变式传感器

【任务实施】

传感器认知

引导问题：请列举生活中一些常见的传感器，并说出该传感器的具体功能及应用场景。

____

____

____

步骤 1：使用搜索工具，查阅资料和书籍，查找生活中常见的传感器。

例如，使用百度搜索引擎，使用“生活常用传感器”等作为关键字，搜索得到结果。

步骤 2：根据上一步反馈，完成表 4.2。

表 4.2　常见传感器及应用场景

传感器名称	功能	应用场景

任务 2：标记传感器代号

【知识准备】

1. 传感器命名

根据国家标准 GB/T 7666—2005 规定，一种传感器产品的命名一般由主题词加 4 级修饰语构成。

（1）主题词：传感器。

（2）第一级修饰语：被测量，包括修饰被测量的定语。

（3）第二级修饰语：转换原理，一般可后续以“式”字，即###式。

（4）第三级修饰语：特征描述，指必须强调的传感器结构、性能、材料特征、敏感元件及其他必要的性能特征，一般可后续以“型”字，即###型。

（5）第四级修饰语：主要技术指标（量程、精确度、灵敏度等）。

例如，100～160dB 电容式声压传感器；600kPa 单晶硅压阻式压力传感器。

2. 传感器图形符号

传感器图形符号是电气图用图形符号的一个组成部分。依照国家标准 GB/T 14479—1993《传感器图用图形符号》的规定，传感器一般符号由符号要素正方形和等边三角形组成，正方形表示转换元件，三角形表示敏感元件，“X”表示应写进的被测量符号，“*”表示应写进的转换原理。典型传感器图形符号如图 4.3 所示。

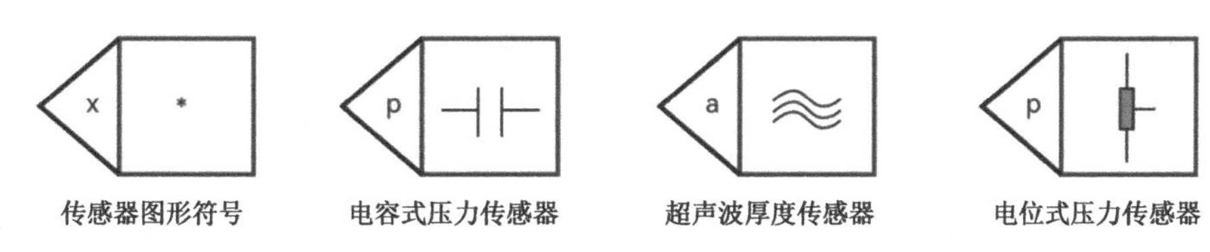

图 4.3　典型传感器图形符号

3. 传感器代号

根据国家标准 GB/T 7666—2005 规定，传感器的命名代号由 4 个部分组成。

第一部分：主称，用传感器汉语拼音的第一个大写字母 C 标记。

第二部分：被测量代号，国际通用标志或拼音首字母。

第三部分：转换原理代号，被测量转换原理的规定代号，可以用拼音首字母标记。

第四部分：序号，用阿拉伯数字标记。序号可以表示产品系列、产品性能等。

传感器代号格式如图 4.4 所示。

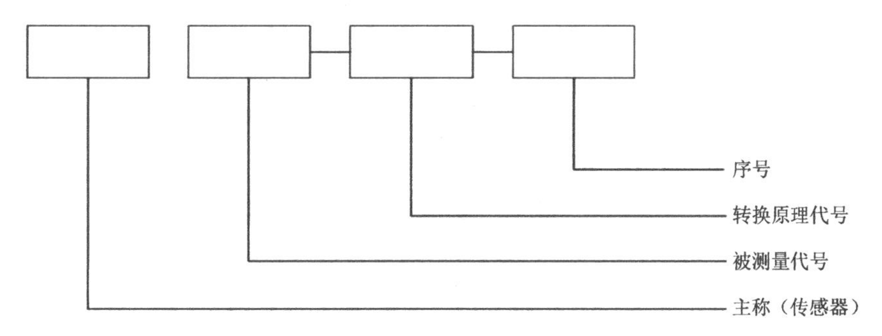

图 4.4　传感器代号格式

例如：C WY-YB-20 表示序号为 20 的应变式位移传感器；

C Y-GQ-2 表示序号为 2 的光纤式压力传感器。

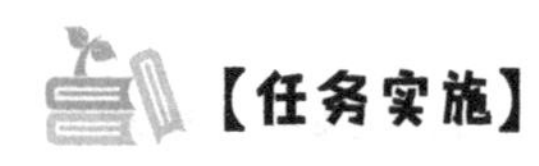

【任务实施】

传感器代号认知

引导问题：基于上述内容请写出如下代号分别表示什么传感器。

C WY-WL-10：________________________________

C Z-YZ-2A：________________________________

C A-YD-5：________________________________

步骤 1：使用搜索工具，分别查阅上述代号表示什么含义？

例如，使用百度搜索引擎，使用“WY”“WL”等传感器代号作为关键字，搜索得到结果。

步骤 2：根据步骤 1 结果，指出下面代号的含义。

C WY-WL-10：________________________________

C Z-YZ-2A：________________________________

C A-YD-5：________________________________

项目 2：智慧加工生产线传感器数据采集

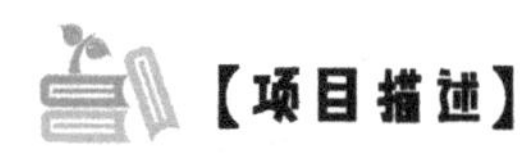

【项目描述】

通过智能化的生产和管理，智慧加工生产线可以实现生产流程的自动化和高效化，从而提高生产效率和降低生产成本；可以实现对产品的自动化检测、分拣和包装，从而保证产品质量的稳定性和产品安全性；可以实现对生产数据的实时监控和分析，帮助企业深入了解生产流程，进一步优化生产流程，提高产能和效益，促进产业链各个环节的协调和优化，解决产品加工企业检测精度要求高、人工检测难等痛点和难点问题。若要实现产品加工生产线“准、快、易”的效果，选用合适的传感器就显得尤为重要。

任务 1：认识传感器的基本特性

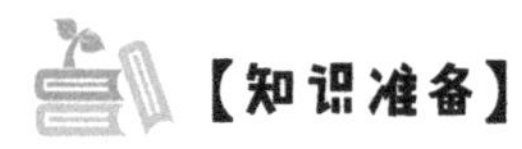

【知识准备】

传感器的基本特性主要是指传感器输出与输入之间的关系，常用曲线、图表、数学表达式等方式表示。传感器的基本特性因输入或被测量状态的不同分为静态特性和动态特性。静态特性是描述输入为常量或随时间变化极慢的特性；而动态特性是描述输入随时间变化较快的特性，动态特性一般是在传感器的设计、生产和测试过程中研发人员需要重点考虑的。

1. 传感器的静态特性

衡量传感器静态特性的重要指标有测量范围、量程、线性度、迟滞、重复性、灵敏度、分辨力、阈值、稳定性、精确度等。这些指标也是用来衡量传感器优劣的指标。

1）测量范围与量程

（1）测量范围。

传感器的测量范围（Measuring Range）是一个确定的值，所能测量到的最小输入与最大输入之间的范围（x_{min}～x_{max}）称为传感器的测量范围。

（2）量程。

传感器测量范围的上限值与下限值的代数差 $x_{max}-x_{min}$ 称为量程（Span）。量程越大，说明传感器可测量的观测值范围越大，反之亦然。

传感器的测量范围与量程如图 4.5 所示。

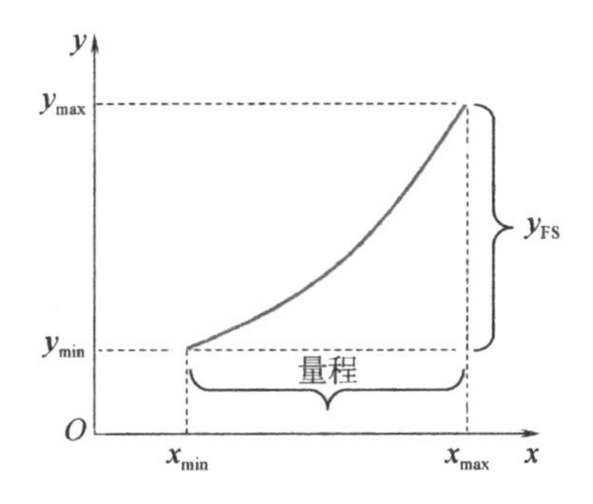

图 4.5　传感器的测量范围与量程

例如，某温度传感器测量的温度下限是-40℃，上限是 60℃，那么量程就是 100℃，测量范围是-40～60℃。

2）线性度

传感器的输出与输入因为迟滞、摩擦等误差因素及外界条件的影响，一般都为非线性关系。在不考虑迟滞、摩擦等不稳定因素的情况下，其静态特性可用如下多项式代数方程表示。

$$y=a_0+a_1x+a_2x^2+a_3x^3+\cdots+a_nx^n \tag{4-1}$$

式中，x 为输入；y 为输出；a_0 为零位输出；a_1 为传感器线性项系数，也称线性灵敏度。各项系数决定了静态特性曲线的具体形式。

线性度主要描述传感器的输出与输入之间的实际关系曲线偏离拟合直线的程度，又称为非线性误差。传感器的线性度表达式如下。

$$E = \pm \frac{\Delta y_{\max}}{y_{\mathrm{FS}}} \times 100\% \tag{4-2}$$

式中，$\Delta y_{\max}$为实际关系曲线与拟合直线的最大偏差；y_{FS}为满量程输出。传感器的线性度曲线如图 4.6 所示。

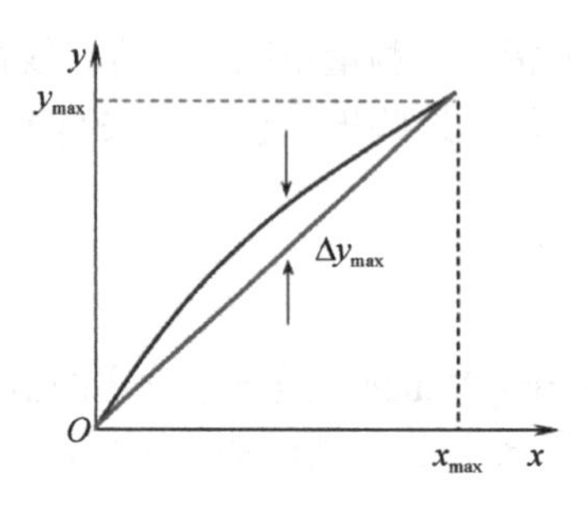

图 4.6　传感器的线性度曲线

线性度可通过实验测得。首先在标准工况下，用标准仪器对传感器进行测试，得到其输出-输入实际关系曲线，即校准曲线，然后作一条理想直线，即拟合直线。为了标定和数据处理的方便，希望得到线性关系，这时可采用各种方法，其中包括硬件或软件补偿的方法。

3）迟滞

传感器在正（输入增大）反（输入减小）行程中输出与输入曲线不重合的程度称为迟滞（Hysteresis）。传感器的迟滞曲线如图 4.7 所示，其反映了传感器机械结构和制造工艺上的缺陷，如轴承摩擦、间隙、积尘、材料内摩擦等，而且不稳定，该曲线一般由实验测得。迟滞量一般用满量程输出的百分数表示，其表达式如下。

$$\gamma_{\mathrm{H}} = \pm\left(\Delta H_{\max} / y_{\mathrm{FS}}\right) \times 100\% \tag{4-3}$$

式中，$\Delta H_{\max}$为正反行程间输出的最大差值；y_{FS}为满量程输出。

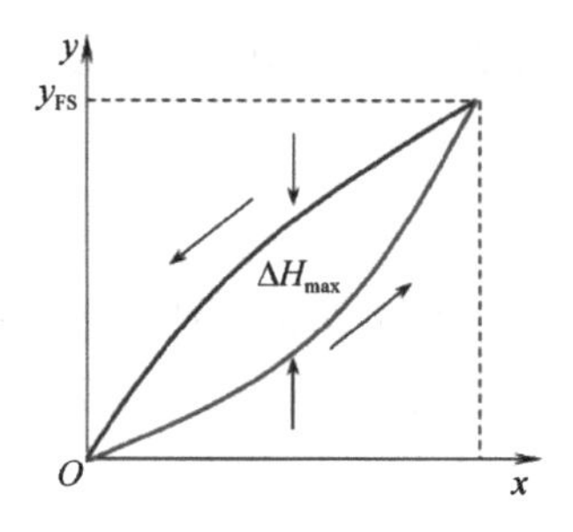

图 4.7　传感器的迟滞曲线

4）重复性

重复性（Repeatability）是指传感器在同一工况下，输入按同一方向在全量程范围内连续多次变动时所得曲线不一致性的程度，如图 4.8 所示。其中，$\Delta R_{\max 1}$为正行程的最大重复性偏差，ΔR_{max2} 为反行程的最大重复性偏差。

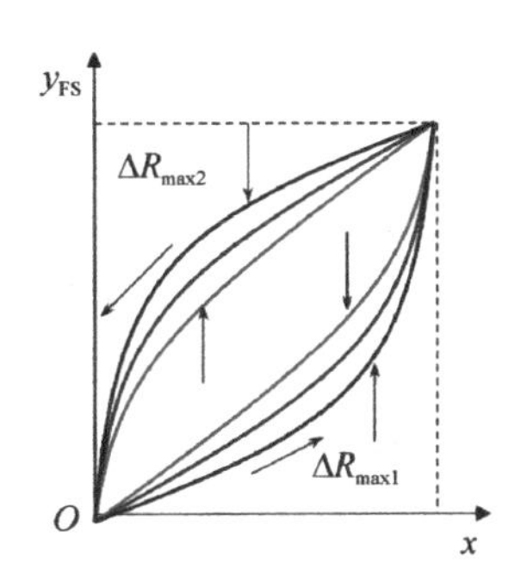

图 4.8　传感器的重复性曲线

重复性属于随机误差，可用正反行程中的最大偏差表示，其表达式如式（4-4）所示。重复性是反映传感器精度的一个指标，具有随机误差的性质。

$$\gamma_R = \pm(\Delta R_{max} / y_{FS}) \times 100\% \tag{4-4}$$

式中，ΔR_{max} 为正反行程间输出的最大重复性偏差；y_{FS} 为满量程输出。

5）灵敏度

灵敏度（Sensitivity）是指传感器在稳态下的输出变化量与输入变化量的比值，其表达式如式（4-5）所示，特性曲线如图 4.9 所示。

$$K = \Delta y / \Delta x \tag{4-5}$$

由式（4-5）可知，传感器输出曲线的斜率就是灵敏度，对于线性传感器，其静态特性曲线斜率处处相同。灵敏度是一个常数，与输入的大小无关。

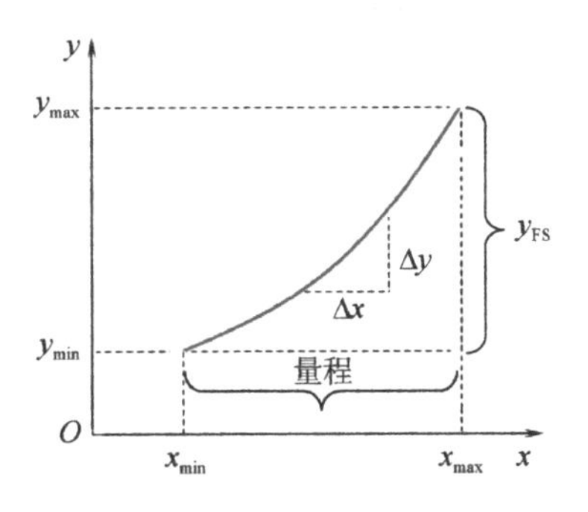

图 4.9　传感器的灵敏度曲线

6）分辨力和阈值

传感器能检测到的输入的最小变化量就是分辨力。对于个别传感器，当输入连续变化时，输出只进行阶梯变化，那么分辨力就是输出的每个“阶梯”所代表的输入的大小。对于数字式仪表而言，分辨力就是仪表指示值的最后一位数字所代表的值。

分辨力一般用绝对值表示，当分辨力用满量程输出的百分数表示时，则称为分辨率。

阈值是指传感器输入零点附近的分辨力。有些传感器在零点附近有严重的非线性区，即死区，那么死区的大小就是阈值。

7）稳定性

稳定性（Stability）是指传感器使用一段时间后，其性能保持不变的能力。影响传感器长期稳定性的因素除传感器本身结构外，主要是传感器的使用环境。因此，要使传感器具有良好的稳定性，传感器必须要有较强的环境适应能力。在选择传感器之前，应对其使用环境进行调查，并根据具体的使用环境选择合适的传感器，或者采取适当的措施，减小环境的影响。

8）精确度

与精确度（Accuracy）有关的指标主要是精密度和准确度。精确度是精密度与准确度两者的总和，精确度高表示精密度和准确度都比较高。在最简单的情况下，精确度可取两者的代数和。精确度常用测量误差的相对值表示。在测量中，我们常希望看到精确度高的结果。

精密度：精密度是随机误差大小的标志，精密度高意味着随机误差小。但精密度高，准确度不一定高。

准确度：说明传感器输出值与真值的偏离程度。例如，某流量传感器的准确度为 $0.4m^3/s$，表示该传感器的输出值与真值偏离 $0.4m^3/s$。准确度是系统误差大小的标志，准确度高意味着系统误差小。同样，准确度高，精密度不一定高。

传感器的精确度如图 4.10 所示。

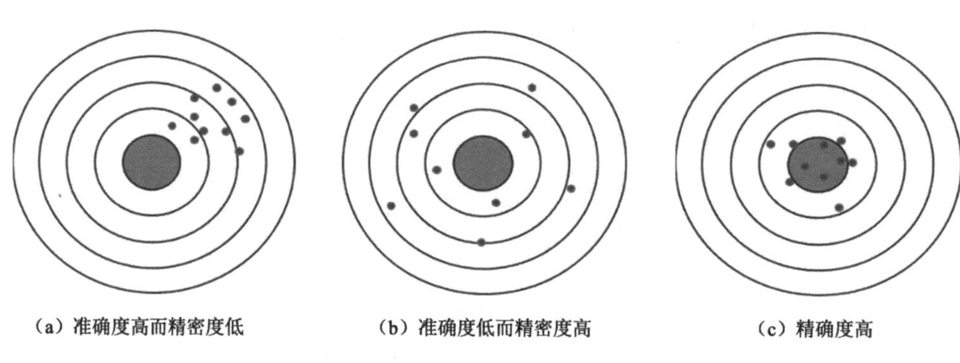

（a）准确度高而精密度低　　（b）准确度低而精密度高　　（c）精确度高

图 4.10　传感器的精确度

2．传感器的动态特性

传感器的动态特性是指传感器的输入随时间变化的响应特性，是传感器的主要特性之一。传感器的动态特性可以从时域和频域两个方面分别采用瞬态响应和频率响应进行分析。在时域内研究传感器的动态特性时，通常研究特定的输入时间函数，如阶跃函数、脉冲函数等；在频域内研究传感器的动态特性时，一般采用正弦函数。

任务 2：智慧加工生产线自动化检测传感器数据采集系统设计

【知识准备】

1. 认识智慧加工生产线

智慧加工生产线是指在传统的生产线基础上，通过引入先进的信息技术手段，实现生产线自动化、数字化、网络化的升级和改造，从而提高生产线的智能化程度和生产效率，降低生产成本，提高产品质量和安全性，从而更好地满足消费者的需求，增强企业的竞争力，提高企业的市场地位。

2. 智慧加工生产线自动化检测系统

运用互联网、大数据、云计算和物联网信息技术，结合机器视觉、自动化控制等环节，改造产品加工生产线，使加工生产线更具有“智慧”，实现前端感知、智能控制、信息管理与决策支持、产品质量与安全溯源，打造现代工业互联网智慧加工生产线新型模式。智慧加工生产线典型架构如图 4.11 所示。

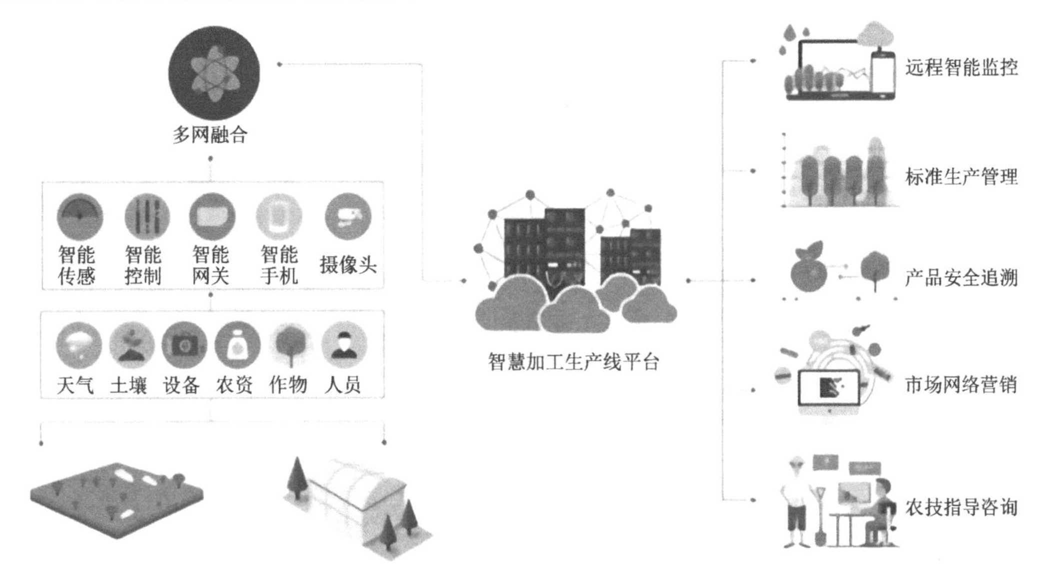

图 4.11 智慧加工生产线典型架构

3. 智慧加工生产线传感器数据采集系统结构设计

智慧加工生产线可以利用现代先进的技术手段和智能化设备对生产线上的每一个环节进行自动化检测和监测，以确保产品的质量和安全性。在传统的产品生产过程中，人工操作容易出现疏忽和偏差，而且检测效率较低，容易漏检或误检，导致产品质量不稳定。通过互联技术，借助各类先进传感器，生产线上的每一个设备都可以实现远程监控和调试，大大提高了生产效率和生产质量，从而实现生产过程的自动化和智能化。

智慧加工生产线上的各类高精确度传感器可以对产品瓶盖日期、瓶身标签、液面位置进行自动化检测，具有“准、快、易”的优势。智慧加工生产线还可代替人工进行缺陷检测、尺寸检测，机械手无序抓取，精确度超越人工质检员，提高检测节奏，促使产品标准化、高质量出厂，从而提高企业效益。

根据项目要求，要对产品加工生产线进行智能化改造，需要对加工生产线中的产品进行实时检测和控制，并将检测的数据采集、实时上传至后台监控中心。凭借大数据分析和AI技术，提升企业智能化管理决策水平，利用实时监控和实时决策，通过数据共享和交换平台，建立科学系统应急保障联动机制，提升产品加工智能化管理效率。

基于上述需求设计智慧加工生产线自动化检测系统，其结构如图4.12所示。

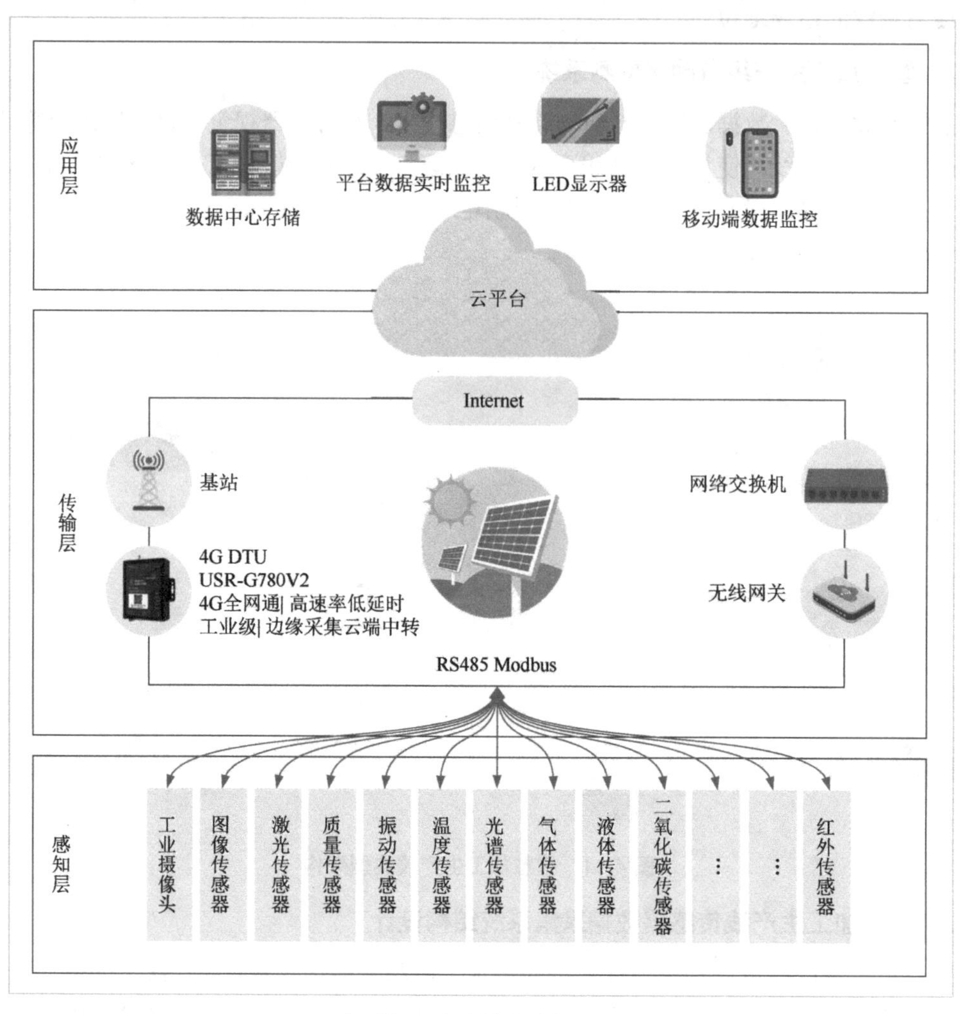

图4.12 智慧加工生产线自动化检测系统结构

依据智慧加工生产线自动化检测系统中各设备的功能，将其分成3个层面。

1）感知层

（1）工业摄像头：可以拍摄产品表面或切口的照片或视频，用于分析产品外观质量和内部缺陷。

（2）图像传感器：可以实现监测、识别、定位、质量控制、界面操作和安全监控等多项重要任务，提高生产效率、保证产品质量和安全性。

（3）激光传感器：可以扫描产品表面，测量产品的大小、形状、颜色、质量等参数，用于监测产品的形态缺陷。

（4）质量传感器：可以测量产品的质量，从而监测是否存在质量缺陷。

（5）振动传感器：可以监测设备在加工过程中的振动情况，从而诊断设备的故障和异常，及时对设备进行维护。

（6）温度传感器：可以监测产品在加工过程中的温度，保证加工温度的准确性和稳定性。

（7）光谱传感器：可以监测产品的化学成分和含量，判断是否存在化学成分缺陷。

（8）气体传感器：可以监测空气中的氧气、二氧化碳等气体浓度，从而保证加工环境的安全性和卫生性。

（9）液体传感器：可用于监测和管理水分及营养液的水平，主要作用包括水分监测、营养液监测、PH 值监测、温度监测和自动化控制。

（10）二氧化碳传感器：收集生产车间二氧化碳信息。

（11）红外传感器：可以精确测量物体的表面温度，通过监测温度变化，可以及时发现异常情况，如过热或过冷，以保护设备和产品并采取纠正措施。

2）传输层

（1）无线网关：用于管理和操作网络设备、实时显示采集到的各类传感器数据，将数据上传至应用层设备，同时接收来自应用层系统的命令并下发至各个传感器等控制节点。

（2）ZigBee 技术：实现不同传感设备节点之间的相互通信功能。ZigBee 技术传输距离短，每一个 ZigBee 都是一个移动的信号。ZigBee 是一种低速传输的通信协议，主要应用在小范围内的系统设计中，与其他无线通信协议相比，要求低，易实现。

3）应用层

应用层主要负责数据的存储、传输、分析、处理、显示和应用，由主控机房（后台监控中心）、智能终端等设备来实现。

【任务实施】

智慧加工生产线自动化检测系统网络拓扑结构图设计

引导问题：请根据上述智慧加工生产线自动化检测系统结构图，讨论如何设计网络拓扑结构图。

步骤 1：分析上述智慧加工生产线自动化检测系统的功能。

步骤 2：分别从感知层、传输层、应用层 3 个层面画出网络拓扑结构图。

4．传感器选型

为了实现智慧加工生产线的智能化、信息化、精准化，提高生产效率和降低生产成本，需要实时对生产线上的产品进行检测，从而保证产品质量的稳定性和安全性；同时，可以实现对生产数据的实时监控和分析，帮助企业深入了解生产流程，进一步优化生产流程，提高产能和效益，促进产业链各个环节的协调和优化。若要实现产品加工生产线“准、快、易”的效果，就必须选择合适的传感器。

1）工作环境

在选择传感器之前，首先应对其使用环境进行调查。通常，环境温度会对传感器产生影响，主要表现为：高温环境容易造成传感器涂覆材料融化、焊点开化等问题；温度过低，传感器易出现漂移现象，导致测量误差较大。

2）性能指标

（1）被测量及测量范围。

选择传感器之前要考虑具体测量场景，如是测量温度还是湿度，是环境温度还是土壤温度等。同时，根据需求，需要准确分析测量范围，进而确定传感器的量程。以重庆地区为例，水温常年变化一般在 10～35℃之间，所以选择的传感器测量范围应大于这个区间，同时，按照选择传感器应使其工作量在量程的 30%～70%内的原则，所以选择的水温传感器测量范围包含 0～50℃即可。

（2）灵敏度。

通常传感器的灵敏度越高越好，灵敏度越高，被测量变化对应的输出信号越利于处理。图 4.13 所示光照度传感器的灵敏度为 0.001mA/lx，即测量的光的强度每变化 1lx，电流变化 0.001mA，如果另外一款光照度传感器的灵敏度为 0.01mA/lx，则当光的强度每变化 1lx 时，电流变化 0.01mA，相对而言，后者就更灵敏，性能更好。但要注意的是，选择时还要考虑外界噪声的干扰，建议选择信噪比较高的传感器，减少干扰信号。

图 4.13 所示光照度传感器的主要性能参数如下。

供电电压：DC 12～30V。

感光体：带滤光片的硅蓝光伏探测器。

波长测量范围：380～730nm。

精确度：±70%。

温度特性：±50%/℃。

测量范围：0～200 000lx。

输出形式：二线制 4～20mA 电流输出。

大气压力：80～110kPa。

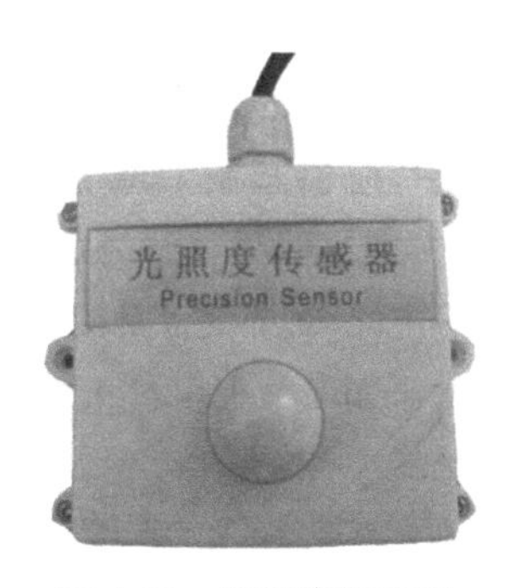

图 4.13　光照度传感器

（3）精确度。

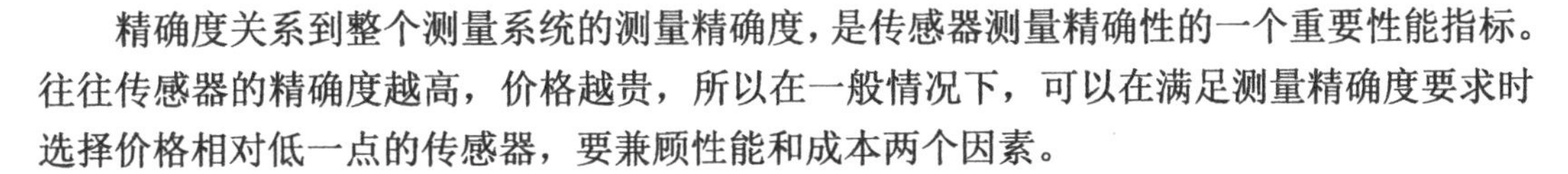

精确度关系到整个测量系统的测量精确度，是传感器测量精确性的一个重要性能指标。往往传感器的精确度越高，价格越贵，所以在一般情况下，可以在满足测量精确度要求时选择价格相对低一点的传感器，要兼顾性能和成本两个因素。

（4）线性范围和稳定性。

线性范围是指传感器输出与输入成正比的范围，在线性范围内灵敏度保持定值，因此，线性范围越宽，量程越大，越能保证测量精确度。

另外，稳定性是非常重要的选择指标。影响传感器稳定性的因素有传感器本身结构、使用环境等，稳定性有定量指标，在超过使用期后，在使用前应重新进行标定，以确定传感器的性能是否发生变化，所以选择的传感器要能够经受住长时间的考验。

3）传感器硬件接口及信号输出形式

传感器将被测量经过一定的规律转换成电信号或其他形式的信号后，还需要接入对应的设备才能将数据上传至网关。不同的传感器输出信号不同，将影响后续处理电路及处理设备的选择，所以在选择传感器时，还需要考虑传感器的信号输出形式及硬件接口。表 4.3

所示为智慧加工生产线部分传感器的信号输出形式。

表 4.3 智慧加工生产线部分传感器的信号输出形式

序 号	名 称	输 出 信 号
1	温湿度传感器	DV 0～2V；4～20mA；RS485 数字信号
2	光照度传感器	4～20mA 电流线性输出
3	二氧化碳传感器	4～20mA 电流线性输出
4	空气温湿度传感器	DV 0～2V；4～20mA；RS485 数字信号

4）成本分析

成本是传感器选择的一个非常重要的因素。传感器的价格只是成本考虑的其中一个方面，选择合适的传感器不仅要考虑价格，还要考虑传感器的安装与维护等其他成本。

（1）传感器购买成本。

市面上的传感器主要分为两种：芯片级传感器和成品级传感器（也称为变送器，在芯片级传感器基础上增加信号处理及传感器校准等环节）。上述两种传感器市场价格差异较大，一般来说，成品级传感器进行了完整封装，可直接使用，而芯片级传感器需要进行后续的电路处理，需要相关人员二次开发。下面介绍几种典型的温湿度传感器和二氧化碳传感器，如表 4.4 和表 4.5 所示。

表 4.4 典型温湿度传感器

序 号	照 片	型 号	性 能 指 标
1		PHTW	测量范围：-50～80℃ 分辨率：0.5℃ 精确度：±0.5℃ 价格：250～300 元
2		FDS-100	测量范围：0～100% RH 量程：100% RH 分辨率：1% RH 精确度：±2% RH 价格：1000～1300 元
3		SLHT11	测量范围：温度，-40～123.8℃ 湿度：0～100% RH 分辨率：温度，0.2℃ 精确度：温度，±0.5℃ 价格：150～200 元
4		TR-HTS	测量范围：温度，-40～80℃ 湿度：0～100% RH 分辨率：温度，0.1℃ 精确度：温度，±0.4℃ 价格：600～700 元

表 4.5　典型二氧化碳传感器

序　号	照　片	型　号	性能指标
1		MG811	测量范围：0～10000 ppm 量程：10000 ppm 分辨率：100 ppm 精确度：±100 ppm 价格：250～300 元
2		LCO2	测量范围：0～50000 ppm 量程：50000 ppm 分辨率：100 ppm 精确度：±50 ppm 价格：500～700 元
3		GE-T6613	测量范围：0～5000 ppm 量程：5000 ppm 分辨率：50 ppm 精确度：±40 ppm 价格：1000～1200 元
4		S-300	测量范围：0～10000 ppm 量程：10000 ppm 分辨率：50 ppm 精确度：±20 ppm 价格：1300～1500 元

（2）安装与维护成本。

不同的传感器安装方式不一样，安装时需要提前考虑是否需要特制的安装板、安装是否灵活、安装预计耗费时间等，上述因素会涉及人力成本、配件成本、时间成本等。另外，还需要考虑传感器的日常维护成本。传感器在使用过程中，需要定期校准和标定。最后，应考虑传感器的维修费用。

（3）其他方面。

传感器采购过程中可能会出现传感器供货周期不足、运输成本、可靠性等方面的问题，选择传感器时应综合考虑。

【任务实施】

温湿度传感器数据采集

引导问题 1：精确度越高的传感器越贵，那么如何找到价格与精确度要求的平衡点？

____

____

____

步骤 1：借助网络资源，找到传感器价格与精确度要求的平衡点。

____

____

____

引导问题 2：基于上述分析的传感器选型原则，请结合智慧加工生产线自动化检测系统数据采集系统的功能，完成温湿度传感器的选型及数据采集过程设计。

____

____

____

步骤 2：根据项目要求，查阅资料或通过网络检索常见的温湿度传感器，指出什么是温湿度传感器，并进行温湿度传感器选型。

温湿度传感器：______________________________

____

____

本次任务以 JWSK-5W1WD 温湿度传感器为例进行信息收集。

步骤 3：完成设备基本信息收集，如表 4.6 所示。

表 4.6　传感器厂家信息

设备类型	设备名称	生产厂家	设备型号
传感器	温湿度传感器		JWSK-5W1WD

步骤 4：查阅传感器使用说明书，完成传感器详细技术参数说明表（见表 4.7）。

表 4.7　传感器详细技术参数

序号	参数	技术指标
1	功耗	网络输出型：≤0.48W
2	准确度	温度：±0.5℃（25℃） 湿度：±3%RH（5%RH～95%RH，25℃）
3	响应时间	温度：≤4s（1m/s 风速） 湿度：≤15s（1m/s 风速）
4	量程	
5	网络输出	
6	负载	
7	工作电压	
8	接线方式	
9	液晶显示	
10	显示分辨力	
11	电路工作条件	

续表

序　号	参　数	技 术 指 标
12	外形尺寸	
13	安装方式	
14	质量	
15	传感器特性	

步骤 5： 查阅该传感器的外形和接线说明。

（1）外形。

JWSK-5W1WD 温湿度传感器如图 4.14 所示。

（2）接线说明（任何错误接线均有可能对传感器造成不可逆损坏）。

RS232 接线（与 RS232 的 DB9 端子连接示意）图如图 4.15 所示。

DB9 端子输出定义如下：2 脚，TX /黄色；3 脚，RX /蓝色；5 脚，GND /黑色。

图 4.14　JWSK-5W1WD 温湿度传感器

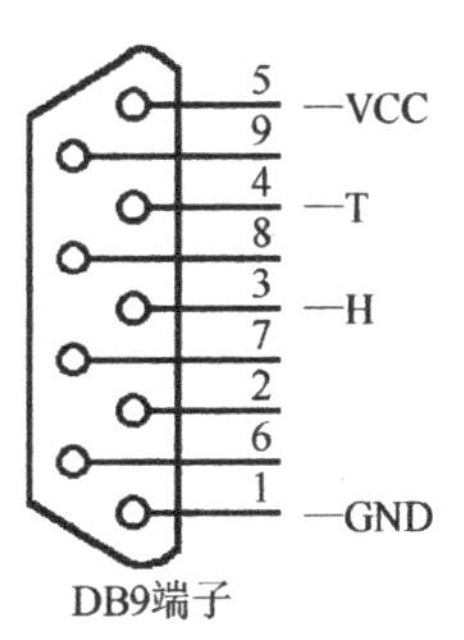

图 4.15　RS232 接线图

步骤 6： 连接通信线缆。

按照 RS232 接线图将温湿度传感器的接线端子分别接至 RS485+口和 RS485−口，RS485 总线设备连接电路如图 4.16 所示。

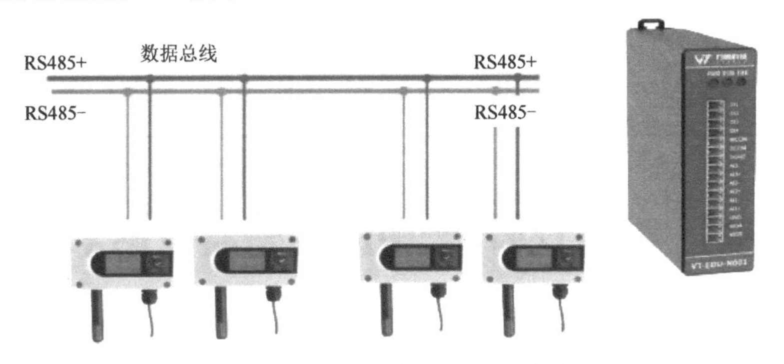

图 4.16　RS485 总线设备连接电路

步骤 7： 数据采集测试。

接线正确后，通过 RS485 转换模块连接 PC 的 RS232 串口，接通 DC 24V 或 12V 电源，可通过测试软件查看温湿度值；当接通 DC 24V 或 12V 电源时，用万用表测量就会输出对应的电流或电压值。

步骤 8：测试数据查询。

在系统中导出历史数据，以 Excel 方式保存和导出测试结果，如图 4.17 所示。

序号	名称	温度	单位	范围	湿度	单位	范围	采集频率（次/min）	采集时间
1	温湿度传感器	26.3	℃	-40~120	56.7	%RH	0~100	60	2022-3-30 11:15
2	温湿度传感器	26.5	℃	-40~120	65	%RH	0~100	60	2022-3-30 11:15
3	温湿度传感器	26.6	℃	-40~120	56.7	%RH	0~100	60	2022-3-30 11:15
4	温湿度传感器	26.4	℃	-40~120	58.3	%RH	0~100	60	2022-3-30 11:15
5	温湿度传感器	26.5	℃	-40~120	58.4	%RH	0~100	60	2022-3-30 11:15
6	温湿度传感器	26.7	℃	-40~120	59.6	%RH	0~100	60	2022-3-30 11:15
7	温湿度传感器	26.5	℃	-40~120	61.3	%RH	0~100	60	2022-3-30 11:15
8	温湿度传感器	26.6	℃	-40~120	61.4	%RH	0~100	60	2022-3-30 11:15
9	温湿度传感器	26.5	℃	-40~120	61.7	%RH	0~100	60	2022-3-30 11:15
10	温湿度传感器	26.5	℃	-40~120	62.6	%RH	0~100	60	2022-3-30 11:15
11	温湿度传感器	26.4	℃	-40~120	64.3	%RH	0~100	60	2022-3-30 11:15
12	温湿度传感器	26.4	℃	-40~120	62.5	%RH	0~100	60	2022-3-30 11:15
13	温湿度传感器	26.3	℃	-40~120	63.6	%RH	0~100	60	2022-3-30 11:15
14	温湿度传感器	26.7	℃	-40~120	59.8	%RH	0~100	60	2022-3-30 11:15

图 4.17　测试结果

引导问题 3：请大家认真思考，并借助网络资源，探索智慧加工生产线传感器还有哪些，分别有什么作用。

____

____

____

步骤 9：打开浏览器，输入“智慧加工生产线传感器”等关键字进行检索。

步骤 10：基于检索结果，进行信息整合，完成表 4.8。

表 4.8　传感器信息

设备名称	设备型号	生产厂家	功能简述	应用领域

项目 3：自动驾驶中的传感器数据采集

【项目描述】

随着科技的革新，汽车电子化、智能化已成为一种趋势。自动驾驶作为辅助驾驶技术的高级阶段，已成为现阶段各大汽车厂商研究的一个热点和重点，也是汽车销售的一大卖点。自动驾驶能够借助感知系统实时获取车辆及外界环境等众多数据信息，通过系统的分析和判断做出相应的决策，整个驾驶过程无须人工操作即可完成。那么自动驾驶到底是如何实现的呢？分别借助了哪些工业级先进传感器呢？这些传感器分别具有什么特点呢？

任务 1：认识自动驾驶

【知识准备】

1．自动驾驶

1）自动驾驶概念

自动驾驶汽车（Autonomous Vehicles 或 Self-driving Automobile）又称无人驾驶汽车、计算机驾驶汽车或轮式移动机器人，是一种通过计算机系统实现无人驾驶的智能汽车。自动驾驶汽车依靠 AI、视觉计算、雷达、监控装置和全球定位系统协同合作，让计算机系统可以在没有任何人类主动操作的情况下，自动安全地驾驶机动车辆。

2）自动驾驶技术原理

按照自动驾驶汽车达到自动驾驶的智能程度，美国汽车工程师协会（SAE）在 2014 年发布了一版自动驾驶分级标准，将自动驾驶技术划分为 6 个等级，从完全人工驾驶到完全自动驾驶。

L0 级：车辆完全由驾驶员控制，包括制动、转向、启动加速及减速停车。

L1 级：车辆具有有限自动控制的功能，主要通过警告防止交通事故的发生，具有一定功能的智能化。

L2 级：车辆具有至少两种控制功能融合在一起的控制系统，为多项操作提供驾驶支持，如紧急自动刹车系统和紧急车道辅助系统等。

L3 级：车辆能够在某个特定的交通环境下实现自动驾驶，并可以自动检测交通环境的变化，以判断是否返回驾驶员驾驶模式。

L4 级：驾驶操作和环境观察由系统完成，不需要对所有的系统要求进行应答。只有在某些复杂地形或天气恶劣的情况下，才需要驾驶员对系统请求做出决策。

L5 级：不需要驾驶员和方向盘，在任何环境下都能完全自动控制车辆。只需提供目的地或输入导航信息，就能够实现所有路况的自动驾驶，到达目的地。全工况无人驾驶阶段可称为“完全自动驾驶阶段”或“无人驾驶阶段”。

ADAS（高级驾驶辅助系统）是实现自动驾驶的基础，汽车智能化推动 ADAS 的快速发展。根据美国高速公路安全管理局的定义，目前全球汽车正处于 L2 级向 L3 级转变的阶段；L3 级和 L4 级属于自动驾驶级别，通过车联网和 AI 技术，逐步实现无人驾驶。其中，最高级别的自动驾驶为完全自动驾驶，也就是驾驶自动化系统在任何可行驶条件下持续地执行全部动态驾驶任务。图 4.18 所示为全球汽车自动化发展阶段。

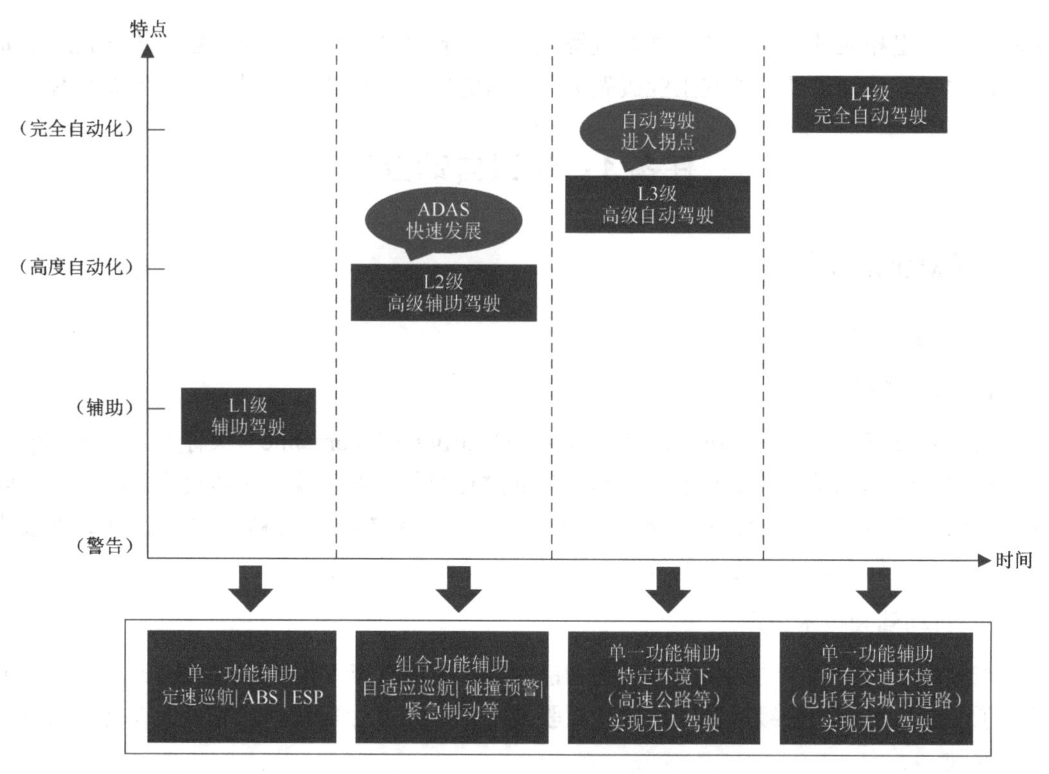

图 4.18　全球汽车自动化发展阶段

2. 自动驾驶系统

为保障汽车自动驾驶能够顺利进行，首先，需要有一套完整的感知系统来代替驾驶员获取周围信息。其次，在自动驾驶中为了保证驾驶指令能够符合实际的环境和实际的驾驶要求，必须要有智能的算法作为基础，且要有高性能的硬件作为控制系统。借助上述两套系统才可以代替驾驶员完成相应的驾驶指令。最后，要结合具体的驾驶环境来选择合适的驾驶路径。为了保证汽车在驾驶过程中的安全性和稳定性，需要全面加强环境感知、内部感知和驾驶员感知的工作，因此需要建立一套完善的感知系统，而感知系统离不开各类传感器等设备的辅助。传感器扮演着重要的角色，就像汽车的眼睛和耳朵，因此传感器的选择尤为重要。

1）自动驾驶系统架构

自动驾驶系统主要分为感知系统、控制系统和执行系统 3 个部分。其中感知系统包含环境感知系统、内部感知系统和驾驶员感知系统。环境感知系统需要识别大量的环境信息，如车道线检测、红绿灯识别、交通标志识别、行人检测、车辆检测等。内部感知系统主要通过 CAN 总线采集车内各电子控制单元信息，以及装载在车上的各类传感器实时产生的数据信息，来获取车辆状态。驾驶员感知系统通过人机交互界面来获取驾驶员操作、手势、语音等指令，以及面部表情等信息，用来接收控制命令、检测驾驶员状态。

控制系统在感知系统搜集的信息的基础上，通过算法对信息进行综合处理，做出判断并将指令发送给执行系统。执行系统对汽车进行转向控制、驱动控制、制动控制和安全控制等操作。自动驾驶系统架构如图 4.19 所示。

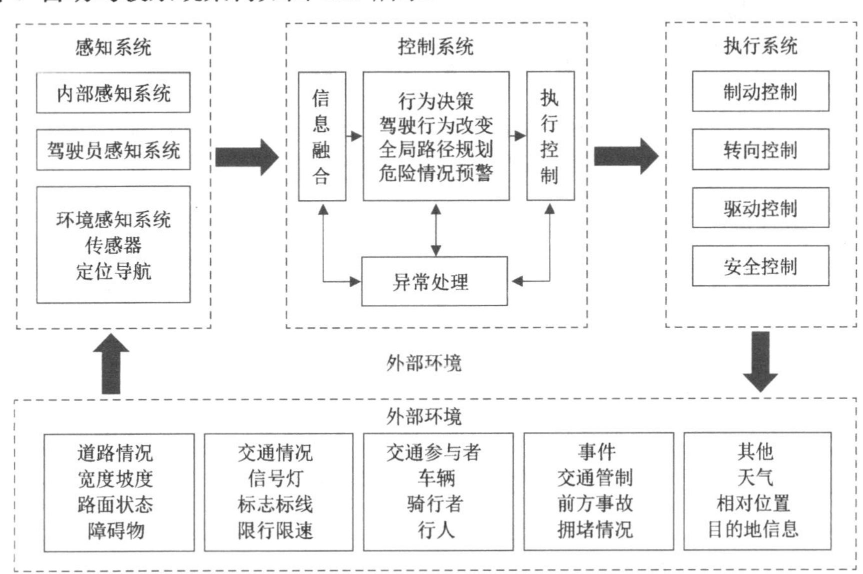

图 4.19　自动驾驶系统架构

2）自动驾驶系统工作流程

自动驾驶系统工作流程如图 4.20 所示。在环境感知系统中，通过雷达、图像摄像头、激光测距仪等传感设备获取汽车的环境信息，借助定位导航系统确定汽车的准确位置。自动驾驶过程中不仅要保障汽车顺利到达目的地，且能够避开障碍物，还要保证行车路径最优。一般通过路径规划系统保证驾驶路径最优，当面对突发状况时，能选择合适的驾驶路径。

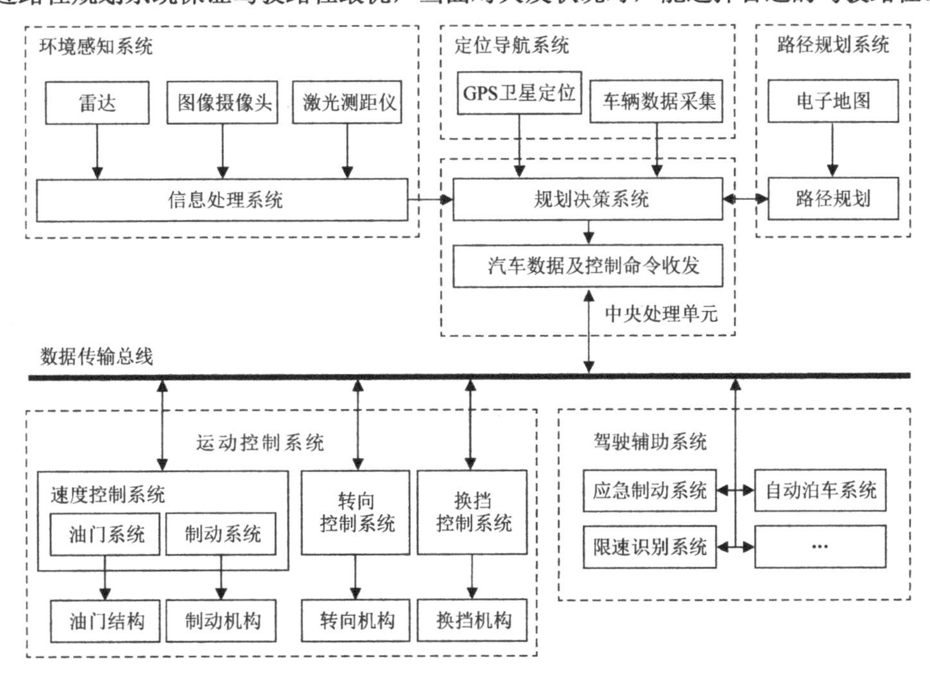

图 4.20　自动驾驶系统工作流程

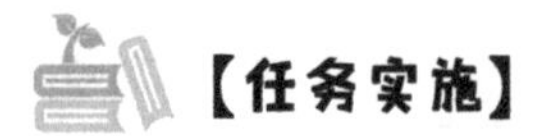

【任务实施】

自动驾驶发展前景预测

引导问题：随着自动化程度越来越高，自动驾驶级别随之提升，那么你眼中的自动驾驶是什么样的？未来你希望自动驾驶可以达到什么状态呢？

步骤1：结合自己实际体验和感受，说出自己眼中的自动驾驶。

步骤2：查阅资料，认真思考，假如你是一名自动驾驶设计人员，你希望未来的自动驾驶是什么样的？应该具备哪些先进技术，实现哪些功能？

任务2：自动驾驶传感器介绍

【知识准备】

工业级传感器是实现自动驾驶的关键部件，自动驾驶车辆通常使用多种传感器来感知和理解周围环境，以实现安全、准确的自动驾驶。

1. 数据采集传感器——激光雷达

多种传感器构成了自动驾驶系统的感知系统，自动驾驶系统的传感器主要由激光雷达、工业摄像头、毫米波雷达、超声波传感器等设备构成，每种传感器都有其不同的优势和劣势，因此，在自动驾驶技术中往往采用多种传感器融合使用的方法。

激光雷达又称为三维激光扫描仪，是一种移动型三维激光扫描系统，也是城市建模最有效的工具之一。车载激光雷达被喻为自动驾驶车辆的“眼睛”，是实现自动驾驶车辆环境感知的关键设备。激光雷达组成如图4.21所示。

激光发射系统：激励源周期性地驱动激光器，发射激光，激光调制器通过光束控制器控制发射激光的方向和线数，最后通过发射光学系统，将激光发射至目标物体。

激光接收系统：通过接收光学系统，光电探测器接收目标物体反射回来的激光，产生接收信号。

扫描系统：以稳定的转速旋转，实现对所在平面的扫描，并产生实时的平面图信息。

信息处理系统：对接收信号进行放大处理和数模转换，经由信息处理模块计算，获取目标物体表面形态、物理属性等特性，以此建立物理模型。

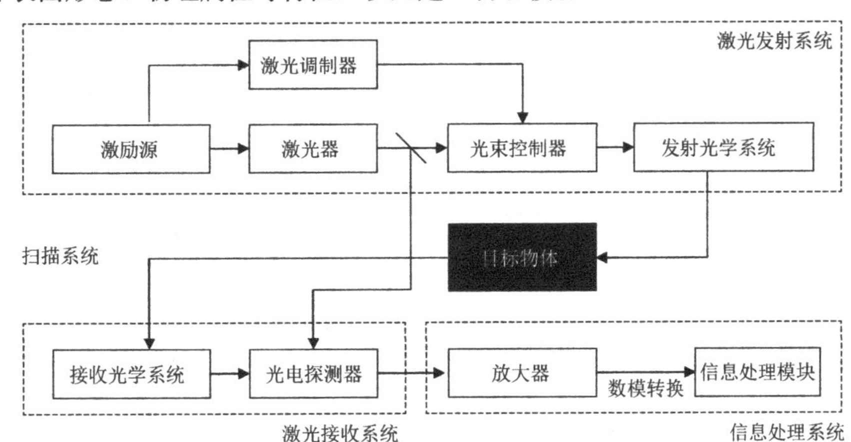

图 4.21　激光雷达组成

2. 数据采集传感器——工业摄像头

我们理解世界是以自身的感知为基础的。在汽车自动驾驶领域中，“看见”是重中之重。在自动驾驶感知系统中，能够模拟人类的眼睛的设备，自然就是工业摄像头了。工业摄像头被称为自动驾驶之眼，是自动驾驶感知系统中的核心传感设备。

工业摄像头可以作为交通事故分析、判定的可靠依据，同时，方便驾乘人员查看车内外的环境监控，做好辅助预警，为车辆安全行驶提供保障。工业摄像头早期用于行车记录、倒车影像、泊车辅助等方面，现在则扩展到智能座舱内行为识别和 ADAS 辅助驾驶等方面。

根据布置位置，工业摄像头可分为前置摄像头（含 ADS 摄像头、行车记录仪、夜视摄像头、全景影像摄像头等）、侧置摄像头、后置摄像头和内置摄像头。对于高级自动驾驶，ADS 摄像头一般为 7～10 个。侧置摄像头和后置摄像头通常共 5 个，差异主要在前置摄像头。前置摄像头一般采用“长焦+广角”两摄像头方案。常见车载摄像头配置情况如表 4.9 所示。

表 4.9　常见车载摄像头配置情况

车载摄像头			
前置摄像头	侧置摄像头	后置摄像头	内置摄像头
ADS 摄像头：1～3 个 行车记录仪：1 个 夜视摄像头：1 个 全景影像摄像头：1 个	ADS 摄像头：4 个 全景影像摄像头：2 个 人脸识别摄像头：1 个	ADS 摄像头：1 个 倒车影像摄像头/全景影像摄像头：1 个	驾驶员疲劳监测摄像头：1 个 乘员监测摄像头：1～4 个

【任务实施】

自动驾驶数据采集工业摄像头设计

引导问题 1：工业摄像头可模拟人类的眼睛，安全驾驶离不开工业摄像头。那么，现在越来越被大众接受的新能源汽车，分别在汽车的哪些位置安装了工业摄像头？分别有什么作用？

步骤 1： 网上查阅主流汽车厂商的工业摄像头搭载方案，工业摄像头配置数量是多少？分别位于什么位置？完成表 4.10。

表 4.10 工业摄像头配置情况

汽车厂商	车型	工业摄像头供应商	配置数量	安装位置

步骤 2： 根据安装位置，分别说出各个位置工业摄像头的作用。

____

____

____

步骤 3： 根据查阅结果，画出工业摄像头安装位置示意图。

____

____

____

引导问题 2：工业摄像头是自动驾驶感知系统中的核心设备，那么什么样的工业摄像头才好呢？具体可以从哪些方面来考察工业摄像头的性能？

步骤 4： 作为用户，你在选择工业摄像头时会考虑哪些方面的因素？

____

____

____

步骤 5： 通过网络查阅，一般汽车厂商在选择工业摄像头时，都会考虑哪些因素及选择的原因。

____

____

____

3. 数据采集传感器——毫米波雷达

激光雷达、工业摄像头、毫米波雷达一般被称为自动驾驶感知系统的“三驾马车”，激光雷达较贵，工业摄像头环境适应能力差，而毫米波雷达是自动驾驶不可或缺的标配。

1）毫米波雷达介绍

毫米波雷达是工作在毫米波波段（Millimeter Wave）的雷达。通常毫米波是指 30GHz～300GHz 频段（波长为 1～10mm）的电磁波。毫米波的波长介于微波和厘米波之间，因此毫米波雷达兼有微波雷达和光电雷达的一些优点。毫米波一般主要有 3 个方面的用处：测距、测速、测方位角。毫米波环境适应能力强，穿透雾、烟、灰尘的能力强，具有全天候（大雨天除外）、全天时的特点。另外，毫米波导引头的抗干扰、反隐身能力优于其他微波导引头。毫米波雷达工作示意图如图 4.22 所示。

图 4.22　毫米波雷达工作示意图

2）毫米波雷达分类

对于汽车来说，驾驶安全的一个首要点就是与前车保持安全的距离，如果与前车距离过近，则易造成追尾事故。因此，对于汽车之间的距离探测及预判尤为必要。为了满足不同范围距离探测的需要，目前汽车领域主要有 3 种毫米波雷达：短距毫米波雷达、中距毫米波雷达和长距毫米波雷达。

短距毫米波雷达主要安装在汽车的侧方和后方，以及保险杠内。安装短距毫米波雷达主要是为了盲点监测或汽车辅助驾驶等。

中距毫米波雷达主要安装在汽车前保险杠内。安装中距毫米波雷达主要是为了检测前车的速度，在紧急情况下能够实现制动效果。

长距毫米波雷达主要安装在汽车正前方，其分辨率和精确度远远高于前两种毫米波雷达。安装长距毫米波雷达主要是为了确定最终驾驶方向，进行主动巡航控制、主动辅助等。

车载雷达的频段主要分为 24GHz 频段和 77GHz 频段，其中 77GHz 频段代表着未来的趋势，这是国际电信联盟专门划分给车载雷达的频段。一般短距毫米波雷达采用 24GHz 频段，中距与长距毫米波雷达采用 77GHz 频段。毫米波雷达监测示意图如图 4.23 所示。

图 4.23　毫米波雷达监测示意图

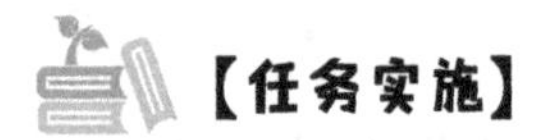

【任务实施】

毫米波雷达应用领域调查

引导问题：毫米波雷达目前已成熟地应用于汽车自动驾驶，那么毫米波雷达在其他领域的应用如何？

步骤 1：打开浏览器，输入“毫米波雷达应用”等关键词进行检索。

____

____

____

步骤 2：基于上述检索结果，进行信息整合，填写表 4.11。

表 4.11　毫米波雷达配置情况

序　号	应用领域	应用场景

4. 自动驾驶核心传感器——超声波传感器

超声波传感器是将超声波信号转换成其他能量信号（通常是电信号）的传感器。其工作原理是通过超声波发射装置向目标物体发射超声波，根据接收器接收到目标物体反射回来超声波的时间，可以计算出超声波传感器与目标物体的距离。超声波传感器主要用于自动泊车系统和自动刹车系统，常用工作频率有 40kHz、48kHz、58kHz 三种。一般来说，工作频率越高，灵敏度越高。

自动泊车系统主要利用超声波传感器提供的泊车区域信息和车辆所处位置，通过计算，控制车辆的油门和制动转向，从而完成在泊车区域的自动泊车。在自动泊车技术应用的过程中，需要借助声呐技术来计算与目标物体的距离或方向角，并将测量的距离用蜂鸣声传达给驾驶员，从而保证自动泊车的准确性和稳定性。

自动刹车系统主要通过松开油门踏板采取紧急制动来避免与前车的碰撞，安装在车辆前方的超声波传感器会发射超声波，基于前方物体返回的反射波，从而确定与前方物体的距离，进而通过伺服电机自动控制车辆制动系统。

任务 3：自动驾驶核心传感器对比

【知识准备】

在汽车自动驾驶领域，比较常见的传感器主要有激光雷达、工业摄像头、毫米波雷达和超声波传感器等，各类传感器具备不同的优点和缺点。表 4.12 所示为自动驾驶领域主要传感器对比分析。

表 4.12　自动驾驶领域主要传感器对比分析

传感器	工作原理	优点	缺点
激光雷达	激光扫描实时生成三维地图，实时地图与地图库匹配，实时定位车辆，识别行人、车辆、车道辅助线等	信息丰富、抗干扰能力强	成本高、易受天气影响
工业摄像头	利用图像识别与匹配定位车辆，识别行人、车辆等，判断前车距离	成本低、能准确识别各类目标信息、做到实时监测	对环境因素敏感、算法复杂
毫米波雷达	探测周围车辆的距离和相对速度，预防碰撞	测量精确度高、探测距离远、抗干扰能力强、可全天候工作、成本低	检测点少
超声波传感器	探测车身周边 3m 以内障碍物，低速防碰撞，并实时检测后车速度	成本较低，短时间内可维持准确位置、方向，适用于近距离目标的探测	距离有限

【任务实施】

传感器特点对比

引导问题：基于上述各类传感器的介绍，通过查阅资料，完成表 4.13。

表 4.13　传感器对比分析

传感器比较	激光雷达	工业摄像头	毫米波雷达	超声波传感器
远距离探测能力				
夜间工作能力				
全天候工作能力				
受天气影响				
烟雾环境工作能力				
雨雪环境工作能力				
温度稳定度				
车速测量能力				

【任务实施】

自动驾驶传感器数据采集设计

引导问题：基于上述介绍的一些自动驾驶传感器，结合功能需求，现以激光雷达为例来完成传感器的选型及数据采集。

步骤 1：查阅资料或网络检索，进行传感器选型，完成设备基本信息收集，并简述工作原理。

本次任务以 LS 系列激光雷达（避障型）为例进行信息收集，完成表 4.14。

表 4.14　传感器主要信息

设备类型	设备名称	生产厂家	设备型号
传感器	激光雷达		LS 系列激光雷达（避障型）

步骤 2：查阅传感器使用说明书，完成表 4.15。

表 4.15　传感器详细参数

序　　号	参　　数	技术指标
光学特性	激光光源	
	最大检测范围	
	扫描角度范围	
	角度分辨率	
	测量误差	
电气/机械参数	负载	
	工作电压	
	上电启动时间	
	功耗	
	输出	
	电缆长度	
	外形尺寸	
环境特性	环境温度	
	环境湿度	
	抗光干扰	
	抗冲击	
	抗振动	
	防护等级	

步骤 3：查阅该传感器的接线说明。

LS 系列激光雷达（避障型）通过电源线给系统供电并与外部监控设备连接。用户可使用配置线连接激光雷达的 USB 接口与计算机，通过配置软件对防护区域等相关参数进行设置。激光雷达接线示意图如图 4.24 所示。

激光雷达 USB 接口配置线为标准 Micro USB 数据线，一端为 Micro USB 接口，另一端为 USB 接口，线长 1.5m。

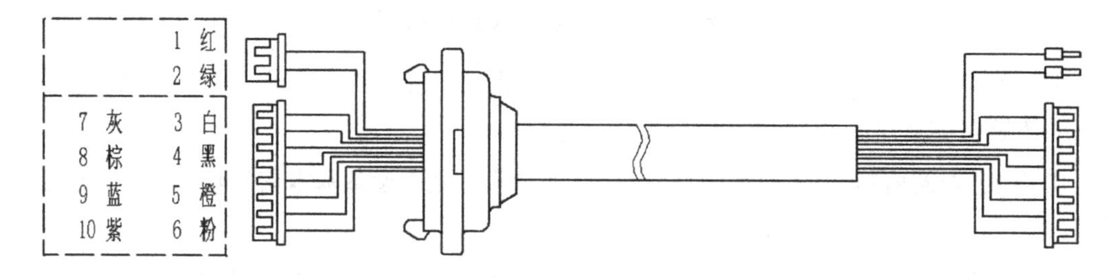

图 4.24　激光雷达接线示意图

步骤 4： 连接通信线缆。

按照激光雷达配置线的接线说明，将激光雷达设备的接线端子分别连接至相应接口，如图 4.25 所示。

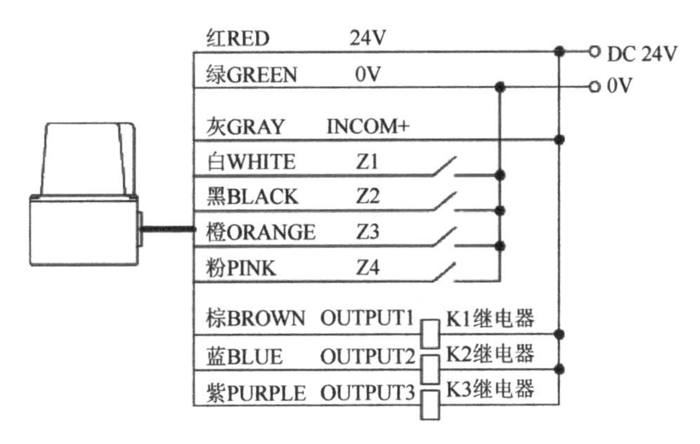

图 4.25　连接通信线缆

步骤 5： 数据采集。

（1）安装软件。

从官方网站下载 LS 系列激光雷达（避障型）软件，如图 4.26 所示，并按照操作说明进行安装和基本环境配置。

图 4.26　LS 系列激光雷达（避障型）软件

（2）激光雷达和软件建立连接。

单击软件用户界面中的“建立连接”按钮，选择通信接口类型，并单击“确定”按钮，如果软件与激光雷达连接成功，则弹框提示“设备连接成功”，单击“确定”按钮，配置准备工作完成。

（3）配置工作模式/响应时间、区域组选择、防护区域。

（4）激光雷达数据采集。

上述配置工作全部完成后，单击“开始”按钮，开始读取联机的激光雷达内部配置信息，软件界面上显示当前防护区域边界轮廓、指示灯窗口状态信息，并实时更新周围环境轮廓，用户可通过比较防护区域边界轮廓和周围环境轮廓，从而确定障碍物准确位置。

【模块小结】

本模块从传感器基础知识入手，在介绍传感器基本定义、组成及基本原理的基础上，以传感器在智慧加工生产线和自动驾驶领域的典型应用为主线，讲述了常用传感器的基本工作过程，以及传感器的选型依据等，通过典型应用实例，帮助读者进一步熟悉传感器的工作过程。

【反思与评价】

项目名称	任务名称	评价内容	学生自评	教师评价	学生互评	小计
项目 1：解读工业传感器	任务 1：认识传感器	了解什么是传感器	能讲述传感器的定义（3 分）	能讲述传感器的定义（3 分）	能讲述传感器的定义（1 分）	
		了解传感器的工作原理	能简述传感器的工作过程（3 分）	能简述传感器的工作过程（3 分）	能简述传感器的工作过程（2 分）	
		具有综合分析能力	能够查找生活中常见的传感器，并能区分类别（3 分）	能够查找生活中常见的传感器，并能区分类别（3 分）	与同学积极交流（2 分）	
	任务 2：标记传感器代号	了解传感器的代号及命名规则	了解传感器命名规则和图形符号（3 分）	了解传感器命名规则和图形符号（3 分）	了解传感器命名规则和图形符号（1 分）	
		具有知识迁移能力	能够根据常见传感器型号分析出传感器含义（3 分）	能够根据常见传感器型号分析出传感器含义（3 分）	与同学积极交流（2 分）	
项目 2：智慧加工生产线传感器数据采集	任务 1：认识传感器的基本特性	了解传感器的基本特性	能够分析传感器的基本特性（3 分）	能够分析传感器的基本特性（3 分）	能够分析传感器的基本特性（1 分）	
		具有综合分析能力	能够根据传感器的基本参数分析传感器的特征（3 分）	能够根据传感器的基本参数分析传感器的特征（3 分）	与同学积极交流（2 分）	
	任务 2：智慧加工生产线自动化检测传感器数据采集系统设计	掌握传感器的选型原则	掌握传感器的选型原则，能根据项目需求完成传感器的选型（3 分）	掌握传感器的选型原则，能根据项目需求完成传感器的选型（3 分）	掌握传感器的选型原则，能根据项目需求完成传感器的选型（2 分）	
		具有知识迁移能力	完成传感器数据采集设计（3 分）	完成传感器数据采集设计（3 分）	与同学积极交流（2 分）	
项目 3：自动驾驶中的传感器数据采集	任务 1：认识自动驾驶	具有自主学习能力	分析自动驾驶的现状及未来发展前景（3 分）	分析自动驾驶的现状及未来发展前景（3 分）	与同学积极交流（1 分）	
	任务 2：自动驾驶传感器介绍	了解自动驾驶领域的核心传感器	能够简述传感器的功能及意义（3 分）	能够简述传感器的功能及意义（3 分）	能够简述传感器的功能及意义（2 分）	

续表

项目名称	任务名称	评价内容	学生自评	教师评价	学生互评	小计
项目 3：自动驾驶中的传感器数据采集	任务 3：自动驾驶核心传感器对比	能够区分不同传感器特点	能够区分不同传感器特点（3 分）	能够区分不同传感器特点（3 分）	能够区分不同传感器特点（2 分）	
		具有知识迁移能力	完成自动驾驶传感器数据采集设计（3 分）	完成自动驾驶传感器数据采集设计（3 分）	在学习过程中主动查找信息（2 分）	
合计						

习　　题

一、选择题

1．（　　）不是传感器的组成元件。

A．敏感元件　　B．转换元件　　C．转换电路　　D．电阻电路

2．（　　）是未来传感器的发展趋势。

A．发现和开发新材料、新功能

B．传感器的多功能集成化和微型化

C．传感器的数字化、智能化和网络化

D．以上都是

3．传感器按输出量可分为数字传感器和（　　）。

A．温度传感器　　B．模拟传感器

C．化学量传感器　　D．生物量传感器

4．传感器能感知的输入变化量越小，表示传感器的（　　）。

A．重复性越好　　B．分辨力越高

C．线性度越好　　D．迟滞越小

5．下列属于传感器静态特性指标的是（　　）

A．幅频特性　　B．相频特性　　C．线性度　　D．灵敏度

二、填空题

1．传感器的输出量通常为________。

2．传感器主要由敏感元件、转换元件和________3 个部分组成。

3．工业传感器种类繁多，原理各异，按照输出信号进行分类，主要分为________和________。

4. 传感器的________是指传感器的输入随时间变化的响应特性，是传感器的主要特性之一。

5. ________是指传感器在稳态下的输出变化量与输入变化量的比值。

三、简答题

1. 传感器的作用是什么？其基本组成包括哪几个部分？各个部分的作用是什么？

2. 传感器选型需要考虑哪些因素？

模块 5

数据采集终端——条形码

知识目标

- 了解条形码的定义和分类。
- 理解各类条形码的用途和包含的数据信息。
- 掌握条形码的识别过程。
- 了解条形码的应用过程。

能力目标

- 能够辨别条形码和二维码。
- 能够选择不同场合应该使用的条形码种类。
- 能够通过条形码扫描仪识别条形码。

素质目标

- 培养学生的动手能力和自主学习能力。
- 培养学生的逻辑梳理能力和资料查找能力。
- 培养学生敢于探索知识的能力。

项目 1：解读国家条形码标准

【项目描述】

条形码技术给人们的生活和工作带来了便捷，已普遍应用于零售、物流、图书、医院、银行等行业。当然不同的领域应用的条形码技术有所差异，条形码种类也不尽相同。例如，零售行业中商品的条形码大多为一维条形码，标识了每种商品；医院的就诊条形码包含患者的名字、年龄、挂号科室等信息；支付二维码包含收款方名称、金额、交易时间等信息。

下面从条形码的定义、条形码的分类进行阐述。

任务 1：了解条形码

【知识准备】

1. 条形码定义

条形码（Bar Code）是将宽度不等的多个黑条和白条，按照一定的编码规则排列，用以表达一组信息的图形标识符。常见的条形码是由反射率相差很大的黑条（简称条）和白条（简称空）排成的平行线图案。条形码可以标出商品的生产国家、制造厂家，商品名称、生产日期，图书分类号，邮件起止地点、类别、日期等许多信息，因而在商品流通、图书管理、邮政管理、银行系统等许多领域都得到广泛的应用。图 5.1 所示为一维条形码。

图 5.1　一维条形码

2. 条形码技术

条形码技术（Bar Code Technology，BCT）是在计算机的应用实践中产生和发展起来的一种条形码自动识别技术。它是为实现对信息的自动扫描而设计的，是实现快速、准确而可靠地采集数据的有效手段。条形码技术的应用解决了数据录入和数据采集的瓶颈问题，为物流管理提供了有利的技术支持。条形码技术的核心内容是利用光电扫描设备识别读取条形码符号来实现计算机的自动识别，并快速、准确地把数据录入计算机进行数据处理，从而达到自动管理的目的。

制造企业需要多源信息感知、产品标识与跟踪（RFID、一维条形码/二维码识别读取）、现场通信（工业以太网、Modbus、PROFINET、CAN 等）、工业机器人、系统软件、大数据等技术的支撑。

在产品标识与跟踪方面，因为一维条形码/二维码具有低成本、高可靠性及易用性（如部分产品直接采用零部件标刻二维码方式进行标记）等特点，所以在现代制造业供应链和生产控制管理过程中，一维条形码/二维码及其识别读取技术已经成为主要的产品标识与跟踪手段，广泛应用于高层的企业资源计划系统（ERP），或者中间层的制造执行系统（MES），以及底层的数据采集与监视控制系统（SCADA），以获取物料在制品和成品过程中准确、实时的信息。

条形码技术为工业生产提供了高效的数据采集和传输支持，使其工作效率得到成倍的提升，因此条形码技术在工业中扮演着越来越重要的角色。

【任务实施】

条形码技术在工业生产中的应用调查

引导问题 1：条形码技术在仓储管理和物流跟踪、质量跟踪管理、自动生产线管理和数据自动录入等方面应用广泛，除此之外，还有哪些场景应用了条形码技术？

____

____

____

步骤 1：打开搜索引擎，搜索“条形码技术在工业生产中的应用”关键字，根据结果进一步筛选信息。

引导问题 2：将筛选后的信息整理和总结，提炼出条形码技术在工业生产中的应用场景。

____

____

____

步骤 2：分析条形码技术在不同的场景应用时，完成的功能。

____

____

____

步骤 3：整理条形码技术在工业生产中应用时，承载了哪些数据。

任务 2：常用条形码的分类

【知识准备】

1. GS1 标准体系

国际物品编码组织（GS1）是全球性的、中立的非营利组织，致力于通过制定全球统一的物品标识和电子商务标准，实现供应链的高效运作与可视化。GS1 总部设在比利时首都布鲁塞尔，至 2022 年初，在全球拥有 116 个成员组织。

美国统一编码委员会（Universal Code Council，UCC）在 1973 年建立了 UPC 条形码系统，并全面实现了该码制的标准化。UPC 条形码成功地应用于商业流通领域中，对条形码的应用和普及起到了极大的推动作用。

1977 年成立的欧洲物品编码协会（EAN）随着世界各主要国家的编码组织相继加入，1981 年更名为国际物品编码协会，总部设在布鲁塞尔。EAN 的宗旨是开发和协调全球性的物品标识系统，促进国际贸易的发展。

EAN 与 UCC 在组织和技术上都一直保持着不同层次的接触。除交换大量信件和文件资料外，UCC 的执行主席还经常参加 EAN 的执委会，并加入了 EAN 技术委员会。2002 年 11 月 26 日，EAN 正式接纳 UCC 成为 EAN 的会员。UCC 的加入有助于发展、实施和维护 EAN·UCC 系统，有助于实现制定无缝的、有效的全球标准的共同目标。2005 年 2 月，EAN 正式更名为 GS1，成为国际唯一的通用物品标识系统。EAN·UCC 系统被称为 GS1 系统。GS1 系统广泛应用于商业、工业、产品质量跟踪追溯、物流、出版、医疗卫生、金融保险和服务业，在现代化经济建设中发挥着越来越重要的作用。

2. 常见条形码的分类

条形码的分类方式很多，可按照维数、码制、用途，以及条形码符号载体的材质等进行分类，常用的分类方式是按照维数进行分类，可分为一维条形码和二维条形码（简称二维码）。

1）一维条形码

一维条形码自出现以来，便在各个领域被广泛应用。但是一维条形码的信息容量很小，只能表示有限位数的数字或数字与字母组合等非描述性信息，更多的物品详细描述性信息必须依赖数据库的支持，离开了预先建立的数据库，这种条形码就变成了无源之水、无本之木，因而一维条形码的应用范围受到了一定的限制。EAN-13、EAN-8、UPC-A、UPC-E、GS1-128 和 ITF-14（见图 5.2）这 6 种 GS1 系统的条形码都属于一维条形码。

图 5.2　一维条形码

（1）EAN 条形码。

EAN 条形码是由欧洲 12 个工业国家共同发明出来的一种条形码，目前已成为一种国际性的条形码。EAN 条形码系统的管理过程是先由国际商品条形码总会（International Article Numbering Association）负责各会员国的国家代表号码的分配与授权，再由各会员国的商品条形码专责机构，对其国内的制造商、批发商、零售商等授予厂商代表号码。

EAN 条形码具有以下特点。

① 只能存储数字。

② 可双向扫描处理，即条形码可由左至右或由右至左扫描。

③ 必须有一位校验码，以防读取资料错误的情形发生，位于 EAN 条形码的最右边。

④ 具有左护线、中线及右护线，以分隔条形码上的不同部分与撷取适当的安全空间来处理。

⑤ 条形码长度一定，较欠缺弹性，但经由适当的方法，可使其通用于世界各国。

依结构的不同，EAN 条形码可分为两种。

EAN-13 条形码：由 13 个数字组成，为 EAN 条形码的标准编码形式。

EAN-8 条形码：由 8 个数字组成，为 EAN 条形码的简易编码形式。

EAN-13 条形码和 EAN-8 条形码如图 5.3 所示。

EAN-13　　EAN-8

图 5.3　EAN-13 条形码和 EAN-8 条形码

（2）UPC 条形码。

UPC（Universal Product Code）条形码是最早大规模应用的条形码，是由原 UCC 制定的一种商品用条形码，主要用于美国和加拿大地区，在工业、医药、仓储等领域应用广泛，故又称万用条形码。

UPC 条形码是一种长度固定、连续性的条形码，只能表示数字，有 UPC-A、UPC-B、UPC-C、UPC-D、UPC-E 共 5 个版本（见表 5.1）。

表 5.1　UPC 条形码版本

版　　本	应 用 对 象	格　　式
UPC-A	通用商品	SXXXXX XXXXXC
UPC-B	医药卫生	SXXXXX XXXXXC
UPC-C	产业部门	XSXXXXX XXXXXCX
UPC-D	仓库批发	SXXXXX XXXXXCXX
UPC-E	商品短码	XXXXXX

注：S—系统码；X—资料码；C—校验码。

常用的是 UPC-A 条形码（UPC 标准码）和 UPC-E 条形码（UPC 缩短码），如图 5.4 所示。

图 5.4　UPC-A 条形码和 UPC-E 条形码

（3）ITF-14 条形码。

ITF-14 条形码只用于标识非零售的商品。它对印刷精度要求不高，比较适合直接印刷（热转换或喷墨）于表面不够光滑、受力后尺寸易变形的包装材料，如瓦楞纸或纤维板上。

（4）GS1-128 条形码。

GS1-128 条形码由 EAN 和原 UCC 共同设计而成。它是一种连续性、非定长、有含义的、高密度、高可靠性、具有两种独立校验方式的条形码。在 ISO、CEN 和 AIM 所发布的标准中，将紧跟在起始字符后面的功能字符 1（FNC1）定义为专门用于表示 GS1 系统应用标识符数据，以区别于 Code 128 条形码。应用标识符（Application Identifier，AI）是标识编码应用含义和格式的字符。其作用是指明跟随在应用标识符后面的数字所表示的含义。GS1-128 条形码是唯一能够表示应用标识符的条形码。GS1-128 条形码可编码的信息范围广泛，包括项目标识、计量、数量、日期、交易参考信息、位置等。

2）二维码

二维码是用按一定规律在平面（二维方向）上分布的黑白相间的图形来记录数据符号信息的。二维码巧妙地利用构成计算机内部逻辑基础的“0”“1”比特流的概念，使用若干个与二进制位相对应的几何形体来表示文字、数据信息，通过图像输入设备或光电扫描设备自动识读来实现信息的自动处理。它具有条形码技术的一些共性：每种码制有其特定的字符集；每个字符占有一定的宽度；具有一定的校验功能等。除具有一维条形码的优点外，二维码还有信息容量大、可靠性高、保密和防伪性强、易于制作、成本低等优点。二维码根据构成原理和结构形状的差异，可分为两大类型：一类是行排式二维码（2D Stacked Bar Code）；另一类是矩阵式二维码（2D Matrix Bar Code）。

行排式二维码是由多行短的一维条形码堆叠而成的，如图 5.5 所示。其编码原理是建立在一维条形码基础上的。行排式二维码在编码设计、校验原理、识读方式等方面继承了一维条形码的一些特点，识读设备和条形码印刷与一维条形码技术兼容。但由于行数的增加，需要对行进行判定，行排式二维码译码算法和软件不完全与一维条形码相同。具有代表性的行排式二维码有 Code 16K、Code 49、PDF 417、MicroPDF 417 等。

矩阵式二维码在一个矩形空间中通过黑、白像素在矩阵中的不同分布进行编码。在矩阵相应元素位置上，用点（方点、圆点或其他形状点）的出现表示二进制“1”，用点的不出现表示二进制的“0”，点的排列组合决定了矩阵式二维码代表的含义。图 5.6 所示为矩阵式二维码。矩阵式二维码是建立在计算机图像处理技术、组合编码原理等基础上的一种图形符号自动识读处理码制。具有代表性的矩阵式二维码有 Code One、Maxi Code、QR Code、Data Matrix、汉信码、Grid Matrix、Aztec Code 等。

PDF 417　　MicroPDF 417

图 5.5　行排式二维码

Aztec Code

QR Code

图 5.6　矩阵式二维码

目前，二维码已被广泛应用于信息获取（名片、地图、Wi-Fi 密码、资料）、网站跳转（跳转到微博、网站）、广告推送（用户扫码，直接浏览商家推送的视频、音频广告）、手机电商（用户扫码，用手机直接购物下单）、防伪溯源（用户扫码，查看生产地，同时后台可以获取最终消费地）、优惠促销（用户扫码，下载电子优惠券、参与抽奖）、会员管理（用户从手机上获取电子会员信息、VIP 服务）和手机支付（扫描二维码，通过银行或第三方支付平台提供的手机端通道完成支付）等。

（1）PDF 417 二维码。

PDF 417 二维码是由留美华人王寅敬博士发明的。PDF 取自 Portable Data File 3 个单词的首字母，意为“便携数据文件”。组成条形码的每个符号字符都是由 4 个条和 4 个空构成的，如果将组成条形码的最窄条或空称为一个模块，则上述的 4 个条和 4 个空的总模块数一定为 17，所以称 417 二维码或 PDF 417 二维码。

PDF 417 二维码的特点如下。

① 信息容量大：根据不同的条空比例每平方英寸可以容纳 250～1100 个字符。在国际标准的证卡有效面积上（相当于信用卡面积的 2/3，约为 76mm×25mm），PDF 417 条形码可

以容纳 1848 个字母字符或 2729 个数字字符，约 500 个汉字信息。这种二维码比普通条形码信息容量高几十倍。

② 错误纠正能力强：一维条形码通常具有校验功能以防止错读，一旦条形码发生污损将被拒读。而二维码不仅能防止错读，还能纠正错误，即使二维码部分损坏，也能将正确的信息还原出来。

③ 印制要求不高：普通打印设备均可打印，传真件也能阅读。

④ 可用多种阅读设备阅读：PDF 417 二维码可用带光栅的激光阅读器、线性及面扫描的图像式阅读器阅读。

⑤ 尺寸可调，以适应不同的打印空间。

⑥ 码制公开已形成国际标准，我国已制定了 PDF 417 二维码的国家标准。

图 5.7 所示为 PDF 417 条形码。

（2）QR Code 二维码。

QR Code 二维码于 1994 年由日本 DW 公司发明，如图 5.8 所示，是目前主要流行的二维码，具有超高速识读、全方位识读，能够有效表示中国汉字、日本文字、各种符号/字母/数字等特点，QR 来自英文 Quick Response，即快速反应的意思。QR Code 二维码广泛应用于收付款、防伪溯源、工业自动化生产线管理、电子凭证等各种各样的场景。

QR Code 二维码容量密度大，可以放入 1817 个汉字、7089 个数字、4200 个英文字母。QR Code 二维码用数据压缩方式表示汉字，用 13 位即可表示一个汉字；QR Code 二维码具有 4 个等级的纠错功能，即使破损也能够被正确识读。QR Code 二维码抗弯曲的性能强，QR Code 二维码中每隔一定的间隔配置有校正图形，从码的外形来求得推测校正图形中心点与实际校正图形中心点的误差，从而修正各个模块的中心距离，即使将 QR Code 二维码贴在弯曲的物品上也能够快速识读；QR Code 二维码可以分割成 16 个码，可以一次性识读数个分割码，满足印刷面积有限及细长空间印刷的需要。

图 5.7　PDF 417 二维码

图 5.8　QR Code 二维码

【任务实施】

条形码使用场景小调查

引导问题 1：在生活和工作中，很多场景使用了条形码，如商品条形码、收款二维码、医院病历条形码等。思考有哪些其他场景使用了条形码，完成了什么功能。

步骤 1：在 Excel 中创建工作簿，命名为“条形码使用场景和功能收集.xlsx”，在表 5.2 中填写思考后所得的结论。

表 5.2　条形码使用场景和功能收集

序　号	条形码使用场景	条形码的功能	条形码的种类
例	超市：商品条形码	记录商品的价格、质量等	一维条形码
1			
2			
3			
4			
5			

引导问题 2：自行思考在所见场景中，什么地方使用了条形码，条形码的功能和条形码的种类如何。

步骤 2：打开网页搜索“条形码技术和使用场景”，完成和修正表 5.2。

【思考】

1. 有哪些常见的条形码使用场景在填表格时没有想到？
2. 条形码技术的应用给生活和工作带来了什么好处？

【拓展知识】

其他条形码简介

Code 39 条形码和 Code 128 条形码：是目前国内企业内部的自定义码制，可以根据需要确定条形码的长度和信息，其编码的信息可以是数字，也可以是字母，主要应用于工业生产线领域、图书管理领域等，如表示商品序列号、图书编号、文档编号等。Code 39 条形码是目前用途广泛的一种条形码，可表示数字、字母，以及“–”“.”“/”“+”“%”“$”“ ”（空格）、“*”共 44 个符号，其中“*”仅作为起始符和终止符。Code 39 条形码既能用数字表示信息，又能用字母及有关符号表示信息。

Code 93 条形码：是一种类似于 Code 39 条形码的条形码，它的密度较高，同样适用于工业制造领域。

25 条形码：只能表示数字 0～9，长度可变，条形码呈现连续性，应用于商品批发、仓库、机场、生产（包装）识别、商业领域中，条形码的识读率高，可用于固定扫描器的可靠扫描，在所有一维条形码中的密度最高。

Codabar（库德巴）条形码：也称“血库用码”，可表示数字 0～9，字符$、+、–，还有只能用作起始符和终止符的 a、b、c、d 四个字符，“空”比“条”宽 10 倍，非连续性条形码，每个字符表示为 4 条 3 空，条形码长度可变，没有校验码，主要应用于血站的献血员管理和血库管理。

Code 39 条形码、Code 128 条形码、Codabar 条形码和 25 条形码如图 5.9 所示。

图 5.9 Code 39 条形码、Code 128 条形码、Codabar 条形码和 25 条形码

Data Matrix 二维码（简称 DM 码）：由美国国际资料公司研发，是一种矩阵式二维码，它的尺寸比其他类型的二维码都小；适用于小零件的标识、商品防伪，以及直接印刷在实体上。

Maxi Code 二维码：是美国 UPS 快递公司为有效改善作业效率、提高服务品质而研发的二维码，主要用于美国快递行业。

汉信码：是我国自主研发的一种矩阵式二维码，具有较高的汉字编码能力。目前汉信码被应用于各行各业，如图书物流、质量追溯系统、仓库管理、竞赛考试、食品安全、质监检查等。

Data Matrix 二维码、Maxi Code 二维码和汉信码如图 5.10 所示。

图 5.10　Data Matrix 二维码、Maxi Code 二维码和汉信码

项目 2：采集条形码数据

【项目描述】

条形码是各类信息的载体，在各种场景中流转。条形码技术应用广泛，不同的条形码包含不同的数据，但运用条形码技术的终极目的是采集条形码中包含的数据。

代码是人可识别的字符，根据标准，不同的字符组合代表不同的含义，通过条形码的编码规则，将字符组合转换为“条”和“空”的组合供特定的条形码扫描器识别，扫描器将条形码符号转换为人可识别的信息。下面从一维条形码、二维码的编码规则，人可识别的代码到条形码的转换，识读条形码整个过程进行阐述，帮助读者理解采集条形码数据的流程。

任务 1：条形码符号结构

【知识准备】

1．代码和条形码符号

条形码技术涉及两种类型的编码规则，一种是代码的编码规则；另一种是条形码符号的编码规则。代码的编码规则规定了由数字、字母或其他字符组成的代码序列的结构；条形码符号的编码规则规定了不同码制中条、空的编码规则及其二进制逻辑表示设置。表示数字及字符的条形码符号是按照编码规则组合排列的，因此各种码制的条形码符号编码规则一旦确定，我们就可将代码转换成条形码符号。图 5.11 中上部分“条”与“空”的表示方式为条形码符号，下部分的数字编码为代码。

图 5.11　代码和条形码符号

代码的编码系统是条形码的基础。不同的编码系统规定了不同用途的代码的数据格式、含义及编码规则。编制代码必须遵守有关标准或规范，根据应用系统的特点与需求选择适合的代码及数据格式，并且遵守相应的编码规则。例如，如果对商品进行标识，则应该选用由 EAN 和原 UCC 规定的用于标识商品的编码系统，如 EAN/UCC-13、EAN/UCC-8 等，厂商可根据具体情况选择合适的代码结构，并且按照唯一性、无含义性、稳定性的原则进行编制。

2. 代码结构和条形码符号结构

1）EAN-13 条形码

EAN-13 条形码的代码主要包括 13 位零售商品代码和 13 位零售商品店内码两种，前者可在国际范围内通过扫码流通和销售，后者只能用于某一零售店内部的交易过程。

（1）13 位零售商品代码。

我国的 13 位零售商品代码由厂商识别代码、商品项目代码、校验码 3 个部分组成，如表 5.3 所示。其代码由 GS1、中国物品编码中心及其系统成员共同编写完成。

表 5.3　13 位零售商品代码结构

结 构 种 类	厂商识别代码	商品项目代码	校 验 码
结构一	$X_{13}\,X_{12}\,X_{11}\,X_{10}\,X_9\,X_8\,X_7$	$X_6\,X_5\,X_4\,X_3\,X_2$	X_1
结构二	$X_{13}\,X_{12}\,X_{11}\,X_{10}\,X_9\,X_8\,X_7\,X_6$	$X_5\,X_4\,X_3\,X_2$	X_1
结构三	$X_{13}\,X_{12}\,X_{11}\,X_{10}\,X_9\,X_8\,X_7\,X_6\,X_5$	$X_4\,X_3\,X_2$	X_1
结构四	$X_{13}\,X_{12}\,X_{11}\,X_{10}\,X_9\,X_8\,X_7\,X_6\,X_5\,X_4$	$X_3\,X_2$	X_1

① 厂商识别代码。

厂商识别代码由 7～10 位数字组成，依法取得营业执照和相关合法经营资质证明的生产者、销售者和服务提供者可以申请注册厂商识别代码，中国物品编码中心负责分配和管理。

厂商识别代码的前 3 位代码为前缀码，国际物品编码协会分配给中国物品编码中心的前缀码为 690～699，其中 690、691 采用表 5.3 中的结构一，692～696 采用表 5.3 中的结构二，697 采用表 5.3 中的结构三，698、699 暂未启用。

② 商品项目代码。

商品项目代码由 2～5 位数字组成，一般由厂商编制，也可由中国物品编码中心负责编制。不难看出，由 2 位数字组成的商品项目代码有 00～99 共 100 个编码容量，可以标识 100 种商品。同理，由 3 位数字组成的商品项目代码可以标识 1000 种商品，由 4 位数字组成的商品项目代码可标识 10000 种商品，由 5 位数字组成的商品项目代码则可以标识多达 100000 种商品。

③ 校验码。

校验码为 1 位数字，用于校验整个编码的正确或错误。现在条形码制作软件都可以自动计算出校验码，无须人工计算。

（2）EAN-13 条形码结构。

EAN-13 条形码结构如图 5.12 所示。

图 5.12　EAN-13 条形码结构

① 左侧空白区：位于条形码符号最左侧的、与“空”的反射率相同的区域，其最小宽度为 11 个模块。

② 起始符：位于条形码符号左侧空白区的右侧，表示信息开始的特殊符号，由 3 个模块组成。

③ 左侧数据区：位于起始符右侧，表示 6 位数字信息的一组条形码字符，由 42 个模块组成。

④ 中间分隔符：位于左侧数据区的右侧，是平分条形码字符的特殊符号，由 5 个模块组成。

⑤ 右侧数据区：位于中间分隔符的右侧，表示 5 位数字信息的一组条形码字符，由 35 个模块组成。

⑥ 校验符：位于右侧数据区的右侧，表示校验码的条形码字符，由 7 个模块组成。

⑦ 终止符：位于校验符的右侧，表示信息结束的特殊符号，由 3 个模块组成。

⑧ 右侧空白区：位于条形码符号最右侧的、与“空”的反射率相同的区域，其最小宽度为 7 个模块。为确保右侧空白区的宽度，可在条形码符号右下角加“>”符号。

供人识别字符是指位于条形码符号的下方与条形码符号相对应的 13 位数字。供人识别字符优先选用 GB/T 12508—1990 中规定的 OCR-B 字符；字符顶部和条形码符号底部的最小距离为 0.5 个模块。

2）EAN-8 条形码

（1）EAN-8 代码。

EAN-8 零售商品代码由前缀码、商品项目代码和校验码 3 个部分组成，如表 5.4 所示。

表 5.4　EAN-8 零售商品代码结构

前　缀　码	商品项目代码	校　验　码
$X_8\ X_7\ X_6$	$X_5\ X_4\ X_3\ X_2$	X_1

EAN-8 零售商品代码的前缀码、商品项目代码和校验码含义与 EAN-13 零售商品代码相同。

8 位的零售商品代码留给商品项目代码的空间极其有限。以前缀码 690 为例，只有 4 位数字可以用于商品项目代码的编码，即只可以标识 10000 种商品。因此，如非确有必要，8 位的零售商品代码应当慎用。

（2）EAN-8 条形码结构。

EAN-8 条形码结构如图 5.13 所示。

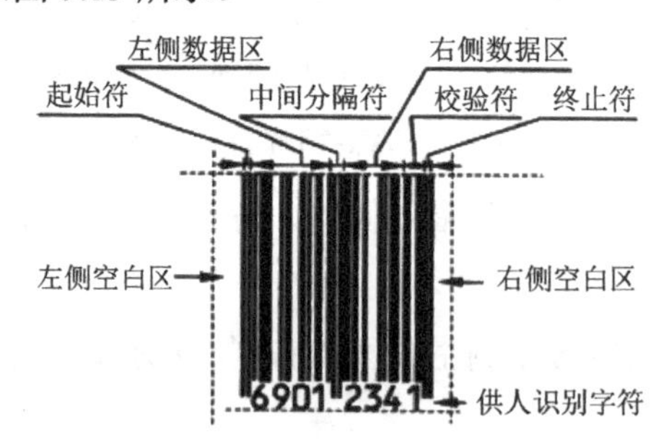

图 5.13　EAN-8 条形码结构

① EAN-8 条形码的起始符、中间分隔符、校验符、终止符的结构同 EAN-13 条形码。

② EAN-8 条形码的左侧空白区与右侧空白区的最小宽度均为 7 个模块。为了确保左右侧空白区的宽度，可在条形码符号左下角加“<”符号，在条形码符号右下角加“>”符号。

③ 左侧数据区表示 4 位数字信息，由 28 个模块组成。

④ 右侧数据区表示 3 位数字信息，由 21 个模块组成。

⑤ 供人识别字符是与条形码符号相对应的 8 位数字，位于条形码符号的下方。

3）UPC 条形码

（1）UPC 代码。

12 位零售商品代码可以用 UPC-A 和 UPC-E 两种商品条形码的符号来表示。UPC-A 是 12 位零售商品代码的条形码符号表示，UPC-E 是特定条件下将 12 位零售商品代码消“0”后得到的 8 位零售商品代码的条形码符号表示。

当商品出口到北美地区并且用户指定时，企业才需要申请使用 12 位零售商品代码。中国厂商如果需要申请 12 位零售商品代码，则需要经中国物品编码中心统一办理。

12 位零售商品代码由厂商识别代码、商品项目代码和校验码组成，其结构如表 5.5 所示。

表 5.5　12 位零售商品代码结构

厂商识别代码和商品项目代码	校　验　码
X_{12} X_{11} X_{10} X_9 X_8 X_7 X_6 X_5 X_4 X_3 X_2	X_1

① 厂商识别代码。

厂商识别代码是原 UCC 分配给厂商的代码，由左起 6～10 位数字组成，其中 X_{12} 为系统字符，其应用规则如表 5.6 所示。

表 5.6　系统字符应用规则

系 统 字 符	应 用 范 围
0、6、7	一般商品
2	商品变量单元
3	商品及医疗用品
4	零售商品店内码
5	代金券
1、8、9	保留

② 商品项目代码。

商品项目代码由厂商编码，由 1～5 位数字组成，编码方法与 13 位零售商品代码相同。

③ 校验码。

校验码为 1 位数字，在 X_{12} 前补上数字“0”后按照 13 位零售商品代码结构校验码的计算方法计算。

（2）UPC 条形码结构。

UPC-A 条形码左右侧空白区最小宽度均为 9 个模块，其他结构与 EAN-13 条形码相同，如图 5.14 所示。UPC-A 条形码供人识别字符中第一位是系统字符，最后一位是校验符，它们分别被放在起始符与终止符的外侧。表示系统字符和校验符的条形码字符的条高与起始符、终止符和中间分隔符的条高相等。

UPC-E 条形码由左侧空白区、起始符、数据区、校验符、终止符、右侧空白区及供人识别字符组成，如图 5.14 所示。UPC-E 条形码的左侧空白区、起始符的模块数同 UPC-A 条形码，终止符为 6 个模块宽，右侧空白区最小宽度为 7 个模块，数据区为 42 个模块宽。

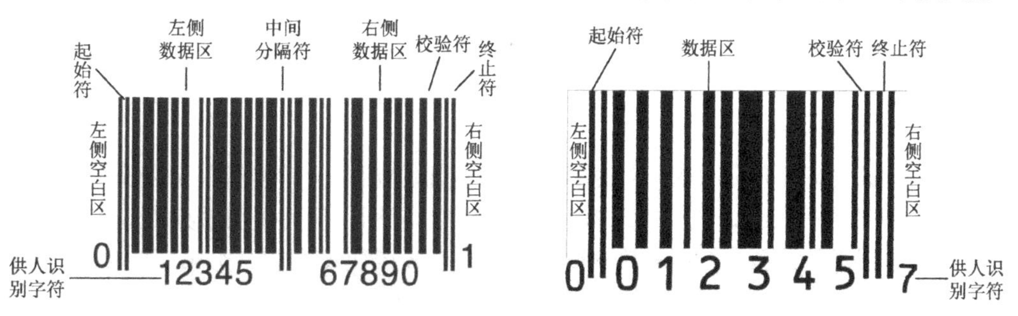

图 5.14　UPC-A（左）和 UPC-E（右）条形码结构

4）ITF-14 条形码

（1）ITF-14 代码。

储运包装商品 14 位代码结构如表 5.7 所示。

表 5.7　储运包装商品 14 位代码结构

包装指示符	内部所含零售商品代码前 12 位	校　验　码
V	X_{12} X_{11} X_{10} X_9 X_8 X_7 X_6 X_5 X_4 X_3 X_2 X_1	C

① 储运包装商品包装指示符。

储运包装商品 14 位代码中的第一位数字为包装指示符，用于指示储运包装商品的不同包装级别，取值范围为 1～9。其中，1～8 用于定量储运包装商品，9 用于变量储运包装商品。

② 内部所含零售商品代码前 12 位。

储运包装商品 14 位代码中的第 2～13 位数字为内部所含零售商品代码前 12 位，是指包含在储运包装商品内的零售商品代码去掉校验码后的 12 位数字。

③ 校验码。

储运包装商品 14 位代码中的最后一位数字为校验码。

（2）ITF-14 条形码结构。

ITF-14 条形码由左侧空白区、矩形保护框、条形码字符区和右侧空白区组成，如图 5.15 所示。

图 5.15　ITF-14 条形码结构

5）GS1-128 条形码

（1）GS1-128 代码。

GS1-128 条形码不用于 POS 零售结算，用于标识物流单元。物流单元标识代码是标识物流单元身份的唯一代码，具有全球唯一性。物流单元标识代码采用系列货运包装箱代码（SSCC）表示，由扩展位、厂商识别代码、系列号和校验码 4 个部分组成，是 18 位的数字代码，分为 4 种结构，见表 5.8。其中，扩展位由 1 位数字组成，取值范围为 0～9；厂商识别代码由 7～10 位数字组成；系列号由 6～9 位数字组成；校验码为 1 位数字。

表 5.8 SSCC 代码结构

结构种类	扩展位	厂商识别代码	系列号	校验码
结构一	N_1	$N_2 N_3 N_4 N_5 N_6 N_7 N_8$	$N_9 N_{10} N_{11} N_{12} N_{13} N_{14} N_{15} N_{16} N_{17}$	N_{18}
结构二	N_1	$N_2 N_3 N_4 N_5 N_6 N_7 N_8 N_9$	$N_{10} N_{11} N_{12} N_{13} N_{14} N_{15} N_{16} N_{17}$	N_{18}
结构三	N_1	$N_2 N_3 N_4 N_5 N_6 N_7 N_8 N_9 N_{10}$	$N_{11} N_{12} N_{13} N_{14} N_{15} N_{16} N_{17}$	N_{18}
结构四	N_1	$N_2 N_3 N_4 N_5 N_6 N_7 N_8 N_9 N_{10} N_{11}$	$N_{12} N_{13} N_{14} N_{15} N_{16} N_{17}$	N_{18}

SSCC 与应用标识符一起使用，大约有 100 种应用标识符。应用标识符后的数据有些是固定位数的（标准纸板箱 ID、日期及测量单位），有些则位数不固定（批号、序列号、包装数量及订单号）。例如，应用标识符（00）为标准纸板箱 ID。

（2）GS1-128 条形码结构。

GS1-128 条形码符号表示如图 5.16 所示。

图 5.16 GS1-128 条形码符号表示

GS1-128 条形码符号中包含左侧空白区、起始符、数据字符、符号校验字符、终止符、右侧空白区和供人识别字符。

6）PDF 417 二维码

每一个 PDF 417 二维码符号由左右侧空白区包围的序列层组成，其层数为 3～90。每一层包括左侧空白区、起始符、左层指示符、数据区、右层指示符、终止符和右侧空白区。

由于层数及每一层的符号字符数是可变的，因此 PDF 417 二维码符号的高宽比，即纵横比（Aspect Ratio）可以变化，以适应不同印刷空间的要求。图 5.17 所示为 PDF 417 二维码结构。

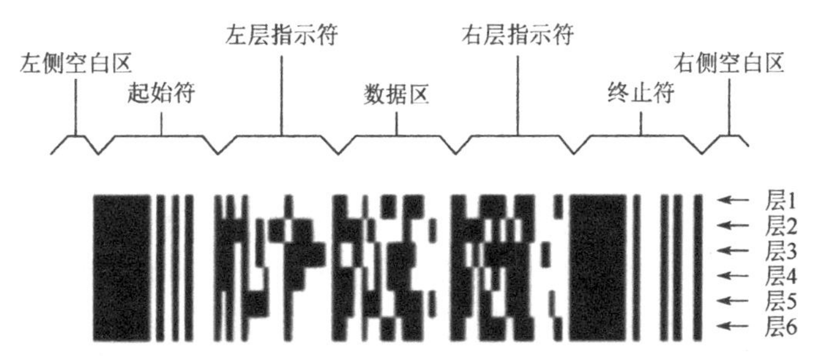

图 5.17 PDF 417 二维码结构

7）QR Code 二维码

每个 QR Code 二维码符号由名义上的正方形模块构成，组成一个正方形阵列。QR Code 二维码符号由编码区域及包括寻像图形、分隔符、定位图形和校正图形在内的功能图形组成。功能图形不能用于数据编码。符号的四周由空白区包围。图 5.18 所示为 QR Code 二维码版本 7 结构。

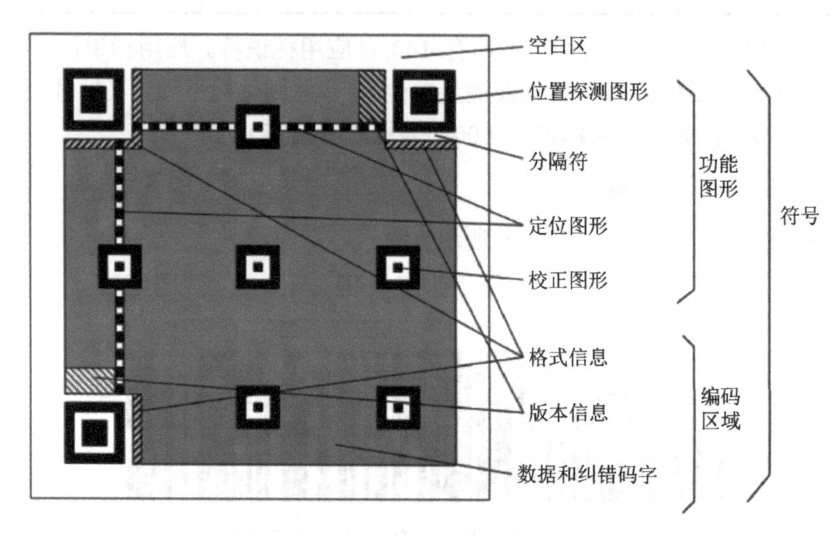

图 5.18 QR Code 二维码版本 7 结构

（1）版本和规格。

QR Code 二维码共有 40 种版本，分别为版本 1、版本 2、…、版本 40。版本 1 的规格为 21 模块×21 模块，版本 2 的规格为 25 模块×25 模块，以此类推，每一版本符号比前一版本每边增加 4 个模块，直到版本 40，版本 40 的规格为 177 模块×177 模块。

（2）寻像图形。

寻像图形包括 3 个相同的位置探测图形，分别位于符号的左上角、右上角和左下角。每个位置探测图形可以看作由 3 个重叠的同心的正方形组成，它们分别为 7×7 个深色模块、5×5 个浅色模块和 3×3 个深色模块。符号中其他地方遇到类似图形的可能性极小，因此可以在视场中迅速地识别可能的 QR Code 二维码符号。识别组成寻像图形的 3 个位置探测图形，可以确定视场中符号的位置和方向。

（3）分隔符。

在每个位置探测图形和编码区域之间有宽度为 1 个模块的分隔符，全部由浅色模块组成。

（4）定位图形。

水平定位图形和垂直定位图形分别为 1 个模块宽的一行和一列，由深色与浅色模块交替组成，其开始和结尾都是深色模块。水平定位图形位于上侧的两个位置探测图形之间，符号的第 6 行。垂直定位图形位于左侧的两个位置探测图形之间，符号的第 6 列。定位图形的作用是确定符号的密度和二维码版本，提供决定模块坐标的基准位置。

（5）校正图形。

每个校正图形可以看作 3 个重叠的同心正方形，由 5×5 个深色模块、3×3 个浅色模块和位于中心的 1 个深色模块组成。校正图形的数量视二维码的版本而定。

（6）编码区域。

编码区域包括数据码字、纠错码字、版本信息和格式信息的符号字符。

（7）空白区。

空白区为环绕在符号四周的 4 个模块宽的区域，其反射率应与浅色模块相同。

任务 2：探索条形码符号的编码规则

【知识准备】

1. 一维条形码符号的编码方法

条形码是利用“条”和“空”构成二进制的“0”和“1”，并以它们的组合来表示某个数字或字符，反映某种信息的。不同码制的条形码在编码方法上有所不同。

1）宽度调节编码法

宽度调节编码法即条形码符号中的“条”和“空”由宽、窄两种单元组成的条形码编码方法。这种编码方法以窄单元表示逻辑值“0”，宽单元表示逻辑值“1”，宽单元通常是窄单元的 2～3 倍。对于两个相邻的二进制位，由条到空或由空到条，均存在明显的印刷界限。25 条形码、ITF-14 条形码均属于宽度调节型条形码。下面以 25 条形码为例，简要介绍宽度调节型条形码的编码方法（宽度调节编码法）。

25 条形码是一种只用条表示信息的非连续性条形码。25 条形码的起始符与终止符是固定的，起始符为 2 条 2 空，均为窄单元，用二进制数表示为“0000”；终止符为 2 条 1 空（其中第一条为宽单元），用二进制数表示为“100”。25 条形码编码结构如图 5.19 所示。

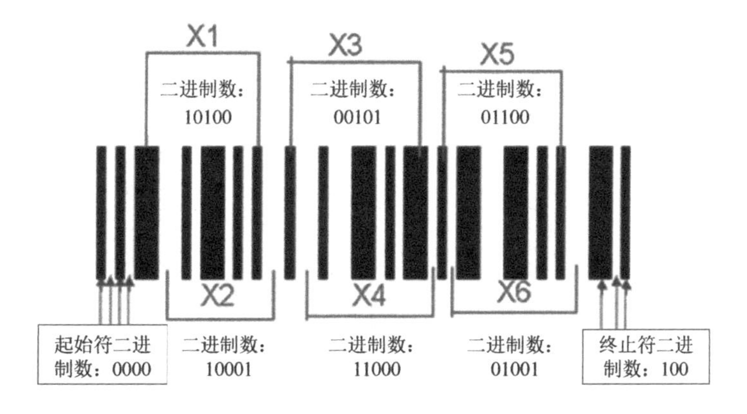

图 5.19　25 条形码编码结构

表 5.9 所示为 25 条形码字符集的二进制表示。

表 5.9　25 条形码字符集的二进制表示

字　符	二进制表示	字　符	二进制表示
0	00110	5	10100
1	10001	6	01100
2	01001	7	00011
3	11000	8	10010
4	00101	9	01010

第 1 位字符 X1 的条形码二进制表示是 10100，对照表 5.9 得出 X1 为 5；

第 2 位字符 X2 的条形码二进制表示是 10001，对照表 5.9 得出 X2 为 1；

第 3 位字符 X3 的条形码二进制表示是 00101，对照表 5.9 得出 X3 为 4；

第 4 位字符 X4 的条形码二进制表示是 11000，对照表 5.9 得出 X4 为 3；

第 5 位字符 X5 的条形码二进制表示是 01100，对照表 5.9 得出 X5 为 6；

第 6 位字符 X6 的条形码二进制表示是 01001，对照表 5.9 得出 X6 为 2；

最终得出不带校验码的条形码内容为 514362。

2）模块组合编码法

模块组合编码法即条形码符号的字符是由规定的若干个模块组成的条形码编码方法。按照这种方法编码，条与空是由模块组合而成的。一个模块宽度的条模块表示二进制的“1”，而一个模块宽度的空模块表示二进制的“0”。

EAN 条形码和 UPC 条形码均属于模块组合型条形码，GS1-128 编码方法与之类似。EAN/UPC 条形码字符集包含 A 子集、B 子集和 C 子集。商品条形码模块的标准宽度是 0.33mm，它的一个字符由两个条和两个空组成，每一个条或空由 1～4 个标准宽度的模块组成，每一个条形码字符的总模块数为 7 个，如图 5.20 所示。二进制“0”为空，二进制“1”为条，EAN/UPC 条形码字符集可表示 0～9 共 10 个数字字符。EAN/UPC 条形码字符集的二进制表示如表 5.10 所示。

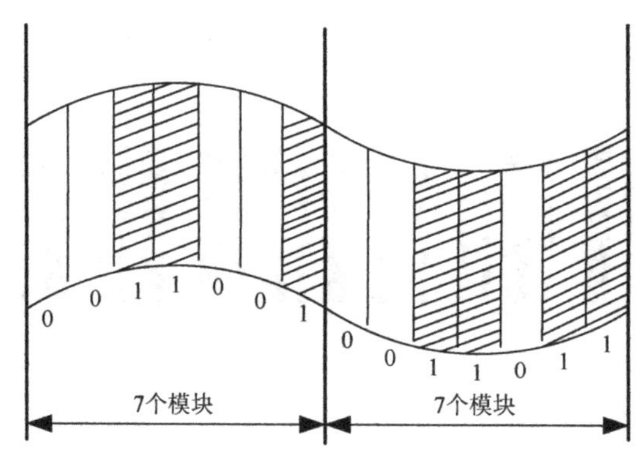

图 5.20　模块组合编码法条形码字符组成

表 5.10　EAN/UPC 条形码字符集的二进制表示

数 字 字 符	A 子集	B 子集	C 子集
0	0001101	0100111	1110010
1	0011001	0110011	1100110
2	0010011	0011011	1101100
3	0111101	0100001	1000010
4	0100011	0011101	1011100
5	0110001	0111001	1001110
6	0101111	0000101	1010000
7	0111011	0010001	1000100
8	0110111	0001001	1001000
9	0001011	0010111	1110100

（1）EAN-13 条形码的二进制表示。

① 起始符、终止符。起始符、终止符的二进制表示都为“101”。

② 中间分隔符。中间分隔符的二进制表示为“01010”。

③ EAN-13 条形码的左右侧数据区及校验符。13 位零售商品代码中左侧的第一位数字为前置码。左侧数据区字符根据前置码的数值选用 A 子集、B 子集，左侧数据区 EAN/UPC 条形码字符集的选用规则如表 5.11 所示。

表 5.11　左侧数据区 EAN/UPC 条形码字符集的选用规则

前置码数值	EAN-13 左侧数据区商品条形码字符集					
	代码位置序号					
	12	11	10	9	8	7
0	A 子集	A 子集	A 子集	A 子集	A 子集	A 子集
1	A 子集	A 子集	B 子集	A 子集	B 子集	B 子集
2	A 子集	A 子集	B 子集	B 子集	A 子集	B 子集
3	A 子集	A 子集	B 子集	B 子集	B 子集	A 子集
4	A 子集	B 子集	A 子集	A 子集	B 子集	B 子集
5	A 子集	B 子集	B 子集	A 子集	A 子集	B 子集
6	A 子集	B 子集	B 子集	B 子集	A 子集	A 子集
7	A 子集	B 子集	A 子集	B 子集	A 子集	B 子集
8	A 子集	B 子集	A 子集	B 子集	B 子集	A 子集
9	A 子集	B 子集	B 子集	A 子集	B 子集	A 子集

示例：确定一个 13 位零售商品代码 6901234567892 的左侧数据区字符的二进制表示。

① 根据表 5.11 可查得，前置码为“6”的左侧数据区所选用的商品条形码字符集依次排列为 ABBBAA。

② 根据表 5.10 可查得，左侧数据区“901234”的二进制表示如表 5.12 所示。

表 5.12　左侧数据区“901234”的二进制表示

左侧数据区字符	9	0	1	2	3	4
条形码字符集	A 子集	B 子集	B 子集	B 子集	A 子集	A 子集
二进制表示	0001011	0100111	0110011	0011011	0111101	0100011

右侧数据区字符及校验符均用 C 子集表示。

（2）EAN-8 条形码的左右侧数据区字符及校验符。

左侧数据区字符用 A 子集表示，右侧数据区字符和校验符用 C 子集表示。

（3）UPC-A 和 UPC-E 条形码的二进制表示。

UPC-A 条形码的二进制表示同前置码为 0 的 EAN-13 条形码的二进制表示。

UPC-E 条形码起始符的二进制表示与 UPC-A 相同，终止符的二进制表示为“010101”。

2. QR Code 二维码的编码方法

（1）数据分析：确定编码的字符类型，按相应的字符集转换成符号字符；选择纠错等级，在规格一定的条件下，纠错等级越高，其真实数据的容量越小。QR Code 二维码容量如表 5.13 所示。

表 5.13　QR Code 二维码容量

QR Code 二维码容量	
数字	最多 7089 个字符
字母	最多 4296 个字符
二进制数（8bit）	最多 2953 个字符
日文	最多 1817 个字符（采用 Shift JIS）
中文	最多 984 个字符（采用 UTF-8）
中文	最多 1800 个字符（采用 BIG5）

（2）数据编码：将数据字符转换为位流，每 8 位一个码字，整体构成一个数据的码字序列。其实知道这个数据码字序列就知道了二维码的数据内容。

数据可以按照一种模式进行编码，以便进行更高效的解码。例如，对数据 01234567 编码的过程如下。

① 分组：012 345 67。

② 转成二进制数：012→0000001100、345→0101011001、67→1000011。

③ 转成序列：0000001100 0101011001 1000011。

④ 字符数转成二进制数：8→0000001000。

⑤ 加入模式指示符（见表 5.14）0001：0001 0000001000 0000001100 0101011001 1000011。

对于字母、中文、日文等，只是分组的方式和模式等内容有所区别，基本方法是一致的。

表 5.14 QR Code 二维码的模式指示符

模 式	指 示 符
ECI	0111
数字	0001
字母	0010
8 位字节	0100
日文	1000
中文	1101
结构链接	0011
FNC1	0101（第一位置） 1001（第二位置）
终止符（信息结尾）	0000

（3）纠错编码：按需要将上面的码字序列分块，并根据纠错等级和分块的码字，产生纠错码字，把纠错码字加入数据码字序列后面，成为一个新的序列。

（4）构造最终数据信息：在规格确定的条件下，将上面产生的序列按次序放入分块中。首先按规定把数据分块，然后对每一块进行计算，得出相应的纠错码字区块，把纠错码字区块按顺序构成一个序列，添加到原先的数据码字序列后面。

（5）构造矩阵：将位置探测图形、分隔符、定位图形、校正图形和码字模块放入矩阵中，如图 5.21 所示。

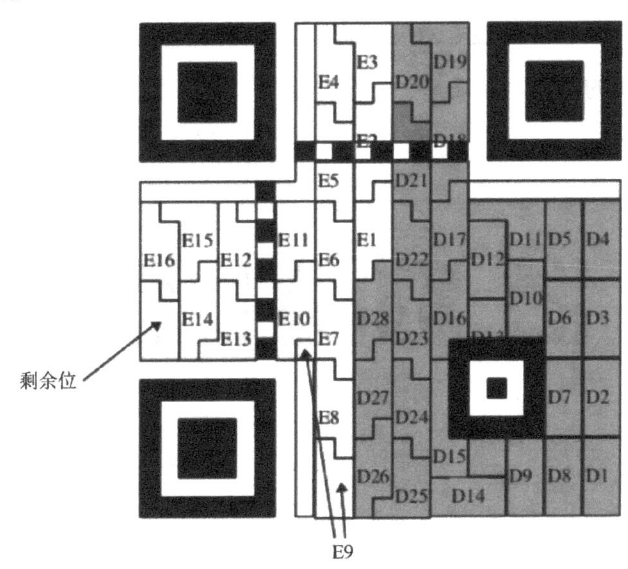

图 5.21 QR Code 二维码的矩阵构造

（6）格式和版本信息：生成格式和版本信息放入相应区域内。二维码上两个位置包含了版本信息，它们是冗余的。版本信息共 18 位，6×3 的矩阵，其中 6 位是数据位，如版本号 8，数据位的信息是 001000，后面的 12 位是纠错位。

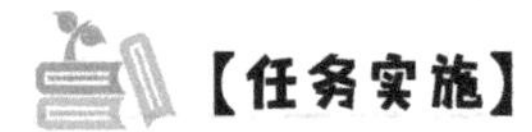

【任务实施】

用宽度调节编码法转换代码和条形码符号

引导问题：用宽度调节编码法将一维条形码的符号转换为人可识别的代码。

示例：

根据宽度调节编码法的编码规则和字符集的二进制表示表格，将如图 5.22 所示的条形码符号转换为不带校验码的代码。

图 5.22　条形码符号

步骤 1：将图 5.22 中的条形码符号分离出起始符、数据区和终止符，如图 5.23 所示。

图 5.23　条形码的起始符和终止符

步骤 2：将中间的数据区分成 5 个“条”、5 个“空”的结构，如图 5.24 所示。

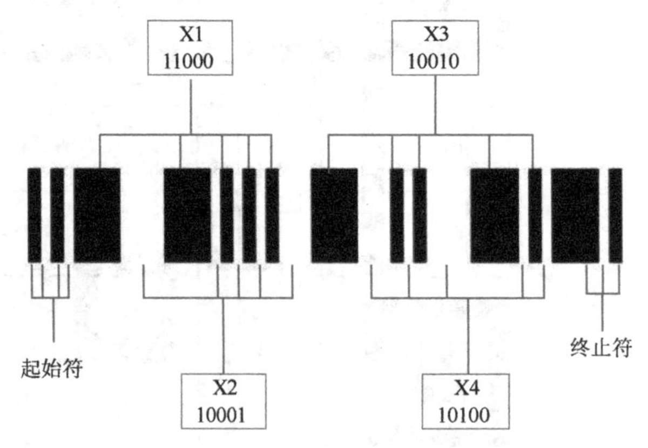

图 5.24　条形码的数据区分割

步骤 3：根据宽度调节编码法字符集的二进制表示表格，查找 X1、X2、X3、X4 对应的数字，求出此条形码不带校验码的代码内容。

____

____

____

任务 3：识读条形码

【知识准备】

1. 条形码识读原理

条形码识读的过程：条形码符号是由反射率不同的“条”“空”按照一定的编码规则组合起来的一种信息符号。由于条形码符号中“条”“空”对光线具有不同的反射率，因此条形码扫描器会接收到强弱不同的反射光信号，相应地产生电位高低不同的电脉冲信号。条形码符号中“条”“空”的宽度则决定电位高低不同的电脉冲信号的长短。条形码扫描器接收到的光信号需要经光电转换器转换成电信号并通过放大电路进行放大。由于扫描光点具有一定的尺寸、条形码印刷时的边缘模糊性及一些其他原因，经过电路放大的条形码电信号是一种平滑的起伏信号，这种信号被称为“模拟电信号”。“模拟电信号”需要经整形变成通常的“数字电信号”。根据码制所对应的编码规则，译码器便可将“数字电信号”识读译成数字、字符信息。

条形码符号是图形化的编码符号。对条形码符号的识读要借助一定的专用设备，将条形码符号中含有的编码信息转换成计算机可识别的数字信息。

对于一维条形码扫描器，如激光型扫描器、图像型扫描器，扫描器都通过从某个角度将光束发射到标签上并接收其反射回来的光线来读取条形码信息，因此，在读取条形码信息时，光线要与条形码呈一个倾斜角度，这样，整个光束就会产生漫反射，可以将模拟波形转换成数字波形。如果光线与条形码垂直，则会导致一部分模拟波形过高而不能正常地转换成数字波形，从而无法读取信息。

对于二维码扫描器，如拍照型扫描器，扫描器的读取采用全向和拍照方式，因此，读取时要求光线与二维码垂直，定位十字和定位框与所扫描二维码吻合。

条形码识读系统由扫描系统、信号整形系统、译码系统 3 个部分组成，如图 5.25 所示。

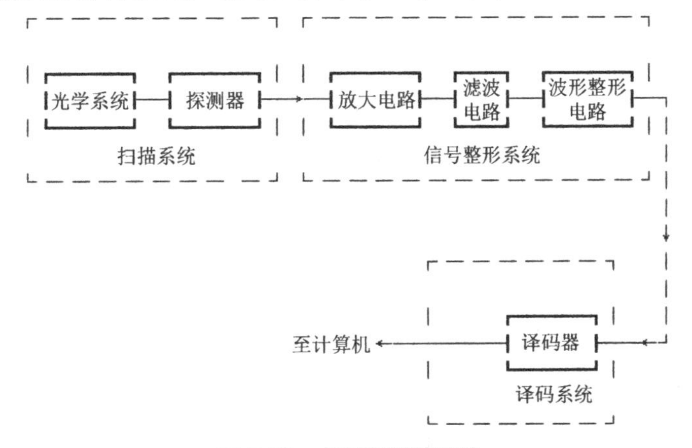

图 5.25　条形码识读系统

扫描系统：由光学系统及探测器（光电转换器件）组成。因为不同颜色的物体反射的可见光的波长不同，白色物体能反射各种波长的可见光，黑色物体则吸收各种波长的可见光，所以当条形码扫描器光源发出的光经过条形码反射再经过光学系统处理后，探测器接收到的是“条”和“空”相应的强弱不同的反射光信号，探测器将光信号转换成电信号。

信号整形系统：由放大电路、滤波电路和波形整形电路组成。由探测器输出的与条形码的“条”和“空”相应的电信号一般仅为 10mV 左右，不能直接使用，因而先要将探测器输出的电信号送放大电路放大。放大后的电信号仍然是一个模拟电信号，为了避免条形码中的疵点和污点导致错误信号，在放大电路后需要加滤波电路和波形整形电路，把模拟电信号转换成数字电信号。这样，输出为标准电位的矩形波信号，其高低电平的宽度和条形码符号的“条”“空”尺寸相对应。

译码系统：一般由译码器组成。通过识别起始符、终止符来判别出条形码符号的码制及扫描方向；通过测量脉冲数字电信号 0、1 的数目来判别出“条”和“空”的数目；通过测量 0、1 信号持续的时间来判别“条”和“空”的宽度。这样便得到了被识读的条形码符号的“条”和“空”的数目及相应的宽度和所用码制，根据码制所对应的编码规则，便可将条形码符号转换成相应的数字、字符信息，通过接口电路传送给计算机系统进行数据处理与管理，从而完成条形码识读的全过程。

2. 条形码识读设备分类

条形码识读设备由条形码扫描器和译码器两个部分组成。现在绝大部分的条形码识读设备都将条形码扫描器和译码器集成为一体。人们根据不同的用途和需要设计了各种类型的条形码扫描器。下面按条形码扫描器的扫描方式、操作方式、识读码制的能力和扫描方向对条形码扫描器进行分类。

1）按扫描方式分类

（1）接触式扫描器，包括光笔与卡槽式扫描器。

（2）非接触式扫描器，包括 CCD 扫描器与激光扫描器。

2）按操作方式分类

（1）手持式条形码扫描器。手持式条形码扫描器应用于许多领域，特别适用于条形码尺寸多样、识读场合复杂、条形码形状不规整的应用场合。这类扫描器主要有光笔、手持式激光扫描器、手持式全向扫描器、手持式 CCD 扫描器和手持式图像扫描器。

（2）固定式条形码扫描器。固定式条形码扫描器扫描识读时不用人手把持，适用于要求省力、人手劳动强度大（如超市的扫描结算台）或无人操作的自动识别应用场合。固定式条形码扫描器有卡槽式扫描器、固定式单线扫描器、单向多线式（光栅式）扫描器、固定式全向扫描器和固定式 CCD 扫描器。

3）按识读码制的能力分类

条形码扫描器按识读码制的能力可分为光笔、卡槽式扫描器、激光扫描器和 CCD 扫描器。光笔与卡槽式扫描器只能识读一维条形码。激光扫描器只能识读行排式二维码（如

PDF 417 二维码）和一维条形码。CCD 扫描器可以识读常用的一维条形码，还能识读行排式和矩阵式的二维码。

4）按扫描方向分类

条形码扫描器按扫描方向可分为单向和全向扫描器，其中全向扫描器又分为平台式全向扫描器和悬挂式全向扫描器。

悬挂式全向扫描器是从平台式全向扫描器发展而来的。这种扫描器适用于商业 POS 系统及文件识读系统，识读时可以手持，也可以放在桌子上或挂在墙上，使用更加灵活方便。

3. 常见的条形码识读设备

1）CCD 扫描器

CCD 扫描器是一种图像式扫描器，它采用 CCD 元件作为光电转换装置，CCD 元件也叫 CCD 图像感应器。CCD 扫描器主要采用固定光束（通常是 LED 的泛光源）照射整个条形码，将条形码符号反射到光敏元件阵列上，经光电转换，识读出条形码符号。新型的 CCD 扫描器不仅可以识别一维条形码和行排式二维码，还可以识别矩阵式二维码，如图 5.26 所示。

图 5.26　CCD 扫描器

2）激光扫描器

激光扫描器是以激光为光源的扫描器，是一种远距离条形码识读设备，其性能优越，因而被广泛应用。

激光扫描技术的基本原理是先由机具产生一束激光（通常由半导体激光二极管产生），再由转镜将固定方向的激光束形成激光扫描线（类似电视机的电子枪扫描），激光扫描线扫描到条形码上再反射回机具，由机具内部的光敏器件转换成电信号。

（1）手持式激光扫描器和卧式激光扫描器。

手持式激光扫描器属于单向扫描器，其景深较大，扫描首读率和精度较高，扫描宽度不受设备开口宽度限制。手持式激光扫描器还具有接口灵活、应用广泛、扫描线清晰可见、扫描速度快（一般扫描频率大约为每秒 40 次，有的可达到每秒 44 次）等优点。有些手持式激光扫描器还可选具有自动感应功能的智能支架，可灵活应用于各种环境。

卧式激光扫描器为全向扫描器，其操作方便，操作者可双手对商品进行操作，只要条形码符号面向扫描器，不管其方向如何，均能实现自动扫描，超级市场大都采用这种设备。手持式激光扫描器和卧式激光扫描器如图 5.27 所示。

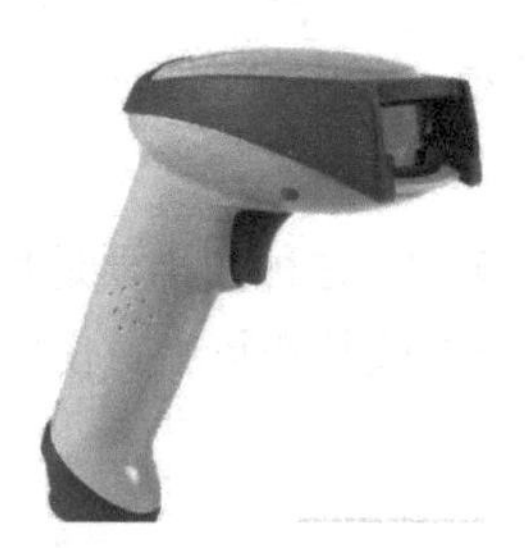

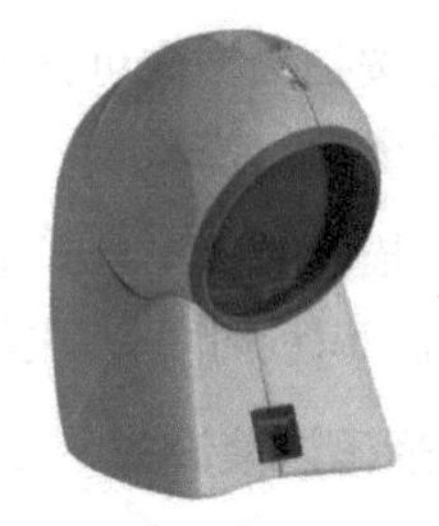

图 5.27　手持式激光扫描器和卧式激光扫描器

（2）全向扫描平台。

全向扫描平台属于全向激光扫描器，如图 5.28 所示。全向扫描指的是标准尺寸的商品条形码以任何方向通过扫描器的区域都会被扫描器的某条或某两条扫描线扫过整个条形码符号。一般全向扫描平台的扫描线方向为 3～5 个，每个方向上的扫描线为 4 条左右。这方面的具体指标取决于扫描器的具体设计。全向扫描平台一般用于商业超市的收款台。

图 5.28　全向扫描平台

3）光笔

光笔是最先出现的一种手持接触式条形码扫描器，也是最为经济的一种条形码扫描器。当使用时，操作者需要将光笔接触到条形码表面，当光笔发出的光点从左到右划过条形码时，“空”部分光线被反射，“条”部分光线被吸收。经过光电转换，电信号通过放大、整形后用于译码器。光笔的优点是成本低、耗电低、耐用，适合数据采集，可识读较长的条形码符号；其缺点是对条形码有一定的破坏性。光笔如图 5.29 所示。

图 5.29　光笔

4）卡槽式扫描器

卡槽式扫描器属于固定式扫描器，其内部结构和光笔类似。卡槽式扫描器上面有一个槽，手持带有条形码符号的卡从槽中滑过实现扫描。这种扫描器广泛应用于时间管理及考勤系统。卡槽式扫描器经常和带有液晶显示器与数字键盘的终端集成为一体。

4. 条形码技术的特点

条形码是迄今为止最经济、实用的一种自动识别技术。条形码技术具有以下几个方面的特点。

（1）输入速度快：与键盘输入相比，条形码输入的速度是键盘输入的 5 倍，并且能实现“即时数据输入”。

（2）可靠性高：键盘输入数据出错率为 1/300，光学字符识别技术出错率为万分之一，而条形码技术的出错率低于百万分之一。

（3）采集信息量大：利用传统的一维条形码一次可采集几十位字符的信息，二维码则可以携带数千个字符的信息，并有一定的自动纠错能力。

（4）灵活实用：条形码标签既可以作为一种识别手段单独使用，又可以和有关识别设备组成一个系统实现自动化识别，还可以和其他控制设备连接起来实现自动化管理。另外，条形码标签易于制作，对设备和材料没有特殊要求；条形码识读设备操作容易，不需要特殊培训，且相对便宜。

5. 条形码扫描数据采集步骤

1）常用条形码识读器的安装

条形码识读器的接口方式可分为键盘口、串口、USB 口。

键盘口的条形码识读器属于即插即用型，接入即可使用；串口和 USB 口的条形码识读器连接计算机后需要安装驱动程序方可使用。

2）常用的条形码识读设备

用常用的条形码识读设备（CCD 扫描器、激光扫描器、全向扫描平台）扫描识读常见的一维条形码。可结合信息管理系统（如物流一体化系统、POS 系统等）进行识读操作。

3）数据采集器的操作

（1）便携式数据采集器的使用。

便携式数据采集器通过红外扫描商品条形码，将商品信息批量采集到设备中，采用数据线方式将数据传输到服务器，由后台进行处理，具有高效、快捷、可靠的优势。

便携式数据采集器的数据采集软件包括采集器内嵌程序和数据传递程序两个部分，共同实现数据的采集和传递。

当使用便携式数据采集器时，可结合信息管理系统（如物流一体化系统）和安装相应的数据传递程序进行操作。通常的操作步骤如下所述。

① 按照设备说明书将便携式数据采集器与计算机相连。

② 参数设置。设置“远程主机地址”，即装载软件的服务器的地址，保存配置。

③ 下载数据。

④ 数据终端单据录入。

⑤ 数据终端数据上传。

（2）无线数据采集器的使用。

无线数据采集器的产品硬件技术特点与便携式数据采集器的要求一致，包括 CPU、内存、屏幕显示、输入设备、输出设备等。除此之外，比较关键的就是无线通信机制。每个无线数据采集器都是一个自带 IP 地址的网络节点，通过无线的登录点（AP），实现与网络系统的实时数据交换。无线数据终端在无线 LAN 中相当于一个无线网络节点，它的所有数据都必须通过无线网络与服务器进行交换。

在使用无线数据采集器之前，需要对设备进行初始设置，其他功能设置请参考设备详细的操作说明。大概步骤包括设备位置的设定，即将设备连入无线 LAN，并与计算机相连。无线数据采集器除可以充当条形码识读器外，还可以连入网络，充当掌上电脑的角色。同时，可以把信息系统更新后的数据下载到无线数据采集器中，方便现场采集数据时对照查询。

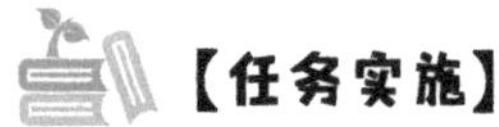

调研条形码扫描器

引导问题：条形码扫描器种类多，且各有用途。对各类条形码扫描器的基本信息进行调研，了解条形码识别技术的行业信息。调研信息包括条形码扫描器种类、主流型号、扫描条形码类别、生产厂家、适用场景等。

步骤 1：新建“条形码扫描器信息调研表.xlsx”，制作表格，如表 5.15 所示。

表 5.15　条形码扫描器信息调研表

条形码扫描器种类	主流型号	扫描条形码类别	生产厂家	适用场景
CCD 扫描器				
手持式激光扫描器				
卧式激光扫描器				
光笔				
卡槽式扫描器				
全向扫描平台				

步骤 2： 打开搜索引擎，搜索每一种条形码扫描器的主流型号、生产厂家等信息，填入表 5.15。

【思考】

根据收集的条形码扫描器信息，思考不同场景如何选择条形码扫描器。

项目 3：条形码在工业生产中的应用

【项目描述】

“一物一码”顾名思义就是一件物品拥有唯一的一个身份识别码。其实根据不同的产品喷印效果，“一物一码”同理于“一箱一码”“一瓶一码”“一盒一码”“一盖一码”“一罐一码”“一袋一码”等诸多称谓。

“一物一码”的一维条形码、QR Code 二维码、PDF 417 二维码、汉信码等喷印在每一个产品表面作为物联网防伪溯源的基础信息载体已经被广泛地运用到各行各业，如食品、饮料、日化、建材、包装、化工、畜牧、农业、水产养殖、电子、机械、医疗卫生、制药等行业。

以产品为抓手，通过给每个产品赋予唯一的身份识别码，并进行物码关联，将企业内各部门、供应商、销售渠道、零售终端及消费者打通和串联起来，形成一条支持数据流动的“大动脉”。“一物一码”能够实现监管层面的精准掌控，同时是组成生产企业产品制造、流通、营销大数据系统的神经末梢。

下面从使用条形码管理仓库和使用条形码对产品质量溯源两个方面阐述条形码在工业生产中的应用。

任务 1：使用条形码管理仓库

【知识准备】

条形码仓库管理系统是一套先进的适用于各行业的智能仓库管理系统，它不仅实现了仓库货品的先进先出，还能根据具体的企业仓库情况设计各种不同信息要求，并使得仓库货品的出库、入库、盘点等操作直接通过条形码扫描枪来完成，极大地减少了仓库作业人员的工作量。

1．仓库管理为什么要引入条形码

（1）传统的仓库内部，一般依赖于一个非自动化的、以纸张文件为基础的系统来记录、追踪进出的货品，用人为记忆实施仓库内部的管理。对于整个仓储区而言，人为因素的不确定性，导致劳动效率低下，人力资源严重浪费。

（2）随着库存品品种及数量的增加和出入库频率的剧增，传统的仓库作业模式严重影响正常的运行工作效率。而现有的计算机管理的仓库管理系统，随着货品流通的加剧，难以满足仓库管理快速、准确、实时的要求。

（3）条形码技术在实现了仓库作业人员的数据输入自动化的同时，实现了数据的准确传输，确保仓库作业效率，有利于充分利用有限的仓库空间。

2．如何把条形码引入仓库管理

（1）对库存品进行科学编码，并列印库存品条形码标签。

根据不同的管理目标（要追踪单品，还是实现保质期/批次管理）对库存品进行科学编码，在科学编码的基础上，入库前列印出库存品条形码标签，以便于后续仓库作业的各个环节进行相关数据的自动化采集。

（2）对仓库的库位进行科学编码，并用条形码符号加以标识，实现仓库的库位管理。

对仓库的库位进行科学编码，用条形码符号加以标识，并在入库时采集库存品所入的库位，同时导入管理系统。仓库的库位管理有利于在大型仓库或多品种仓库中快速定位库存品所在的位置，有利于实现先进先出的管理目标及仓库作业的效率。

（3）使用带有条形码扫描功能的手持数据终端进行仓库管理。

对于大型的仓库，仓库作业无法在计算机旁直接进行，可以使用手持数据终端先分散采集相关数据，再把采集的数据上传到计算机系统集中批量处理。此时给生产现场作业人员配备带有条形码扫描功能的手持数据终端，进行现场的数据采集。同时在现场可查询相关信息，在此之前会将系统中的有关数据下载到手持数据终端中。

（4）数据的上传与同步。

将现场采集的数据上传到条形码仓库管理系统中，自动更新系统中的数据，同时可以将系统中更新后的数据下载到手持数据终端中，以便在现场进行查询和调用。

条形码在仓库管理中的应用如图 5.30 所示。

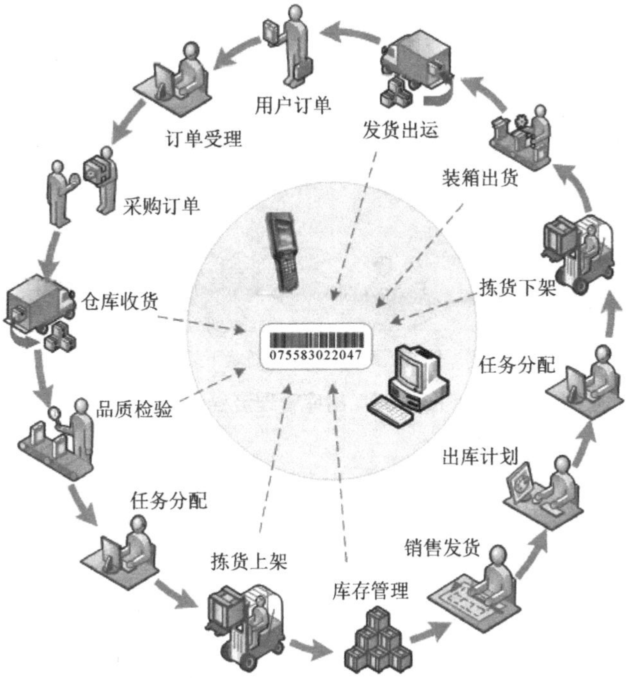

图 5.30　条形码在仓库管理中的应用

1）入库管理

到货入库的方式是到货直接进仓库，验收人员将随货同行的发货单交业务人员，业务人员导入模板进行仓库导入。

数据导入后形成了详细的产品基本资料，只需要使用条形码扫描枪扫描条形码，系统就会自动搜索货品信息，操作人员进行核对，确定入库的数量。

为了做到条形码的唯一性，系统遇到重码现象，会按一定的规则自编条形码，进行货品的区别。

用户自定义入库统计视图，根据自己的习惯和需要设计查询视图，做到人性化查询。入库管理流程如图 5.31 所示。

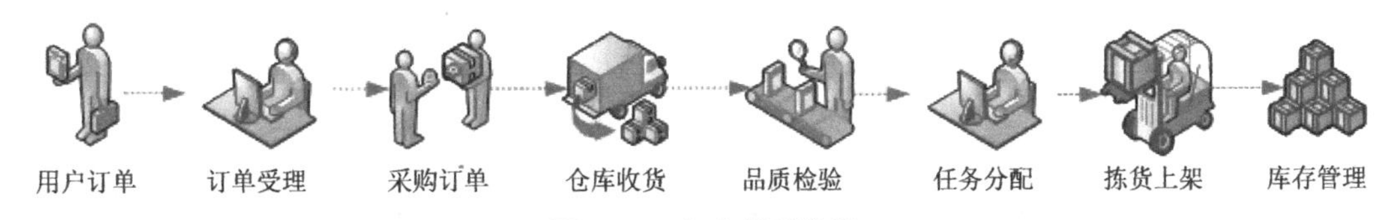

图 5.31　入库管理流程

2）出库管理

建立出库的基础数据。录入用户资料，建立出库序号。

使用条形码扫描枪扫描条形码，系统搜索货品信息，操作人员进行核对，确定出库的数量。

确定出库数量后，为了配合物流配送，同时形成箱号，当货品装满箱后，就可以进行封箱操作。

用户自定义出库统计视图，根据自己的习惯和需要设计查询视图，做到人性化查询。出库管理流程如图5.32所示。

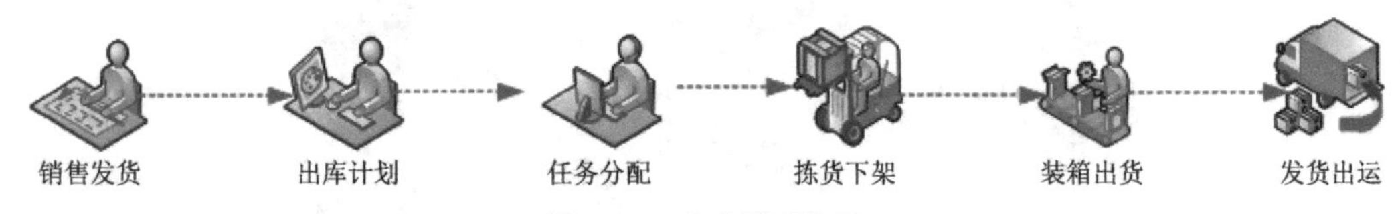

图5.32　出库管理流程

3．条形码仓库管理系统的特点

条形码仓库管理系统给用户带来了巨大效益，主要表现在：

（1）数据采集及时、过程精准管理、全自动化智能导向，提高工作效率；

（2）库位精确定位管理、状态全面监控，充分利用有限仓库空间；

（3）货品上架和下架，全智能按先进先出原则自动分配上下架库位，避免人为错误；

（4）实时掌控库存情况，合理保持和控制企业库存；

（5）通过对批次信息的自动采集，实现了对货品生产或销售过程的可追溯性。

更为重要的是，条形码管理促进公司管理模式的转变，从传统的依靠经验管理转变为依靠精确的数字分析管理，从事后管理转变为事中管理、实时管理，加速了资金周转，提升了供应链响应速度，这些必将增强公司的整体竞争能力。

【任务实施】

设计条形码仓库管理系统的流程图

引导问题1：条形码在仓库管理中起到至关重要的作用，根据任务的描述，设计条形码仓库管理系统的流程图。

____

____

____

步骤1：整理仓库管理的流程。

引导问题2：整理从货品入库到货品出库的各个环节，排出先后顺序。

____

____

____

步骤 2：整理每个环节的条形码使用情况。

引导问题 3：整理每个环节是否使用条形码，根据扫描的条形码信息，执行下一个环节。

____

____

____

任务 2：使用条形码对产品质量溯源

【知识准备】

“一物一码”可以帮助企业更好地实现产品的溯源、防伪、防窜货、营销等多种功能；而对于消费者来说，“一物一码”可以保护消费者自身的权益；对于国家监管部门来说，“一物一码”可以更好地管理市场和监督市场。

产品质量跟踪通过对每批次产品在各加工工序的生产时间和生产批号、各加工工序的在线或离线检验数据记录、各批次使用辅料的质量检验记录等信息进行关联查找，为质量分析人员提供手段和方法来追溯每一批次产品在整个生产过程的各个工序或环节的质量控制状况，从中发现问题，为质量的改进提供依据。

产品质量跟踪条形码追溯主要是指利用条形码技术，对产品的质量进行跟踪。追溯过程分为生产过程追溯与产品售后追溯。

生产过程追溯：一个产品只有一个独立的追溯码。追溯码一般由产品类别号、生产日期、有效期、批号等构成。利用生产过程追溯，如果抽检过程中发现产品不合格，则可迅速发现生产过程中是哪个零部件、哪个生产工序出现问题。如果抽检合格，则在生产下线的时候，对产品进行扫描登记，打印追溯码，产品入库。

产品售后追溯：如果产品已经售出，售后人员发现产品威胁消费者安全等质量问题，则可马上查询出库信息，迅速对产品进行召回，最大程度降低企业品牌形象的损失。

以产品条形码为基础而建立的产品质量跟踪条形码追溯系统，能够为供应链各参与方构建一个完整的产品编码标识体系，对产品的生产、检验、包装、储藏及零售的供应链进行标识并相互连接，一旦出现质量问题，就能够快速通过产品条形码进行追溯并查出问题环节所在，大大加强产品的质量控制，助力企业打造产品品牌，带来显著的经济效益和社会效益。

图 5.33 所示为产品质量跟踪过程。

图 5.33　产品质量跟踪过程

产品质量跟踪条形码追溯技术的应用如下。

（1）药品质量跟踪。

利用“一物一码”溯源，可以通过条形码来监督管理整个产品。例如，药厂生产的每一盒药，都会有它的生产过程记录，包括生产车间、生产设备、班次及操作人员等，都可以被记录。这一盒药从生产到最后的包装，每一个发生的过程都可以用数据进行记录，从而实现对生产过程的溯源。

此外，这一盒药会从生产厂家入库，通过流通到达医院及医药公司的仓库，最后到达消费者的手中。我们可以清晰地看到这一盒药从生产到最后到达消费者手中的整个过程，这便是流通环节的溯源。

通过“一物一码”的溯源，可以及时处理如药品质量问题导致的各类问题，也是对病人的一种保障。

（2）食品质量跟踪。

“一物一码”基于食品的溯源同理。“一物一码”通过采用“从生产源头到消费终端”的追溯模式，对食品供应链全过程（原材料、加工、包装、检验、运输、销售）的每一个节点进行有效的标识，以实施跟踪与溯源。

“一物一码”可以帮助消费者随时随地使用手机扫码查看食品详细信息，企业本身还可以利用二维码对自身及食品进行更多的宣传活动；对管理机构而言，“一物一码”则可促进消费者对虚假信息的举报，有效完善对食品质量、假冒伪劣食品的检测。

不论是正向跟踪（生产源头→消费终端）还是逆向回溯（消费终端→生产源头），均可使食品的生产经营活动始终处于有效监控之中。从前端到最后的整个贯穿都是基于“一物一码”而实现的。

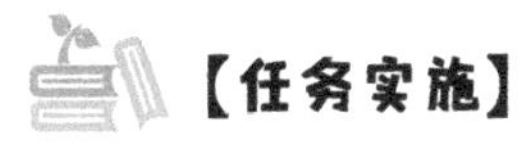

【任务实施】

设计产品质量追溯流程

引导问题：产品质量追溯流程是什么？

____

____

____

步骤 1： 以一种产品为例（如 PCB），整理产品质量追溯流程。

引导问题 2：在 PCB 的生产过程中，每一个工序都对数据进行了记录。通过“一物一码”思想，每一个配件都有条形码和相应的信息记录。可通过比对数据库内信息，查找出相应的问题，并对产品做出处理。PCB 质量追溯流程如图 5.34 所示。

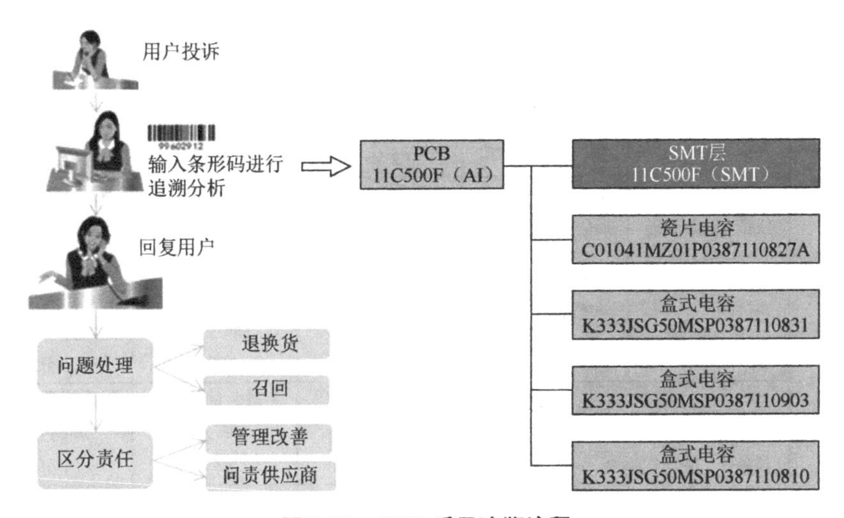

图 5.34　PCB 质量追溯流程

步骤 2： 根据产品质量追溯流程，设计追溯流程图。

____

____

____

【模块小结】

本模块讲解了条形码的含义，条形码对工业、物流等各行业带来的影响；条形码的种类和不同的应用场景；不同的条形码包含不同的信息，符号结构也不相同；如何识别条形码，识别条形码的设备有哪些；条形码在仓库管理和产品质量追溯中的应用。

【反思与评价】

项目名称	任务名称	评价内容	学生自评	教师评价	学生互评	小计
项目1：解读国家条形码标准	任务1：了解条形码	了解条形码的发展历史	了解条形码的发展历史（2分）	了解条形码的发展历史（2分）	了解条形码的发展历史（1分）	
		了解条形码技术的应用领域	了解条形码技术的应用领域（2分）	了解条形码技术的应用领域（2分）	了解条形码技术的应用领域（1分）	
		具有自主查阅资料的能力	具有自主查阅资料的能力（2分）	具有自主查阅资料的能力（2分）	具有自主查阅资料的能力（1分）	
	任务2：常用条形码的分类	了解GS1体系	了解GS1体系（2分）	了解GS1体系（2分）	了解GS1体系（1分）	
		掌握常用的一维条形码和二维码的分类	掌握常用的一维条形码和二维码的分类（4分）	掌握常用的一维条形码和二维码的分类（4分）	掌握常用的一维条形码和二维码的分类（2分）	
		具有资料分析能力	具有资料分析能力（2分）	具有资料分析能力（2分）	具有资料分析能力（1分）	
项目2：采集条形码数据	任务1：条形码符号结构	了解代码的定义	了解代码的定义（2分）	了解代码的定义（2分）	了解代码的定义（1分）	
		熟悉几种常见条形码的代码编码规则	熟悉几种常见条形码的代码编码规则（4分）	熟悉几种常见条形码的代码编码规则（4分）	熟悉几种常见条形码的代码编码规则（2分）	
		熟悉常见的条形码符号结构	熟悉常见的条形码符号结构（2分）	熟悉常见的条形码符号结构（2分）	熟悉常见的条形码符号结构（1分）	
	任务2：探索条形码符号的编码规则	熟悉两种条形码编码方法	熟悉两种条形码编码方法（2分）	熟悉两种条形码编码方法（2分）	熟悉两种条形码编码方法（1分）	
		简单的条形码符号结构和代码转换的分析能力	简单的条形码符号结构和代码转换的分析能力（2分）	简单的条形码符号结构和代码转换的分析能力（2分）	简单的条形码符号结构和代码转换的分析能力（1分）	
	任务3：识读条形码	理解条形码识读过程	理解条形码识读过程（4分）	理解条形码识读过程（4分）	理解条形码识读过程（2分）	
		了解常见的条形码识读设备	了解常见的条形码识读设备（2分）	了解常见的条形码识读设备（2分）	了解常见的条形码识读设备（1分）	
项目3：条形码在工业生产中的应用	任务1：使用条形码管理仓库	了解条形码在仓库管理中的应用过程	了解条形码在仓库管理中的应用过程（4分）	了解条形码在仓库管理中的应用过程（4分）	了解条形码在仓库管理中的应用过程（2分）	
	任务2：使用条形码对产品质量溯源	了解条形码在质量跟踪管理系统中的使用	了解条形码在质量跟踪管理系统中的使用（4分）	了解条形码在质量跟踪管理系统中的使用（4分）	了解条形码在质量跟踪管理系统中的使用（2分）	
合计						

习　　题

一、选择题

1. GS1 的全称为（　　）。

A. 美国统一编码委员会　　B. 欧洲物品编码协会

C. 国际物品编码协会　　D. 美国统一代码委员会

2. 以下不属于 GS1 系统的一维条形码为（　　）。

A. EAN-13 条形码　　B. 25 条形码

C. UPC-A 条形码　　D. ITF-14 条形码

3. QR Code 条形码属于（　　）。

A. 一维条形码　　B. 行排式二维码

C. 矩阵式二维码　　D. 三维码

4. EAN-13 零售商品代码结构中不包括（　　）。

A. 厂商识别代码　　B. 商品项目代码

C. 系列号　　D. 校验码

5. 条形码的特点不包括（　　）。

A. 低成本　　B. 高可靠性

C. 低效性　　D. 易用性

二、填空题

1. EAN 条形码的全称为______________________________________。

2. 条形码是______________与______________的组合，其中______________是“条”与“空”的组合，______________是可供人识别的数字。

3. 一维条形码和二维码是按照__________分类的。

4. UPC 条形码有__________个版本。

5. 二维码分为____________________和____________________两种。

三、简答题

1. 条形码技术的核心是什么？

2. 条形码的识读原理是什么？

模块 6

数据采集终端——RFID 电子标签

知识目标

- 了解使用 RFID 技术进行数据采集的基本过程。
- 理解自动识别技术、RFID 技术等基本概念和术语。
- 理解 RFID 系统的组成、工作原理和分类。
- 掌握 RFID 技术在实际应用中的分析方法。

能力目标

- 能够根据不同行业应用特点进行 RFID 系统选型。
- 能够辨析不同 RFID 技术的特性。
- 能够分析 RFID 技术的典型应用系统。

素质目标

- 培养学生的自主学习能力和知识迁移能力。
- 培养学生的逻辑思维能力和分析、综合能力。
- 培养学生勇于创新和严谨细致的工作作风。
- 培养学生理论联系实际、善于发现问题并积极寻求解决问题方法的能力。

项目 1：解读 RFID 技术

【项目描述】

物联网即“万物相联的互联网”，是在互联网基础上延伸和扩展的网络，是将各种信息传感设备与网络结合起来而形成的一个巨大网络，实现任何时间、任何地点，人、机、物的互联互通。如今物联网已成为继计算机、互联网之后世界信息产业的第三次浪潮。RFID（Radio Frequency Identification，射频识别）技术是实现物联网的关键技术之一，是自动识别技术的一种，通过无线射频方式进行非接触双向数据通信，利用无线射频方式对记录介质（电子标签或射频卡）进行读写，从而达到识别目标和数据交换的目的，其被认为是 21 世纪最具发展潜力的信息技术之一。

任务 1：了解 RFID 技术

【知识准备】

1．RFID 技术的概念

RFID 技术是一种非接触式的自动识别技术，通过无线射频方式进行非接触信息传递，从而实现自动识别目标。RFID 技术的自动识别过程不需要人工干预，可同时识别多个目标，还可应用于各种恶劣环境。

2．认识自动识别技术

1）自动识别技术的概念

自动识别技术是一种机器自动数据采集技术，用机器来实现类似人对各种事物或现象的检测和分析，并做出辨别。通俗来说，自动识别技术就是能够让物体“开口说话”的一种技术。自动识别技术应用特定的识别装置，通过被识别物体和识别装置之间的接近活动，自动地获取物体的相关信息，并提供给后台计算机处理系统以完成相关信息处理。

2）自动识别技术的分类

自动识别技术可以按照国际标准进行分类，也可以按照应用领域和具体特征进行分类。

（1）按照国际标准分类。

按照自动识别技术的国际标准，根据识别特征的产生方式进行划分，自动识别技术可分为数据采集技术和特征提取技术。

数据采集技术要求被识别物体具有特定的识别特征载体。数据采集技术可分为以下几种。

① 光识别技术：条形码、光标阅读器、光学字符识别等。

② 磁识别技术：磁条、非接触磁卡、微波等。

③ 电识别技术：触摸式存储、RFID、存储卡、视觉视频等。

特征提取技术主要根据被识别物体本身的生理或行为特征来完成数据的自动采集与分析，特征提取技术可分为以下两种。

① 动态特征：声音、语音、键盘输入等。

② 属性特征：生物抗体病毒特征、物理感觉特征、化学感觉特征等。

（2）按照应用领域和具体特征分类。

自动识别技术按照应用领域和具体特征主要分为以下几种，下面分别进行介绍。

① 生物识别技术。

生物识别技术通过计算机与光学、声学、生物传感器和生物统计学原理等高科技手段密切结合，利用人体固有的生理特性（如指纹、人脸、虹膜等）和行为特征（如笔迹、声音、步态等）来进行个人身份的鉴定。比较典型的生物识别技术有指纹识别技术、人脸识别技术和声音识别技术等。

- 指纹识别技术。

指纹是人类手指末端由凹凸的皮肤形成的纹路，在人类出生之前指纹就已经形成，并且随着个体的成长，指纹的形状不会发生改变，只是明显程度的变化，而且每个人的指纹都是独一无二的，它们的复杂度足以提供用于鉴别的特征。

指纹识别过程如图 6.1 所示。

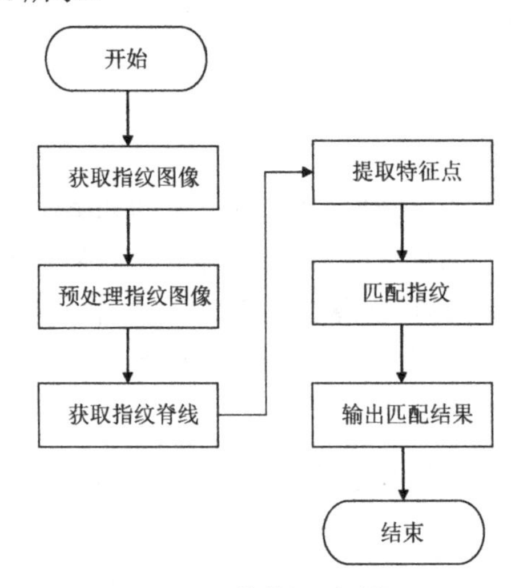

图 6.1　指纹识别过程

- 人脸识别技术。

人脸识别技术是基于人的脸部特征信息进行身份识别的一种生物识别技术。人脸识别技术是用摄像机或摄像头采集含有人脸的图像或视频流，并自动在图像或视频流中检测和跟踪人脸，进而对检测到的人脸进行脸部识别的一系列相关技术，通常也叫作人像识别技术、面部识别技术。

- 声音识别技术。

声音识别技术就是通过分析说话人的声音的物理特征来进行识别的技术。声音识别技术的原理是将说话人的声音转换为数字信号，并将其声音特征与已存储的某说话人的声音特征进行比较，以此确定该声音是否为这个人的声音，进而证实说话人的身份。

② 条形码识别技术。

条形码由一组条、空和数字符号组成，如图 6.2 所示，按一定的编码规则排列，用以表示一定的字符、数字及符号信息。目前，条形码的种类有很多，常见的主要有一维条形码和二维码。

图 6.2　条形码

③ 磁卡识别技术。

磁卡是一种卡片状的磁性记录介质，利用磁性载体记录字符与数字信息，用来标识身份或实现其他功能。磁卡由高强度、耐高温的塑料或纸质涂覆塑料制成，防潮且有一定的柔韧性，携带方便，使用较为稳定可靠。磁卡最核心的部分是磁卡上粘贴的磁条，典型的磁卡就是广泛使用的银行卡。磁卡的优点是读写方便、成本低、易推广；缺点是数据存储的时间长短受磁性粒子极性耐久性的限制，容易磨损和被其他磁场干扰，当作为银行卡时，其安全性相对较差。

④ IC 卡识别技术。

IC 卡是一种电子式数据自动识别卡。IC 卡分为接触式 IC 卡和非接触式 IC 卡，通常说的 IC 卡大多数是指接触式 IC 卡。

IC 卡外形与磁卡相似，它与磁卡的区别在于数据存储的介质不同。磁卡通过卡上磁条的磁场变化来存储信息，而 IC 卡通过嵌入卡中的电擦除式可编程只读存储器（EEPROM）来存储信息。IC 卡的信息存储在芯片中，不易受到干扰与损坏，安全性高，保密性好，使用寿命长；另外，IC 卡的信息容量大，便于存储个人资料和信息。

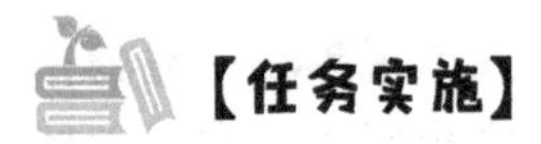

【任务实施】

自动识别技术优缺点对比

引导问题：工业互联网根据不同的需求和应用领域会采用不同的自动识别技术，那么上述几种自动识别技术有什么区别呢？

____

____

____

步骤 1：使用搜索工具，查阅资料和书籍，查找自动识别技术的对比分析。

例如，使用百度搜索引擎，使用“自动识别技术、生物识别、条形码”等作为关键字，搜索得到结果。

步骤 2：根据上一步反馈，进一步对比各种自动识别技术，并填写表 6.1。

表 6.1　自动识别技术对比

特　征	类　型				
	生物识别技术	条形码识别技术	磁卡识别技术	IC 卡识别技术	RFID 技术
信息载体	指纹、人脸、声音等	纸、塑料薄膜、金属表面	磁性物质（磁条）	EEPROM	EEPROM
信息量	大				
读写能力					
人工识读性					
保密性					
智能化					
环境适应性					
识别速度					
通信速度					
读取距离					
使用寿命					
国家标准					
多标签同时识别					

任务 2：认识 RFID 系统

【知识准备】

RFID 系统是一种非接触式的自动识别系统，它通过射频无线信号自动识别目标，并获取相关数据。RFID 系统用电子标签来标识物体，电子标签通过无线电波与读写器进行数据交换，读写器可将主机的读写命令传送到电子标签，并把电子标签返回的数据传送到主机，主机的数据交换与管理系统负责完成电子标签数据信息的存储、管理和控制。

1. RFID 系统的基本组成

典型的 RFID 系统主要包括硬件组件和软件组件两个部分，其中，硬件组件主要由电子标签（Tag）和读写器（Reader）组成，软件组件主要由应用软件、中间件组成。图 6.3 所示为 RFID 系统的基本组成，下面将分别加以介绍。

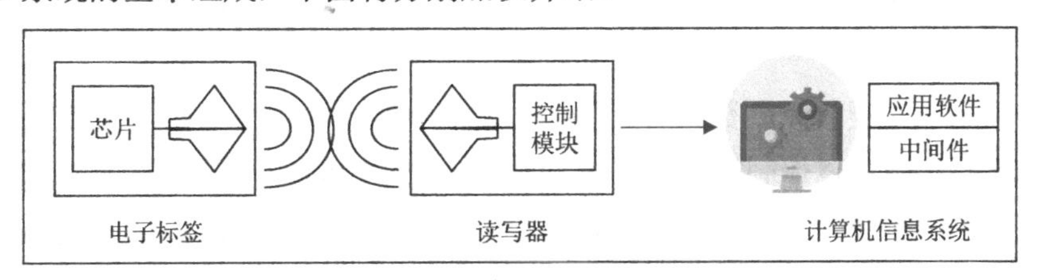

图 6.3 RFID 系统的基本组成

1）电子标签

电子标签也称为射频标签，是贴附在目标物上的数据载体，一般由耦合元件及芯片组成。每个电子标签具有唯一标识的电子编码，用于存储被识别物体的相关信息。

2）读写器

读写器也称为阅读器，是利用射频技术读取或写入电子标签信息的装置。读写器是 RFID 系统的信息控制和处理中心。图 6.4 所示为读写器组成示意图。

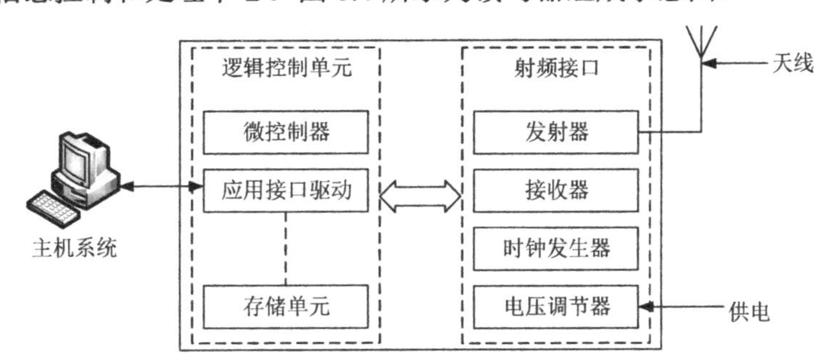

图 6.4 读写器组成示意图

3）应用软件

应用软件是直接面向 RFID 应用的最终用户的人机交互界面。

4）中间件

中间件扮演着电子标签和应用程序之间的中介角色，其提供应用程序接口并管理不同的读写器。中间件被称为 RFID 系统的运行中枢。

2. RFID 系统的工作原理

RFID 系统是一种非接触式的自动识别系统，主要通过无线射频方式，在读写器和电子标签之间进行非接触式双向数据传输，以此来实现对物体的自动识别。RFID 系统的工作流程如下。

（1）读写器将射频信号周期性地通过天线发送。

（2）当电子标签进入读写器的有效工作区域后，电子标签天线会产生感应电流，电子标签因而获得能量被激活。

（3）电子标签将自身信息通过内置天线发送出去。

（4）读写器的接收天线对接收到的信号进行解调和解码等工作，通过通信接口将数据发送至后台系统高层。

（5）后台系统高层接收到数据后，根据一定的运算规则进行处理，针对不同的情况做出相应的判断和决策，以控制读写器完成对电子标签不同的读、写操作。

根据 RFID 系统的工作原理，电子标签主要由天线、射频模块、控制模块与存储模块构成，读写器主要由天线、射频模块、读写模块、时钟和电源构成。RFID 系统的结构框图如图 6.5 所示。

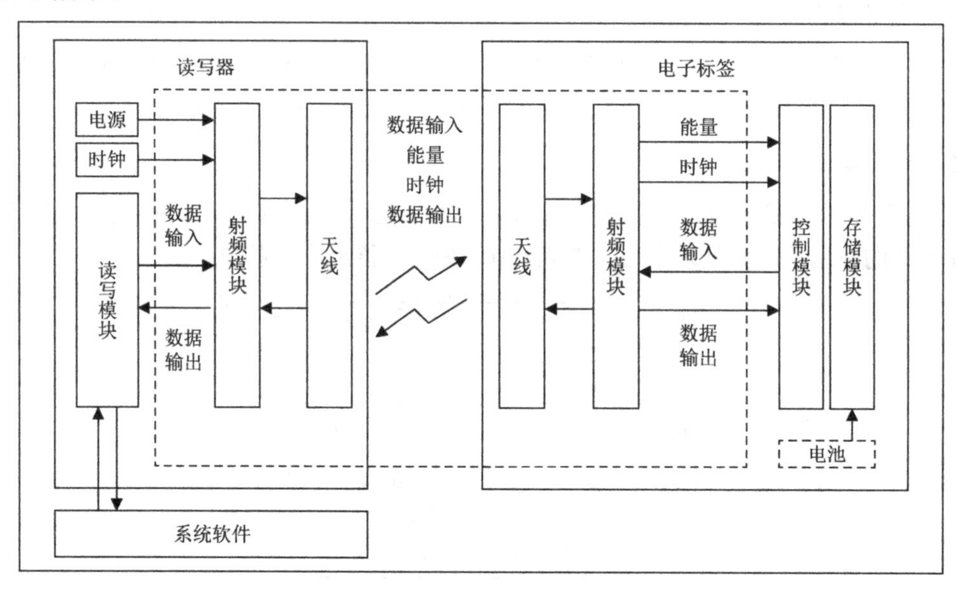

图 6.5　RFID 系统的结构框图

3. RFID 系统的特点

RFID 技术是一种易于操控、简单实用且特别适合用于自动化控制的应用技术，识别过程无须人工干预，方便快捷，既支持只读工作模式，又支持读写工作模式；环境适应性强，短距离 RFID 产品不怕油渍、灰尘污染等恶劣环境，如可用于在工厂生产流水线上跟踪物体；长距离 RFID 产品多用于交通领域，识别距离可达几十米，如 ETC 自动收费、车辆识别等。

RFID 系统主要有以下特点。

（1）适用性。

RFID 技术依靠电磁波，并不需要连接双方的物理接触。这使得它能够“无视”尘、雾、塑料、纸张、木材及各种障碍物建立连接，直接完成通信。

（2）高效性。

RFID 系统的读写速度极快，一次典型的 RFID 传输过程通常不到 100ms。高频段的 RFID 阅读器甚至可以同时识别、读取多个电子标签的内容，极大地提高了信息传输效率。

（3）独一性。

每个 RFID 电子标签都是独一无二的，通过 RFID 电子标签与产品的一一对应关系，可以清楚地跟踪每一件产品的后续流通情况。

（4）简易性。

RFID 电子标签结构简单，识别速率高、所需读取设备简单。随着 NFC 技术在智能手机上逐渐普及，每个用户的手机都将成为最简单的 RFID 阅读器。

（5）安全性。

RFID 技术不仅可以嵌入或附着在不同形状、类型的产品上，还可以为电子标签数据的读写设置密码保护，从而具有更高的安全性。

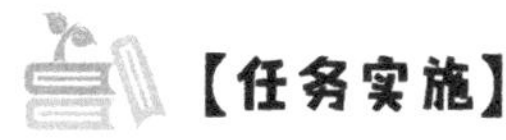

【任务实施】

RFID 系统应用领域调查

引导问题：随着 RFID 技术的不断进步，RFID 系统早已渗透在我们生活中，目前 RFID 系统已广泛应用于各个领域，那么在各个领域的具体应用有哪些呢？请分析并观察日常生活中 RFID 系统的应用。

____

____

____

步骤 1：使用搜索工具，查找 RFID 系统典型应用领域。

例如，使用百度搜索引擎，使用“RFID 系统应用领域”作为关键字，搜索得到结果。

步骤 2：根据上一步反馈，进一步查找 RFID 系统应用领域详细信息，并填写表 6.2。

表 6.2　RFID 系统应用领域

序　号	典 型 领 域	具 体 应 用
1	制造领域	生产数据实时监控、质量追踪、自动化生产
2	物流领域	
3	零售领域	
4		
5		
6		
7		

【思考】

安全问题是一个永恒的问题，不论技术如何发展，都将面临新的安全问题。RFID 技术一个重要的特点就是具有追踪物品的功能，尤其是在消费性商品方面，存在信息被不法分子收集，从而侵犯用户隐私权的可能。面对该现状，如何提高 RFID 技术的安全性和隐私性？

任务 3：认识 RFID 系统分类

【知识准备】

RFID 系统的分类方法有很多，常用的分类方法有按照工作频率分类、按照供电方式分类、按照耦合方式分类、按照通信方式分类等。

1. 按照工作频率分类

RFID 系统工作频率的选择，要顾及其他无线电服务，不能对其他服务造成干扰和影响。在通常情况下，读写器发送信息的频率称为系统的工作频率或载波频率。

1）低频系统

低频（Low Frequency，LF）系统的工作频率为 30kHz～300kHz，低频系统中的电子标签一般为无源标签，主要采用电磁感应方式进行通信，具有穿透性好、抗金属和液体干扰能力强等特性。目前低频系统比较成熟，主要用于距离短、数据量小的 RFID 系统中。

2）高频系统

高频（High Frequency，HF）系统的工作频率为 3MHz～30MHz，高频系统中的电子标签一般也为无源标签，其工作方式同低频系统，也通过电磁感应的方式进行通信，具有良好的抗金属和液体干扰特性，读取距离大多在 1m 内。高频系统的特点是电子标签的内存比较大，是目前应用比较成熟、适用范围较广的一种系统。

3）微波系统

微波（Microwave Frequency，MF）系统的工作频率大于 300MHz，工作在 433.92MHz、860MHz～960MHz 的系统被称为超高频（UHF）系统。超高频系统传输距离远，具备防碰撞特性，并且具有锁定与消除电子标签的功能。超高频系统主要应用于多个电子标签同时进行操作、需要较长的读写距离、需要高读写速度的场合，是目前 RFID 系统研发的核心。

不同工作频率的 RFID 系统有不同的特点，如表 6.3 所示。

表 6.3　不同工作频率的 RFID 系统对比

分　类	工 作 频 率	优　点	缺　点	典 型 应 用
低频（LF）	30kHz～300kHz（典型：125kHz 和 133kHz）	技术简单，成熟可靠，无频率限制	通信速度低，读写距离短（小于 10cm），天线尺寸大	商品零售、电子门锁防盗等
高频（HF）	3MHz～30MHz（典型：13.56MHz）	相对低的频率，有较高的通信速度和较长的读写距离，此频率在非接触式卡中应用广泛	受金属材料等的影响较大，读写距离不够长，天线尺寸大	电子车票、电子身份证、小区物业管理等
超高频（UHF）	433.92MHz 及 860MHz～960MHz	读写距离长（1m），天线尺寸小，可绕开障碍物，无须保持视线接触，可多电子标签同时识别	定向识别，各国有不同的频率管制，发射功率受限制，受某些材料影响较大	生产线产品识别、车辆识别、集装箱识别、包裹识别等
微波（MF）	大于 300MHz（典型：2.45GHz 和 5.8GHz）	除具有 UHF 特点外，还具有更高的带宽和通信速度，更长的读写距离，更小的天线尺寸	除具有 UHF 缺点外，此频率产品拥挤、易受干扰，技术相对复杂	ETC 高速不停车收费、雷达和无线导航等

2. 按照供电方式分类

按照供电方式分类，电子标签主要分为无源电子标签（被动式）、半有源电子标签（半被动式）和有源电子标签（主动式）3 种，对应的 RFID 系统被称为无源供电系统、半有源供电系统和有源供电系统。

1）无源供电系统

无源供电系统的电子标签没有电池，电子标签工作所需的能量从读写器发出的电磁波束来获取，成本低且具有很长的使用寿命。

2）半有源供电系统

半有源电子标签内有电池，但电池仅对维持数据的电路及维持芯片工作电压的电路提供支持。半有源电子标签未进入工作状态前一直处于休眠状态，进入读写器的工作区域后，受到读写器发出的射频信号的激励，半有源电子标签会进入工作状态。半有源电子标签的能量主要来源于读写器的射频能量，其电池主要用于弥补射频场强的不足。半有源供电系统主要应用于高价材料或贵重物品即时监控。

3）有源供电系统

有源电子标签内有电池，电池可以为电子标签提供全部能量。有源电子标签电能充足，工作可靠性高，信号传送的距离较长。但有源电子标签寿命有限，体积较大，成本较高，不适合在恶劣环境下工作。有源供电系统主要应用于货柜、卡车等物流监控。

3 种 RFID 系统对比如表 6.4 所示。

表 6.4　3 种 RFID 系统对比

<table>
<tr><th></th><th>能量供应</th><th>工作环境</th><th>寿命</th><th>读写距离</th><th>读写速度</th><th>尺寸</th><th>成本</th></tr>
<tr><td>无源供电系统</td><td>无源，利用电磁感应获得能量</td><td>高低温下电池无法工作</td><td>寿命长，免维护</td><td>短</td><td>慢</td><td>小、薄、轻</td><td>低</td></tr>
<tr><td>半有源供电系统</td><td rowspan="2">内置电池</td><td rowspan="2">高低温下电池无法工作</td><td rowspan="2">电池无法更换，寿命短</td><td rowspan="2">长</td><td rowspan="2">快</td><td rowspan="2">大、厚、重</td><td rowspan="2">高</td></tr>
<tr><td>有源供电系统</td></tr>
</table>

3. 按照耦合方式分类

读写器与电子标签之间采用非接触式通信方式，电子标签通过无线电波与读写器进行数据交换。根据耦合方式的不同，RFID 系统分为电感耦合系统和电磁耦合系统两种。

1）电感耦合系统

在电感耦合系统中，读写器和电子标签之间的射频信号的实现为变压器模型，通过空间高频交变磁场实现耦合。该方式一般用于中、低频工作的近距离射频识别系统，典型的工作频率为 125kHz、225kHz 和 13.56kHz。电感耦合系统的识别距离小于 1m，典型作用距离为 10～20cm。

2）电磁耦合系统

在电磁耦合系统中，读写器和电子标签之间的射频信号的实现为雷达原理模型，发射出去的电磁波遇到目标后被反射，同时携带目标信息返回。该系统依据的是电磁波的空间传输规律，典型作用距离为 3～10m。

4. 按照通信方式分类

按照通信方式，RFID 系统分为全双工系统、半双工系统和时序系统。

1）全双工系统

在全双工系统中，数据在电子标签和读写器之间的双向传输是同时进行的，并且从读写器到电子标签的能量传输是连续的，与传输的方向无关。电子标签发送数据的频率是读写器的几分之一，有谐波或完全独立的非谐波频率之分。

2）半双工系统

在半双工系统中，从电子标签到读写器的数据传输和从读写器到电子标签的数据传输是交替进行的，并且从读写器到电子标签的能量传输是连续的，与传输的方向无关。

3）时序系统

在时序系统中，从电子标签到读写器的数据传输，与从读写器到电子标签的数据传输在时间上是交叉进行的，即脉冲系统。

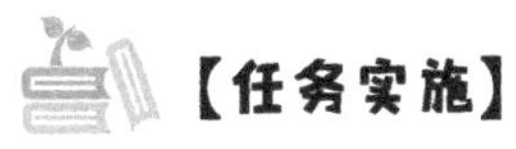

【任务实施】

RFID 系统选型

引导问题 1：交通领域中常见的 ETC 系统为何使用微波频率的 RFID 技术？是否可以使用低频 RFID 技术？为什么？

____

____

____

步骤 1： 使用搜索工具，查阅资料和书籍，查找 ETC 系统工作频率。

例如，使用百度搜索引擎，使用“ETC 系统”等作为关键字，搜索得到结果。

步骤 2： 根据上一步反馈，确定常见 ETC 系统使用的是什么频率的 RFID 技术。

____

____

____

步骤 3： 查阅低频 RFID 技术的特点，分析微波 RFID 技术与低频 RFID 技术的区别，说出不能使用低频 RFID 技术的原因。

____

____

____

引导问题 2：查阅资料，分析 RFID 技术通信距离与其工作频率的关系，请列举至少 5 个场景分析和选择 RFID 技术工作频率。

____

____

____

步骤 4： 使用搜索工具，查阅资料和书籍，分别查找低频、高频、微波 RFID 技术的应用领域。

例如，使用百度搜索引擎，使用“低频 RFID 技术、高频 RFID 技术、微波 RFID 技术”等作为关键字，搜索得到结果。

步骤 5：基于上述搜索结果，列举不同领域的 RFID 技术使用频率，并进行分析，完成表 6.5。

表 6.5　RFID 技术应用领域

领　域	工作频率	具体场景

项目 2：RFID 技术在智能仓储领域的数据采集应用

【项目描述】

仓储物流（Warehousing Logistics）是指利用自建或租赁的库房、场地，存储、保管、装卸、搬运、配送货物。传统的仓储定义是从物资储备的角度给出的。现代“仓储”不是传统意义上的“仓库”“仓库管理”，而是在经济全球化与供应链一体化背景下的仓储，是现代物流系统中的仓储。

传统的仓储物流管理一般由人工进行，具有数据录入速度慢、精确度低、耗费的人力资源比较大等劣势。尤其在货物入库、出库、移库的过程中需要人工及时处理，极易出现数据管理上的问题。在仓储物流领域中引入 RFID 技术，可以保证仓储物流管理过程中各个环节数据录入的速度和准确性，确保管理人员及时准确地掌握库存的真实数据，以此提高仓储物流管理的工作效率，降低成本。那么 RFID 技术是如何在智能仓储领域实现数据采集的呢？

任务 1：智能仓储管理需求分析

【知识准备】

现代仓储并不是传统意义上的仓储，传统的仓储往往被看作物品的存储，但随着社会的发展及现在消费者需求的个性化和多样化发展，目前仓储从传统的被动型“存储”角色转变为现代的主动型“流通”角色，这种新型的流通型仓储被称为现代智能仓储。

仓储管理内部涉及的信息流和物流是交错复杂的，其主要业务流程如图 6.6 所示。随着供应链管理的快速发展，仓储管理已成为供应链管理中极其重要的一个环节。因此，有必要采用 RFID 等新型技术来实现智能仓储系统的数字化构建，实现仓储过程的自动化控制和可视化管理，提高仓库的存储能力，有效利用仓库空间，提高企业竞争力。

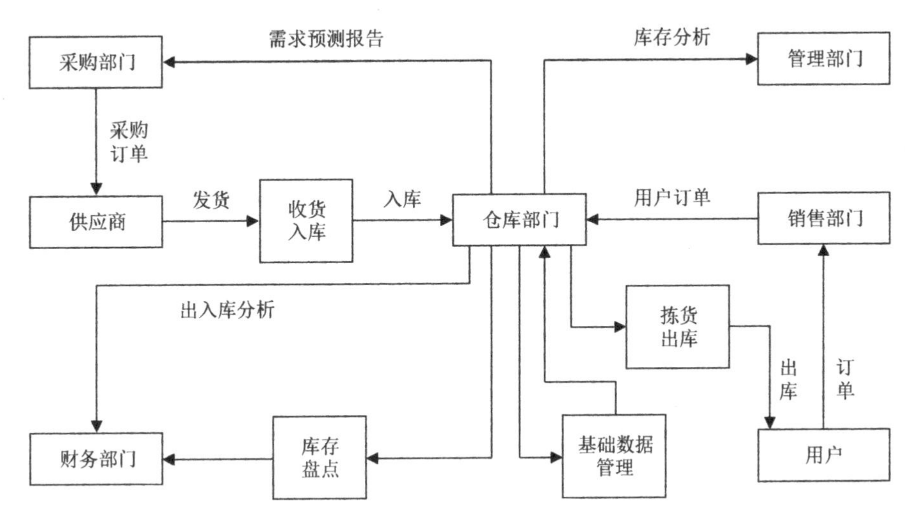

图 6.6　仓储管理主要业务流程

将 RFID 技术应用于仓储领域，可以从根本上改变信息采集和存储方式，在提高仓储效率的同时，可以大幅降低企业成本，提高企业收益。利用 RFID 技术实现智能仓储管理主要表现为以下 3 个方面。

（1）大幅降低人工扫描工作量。

利用 RFID 技术，若货物进入读写器可识别范围内，则系统将自动识别货物，识别过程不需要人工干预且耗时极短。

（2）提高仓储货物的透明度。

利用 RFID 技术，能够让仓储管理各环节的工作人员随时随地了解货物的详细信息，极大提高了仓储货物的透明度。

（3）提高工作效率。

利用 RFID 技术，能够真正实现货物的自动识别，入库、出库及货物盘点等过程将由读写器自动完成，全程不需要人工干预，极大地提高工作效率。

【任务实施】

智能仓储管理应用现状调查分析

引导问题：请同学们借助网络资源，搜索目前智能仓储管理应用的发展状况，包括目前存在的问题和未来的发展前景。

____

____

____

步骤：使用搜索工具，查阅资料和书籍，分析智能仓储管理的现状。

____

____

____

任务 2：智能仓储 RFID 系统组成

【知识准备】

1. 数据采集设备——RFID 读写器介绍

RFID 读写器又称为 RFID 阅读器，通过 RFID 信号自动识别目标并获取相关数据，无须人工干预，可识别高速运动物体并可同时识别多个 RFID 电子标签，操作快捷方便。

RFID 读写器不仅可以阅读电子标签，还可以擦写数据。RFID 读写器应用非常广泛，主要用于身份识别、货物识别、安全认证等方面。

RFID 读写器是一种数据采集设备，其基本作用就是作为数据交换的一环，将前端电子标签所包含的信息，传递给后端的计算机网络。

1）RFID 读写器的基本组成

RFID 读写器一般由天线、射频模块、控制处理模块组成，如图 6.7 所示。

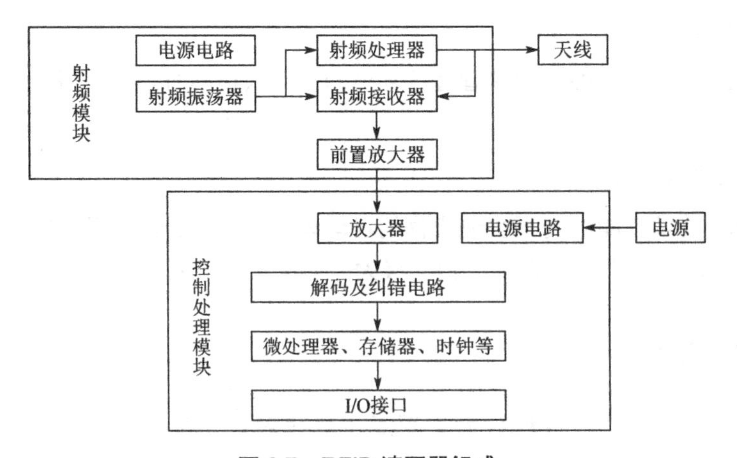

图 6.7　RFID 读写器组成

天线：可以内置到 RFID 读写器中，也可以是单独的部分。天线主要用于收集 RFID 电子标签的无线数据信号。

射频模块：主要用于基带信号与射频信号的相互转换。

控制处理模块：RFID 读写器的核心，主要用于对发射信号进行编码、调制等各种处理，对接收信号进行解调、解码等各种处理。

2）RFID 读写器的结构形式

一般常见的 RFID 读写器有固定式读写器、手持式读写器和工业级读写器等。

（1）固定式读写器。

固定式读写器一般是指天线、读写器与主控机分离，读写器和天线可以分别安装在不同位置，读写器可以有多个天线接口和多种 I/O 接口。固定式读写器的供电可以为 220V 交流电、110V 交流电或 12V 直流电；天线可以采用单天线、双天线或多天线形式；通信接口可以采用 RS232 接口、RS485 接口或 WLAN 接口等。常见固定式读写器如图 6.8 所示。

图 6.8　常见固定式读写器

（2）手持式读写器。

手持式读写器最大的特点在于移动性与便携性，可以将天线、射频模块、控制处理模块封装在一个外壳中。手持式读写器一般带有液晶显示屏，并配有输入数据的键盘，常用在付款、巡查、动物识别等场合。

手持式读写器一般采用充电电池供电，通过通信接口与服务器通信，可以适应室内外恶劣环境。其操作系统主要有安卓或 Windows 等。与固定式读写器不同，手持式读写器对系统本身的数据存储量有要求，并要求防水、防尘等。常见手持式读写器如图 6.9 所示。

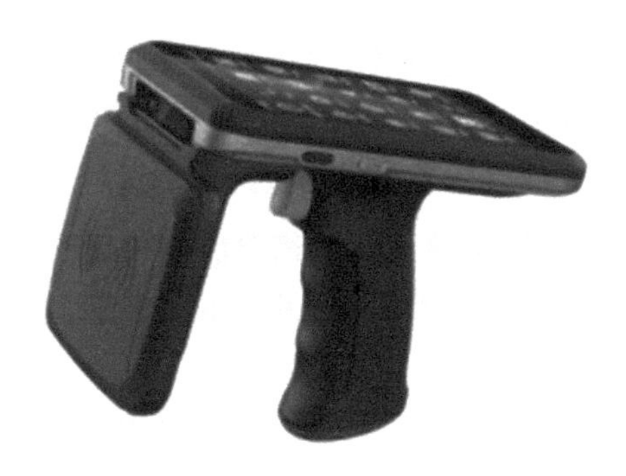

图 6.9　常见手持式读写器

（3）工业级读写器。

高稳定性的非接触式工业级读写器具有使用方便、密封性好、散热性好、接收灵敏度高、性能稳定、可靠性强等特点，此类产品满足很多工业总线需求和各类工业通信协议（如

Modbus、PROFINET、CC-Link 等）的现场需求，可快速建立通信连接，一般用于智能制造、自动化生产等领域。

3）RFID 读写器的工作特点

RFID 读写器的基本功能就是与作为数据载体的 RFID 电子标签建立通信关系。RFID 电子标签与 RFID 读写器非接触式通信的一系列任务均由 RFID 读写器处理完成。RFID 读写器的工作特点如下。

（1）RFID 电子标签与 RFID 读写器之间的通信：RFID 读写器以射频方式向 RFID 电子标签传输能量，并对 RFID 电子标签进行初始化、读取或写入等操作。

（2）RFID 读写器与计算机网络之间的通信：RFID 读写器将读取到的信息通过计算机网络发送至上层软件系统，以实现控制和信息交换，并完成特定的任务。

（3）RFID 读写器的识别能力：可同时识别多个移动的 RFID 电子标签。

（4）RFID 读写器对有源 RFID 电子标签的管理：可以识别 RFID 电子标签电池的相关信息，如电量等。

（5）RFID 读写器的适应性：兼容通用的网络协议，适应性强。

2. 智能仓储 RFID 系统组成设计

智能仓储管理系统使用有源 RFID 和无源 RFID 技术相结合，对于大件、贵重的货物，安装有源 RFID 电子标签，实现对货物的实时定位跟踪、状态监测等功能；对于小件、一般的货物，则采用无源 RFID 电子标签，实现自动出库、入库等识别，远距离手持式 RFID 读写器识别等功能。

1）系统总体设计

（1）有源 RFID 智能仓储管理。

有源 RFID 系统也就是主动式 RFID 系统，有源 RFID 电子标签内有电池，通过内置电池为电子标签提供能量，通常支持远距离识别。有源 RFID 电子标签按照预设规则周期性地进行信号发射，当有源 RFID 电子标签进入 RFID 读写器的作用区域时，RFID 读写器接收到电子标签发出来的信号，即完成了电子标签的识别过程。

有源 RFID 电子标签一般被放置在仓库内需要监控和货物追踪的区域。一般有源 RFID 电子标签可以根据具体需求设定不同的信号发射周期，根据预设的时间和规则，当检测到货物移库、出库等状态时会立即提醒。

（2）无源 RFID 智能仓储管理。

无源 RFID 系统也称为被动式 RFID 系统，其内部主要由天线和芯片组成。无源 RFID 电子标签内部没有电池，因此电子标签工作所需的能量主要是通过 RFID 读写器发出的电磁波束来获取的。当收到足够强度的信号时，无源 RFID 电子标签被激活，可以向 RFID 读写器发出数据。

无源 RFID 系统通过 RFID 读写器与无源 RFID 电子标签进行通信，识别货物信息并及时记录。无源 RFID 系统的天线可以安装到任何地方来识别电子标签，一般在无源 RFID 系统监控的仓库中，将读写器和天线安装到仓库门口（固定式读写器），当然也可以采用手持式读写器、叉车式移动读写器，当货物入库或出库经过仓库门口，或者进行货物盘点、拣货等业务时，RFID 读写器会自动识别货物上的电子标签，并将数据上传至后台终端。

2）基于 RFID 技术的智能仓储管理系统架构设计

智能仓储管理系统架构如图 6.10 所示，其中设备层控制系统主要是基于 RFID 技术的无线传输系统，包括有源 RFID 仓储和无源 RFID 仓储两个部分，由定位器、标识卡、基站、UHF 电子标签、UHF 固定式读写器和 UHF 手持式读写器组成。设备层控制系统的主要作用是通过无线网络的方式实时采集 UHF 电子标签发送的信息，并将采集到的信息通过设备层控制系统接口以有线或无线网络的方式上传至后台终端数据库。

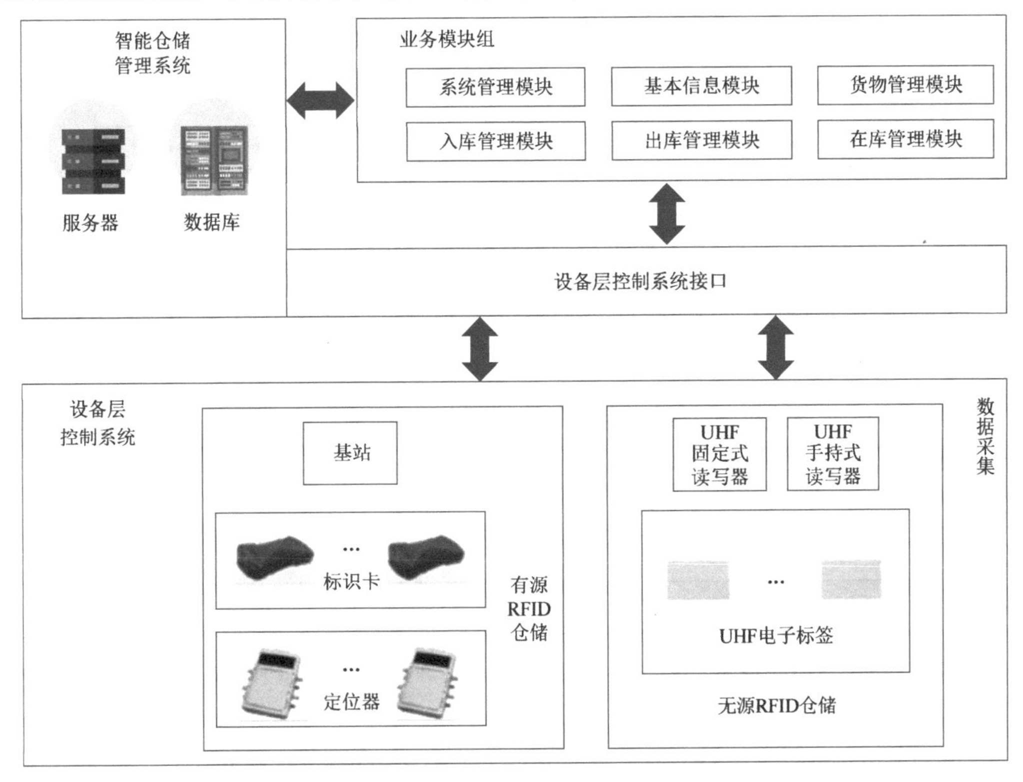

图 6.10　智能仓储管理系统架构

智能仓储管理系统的业务模块组包括入库管理模块、在库管理模块、出库管理模块、系统管理模块、基本信息模块和货物管理模块。通过各个业务模块与现场物流信息间的实时交互，初步实现货物、货位、库存、入库、出库等信息的自动采集，达到货物入库/出库自动化、智能化管理的目的。

3）智能仓储管理系统业务模块设计

基于智能仓储管理系统需求及架构，设计如图 6.11 所示的业务流程图。

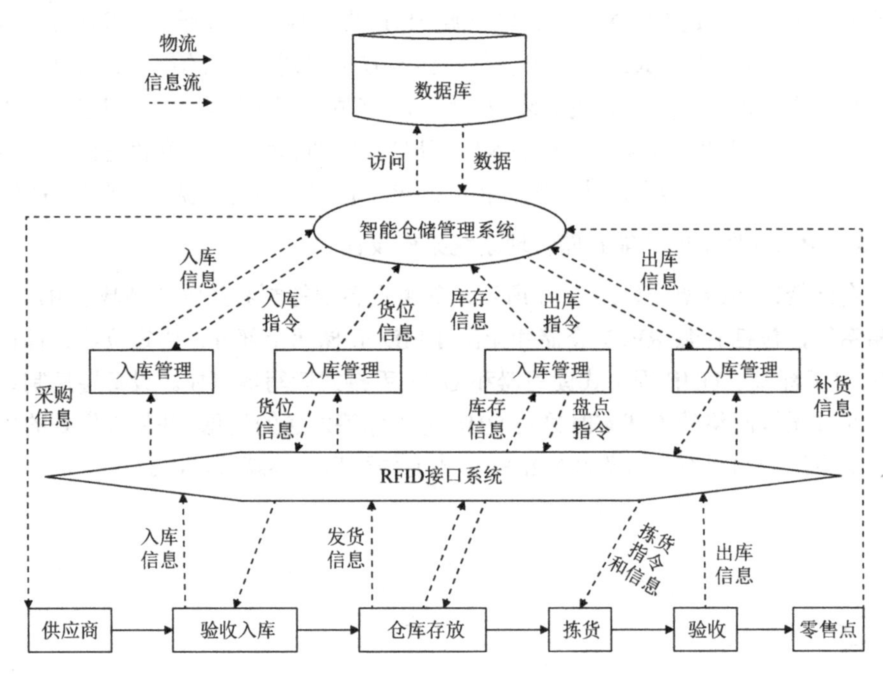

图 6.11　智能仓储管理系统业务流程图

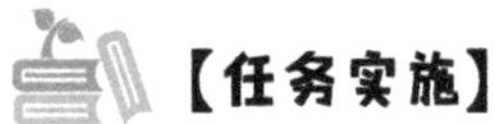

【任务实施】

RFID 应用分析

引导问题 1：智能仓储管理系统为何采用 RFID 技术，有什么优点？相较于条形码技术来说，RFID 技术的优势在哪里？

____

____

____

步骤 1：基于 RFID 技术的特点，使用搜索工具、查阅资料和书籍，分析 RFID 技术用于智能仓储管理系统的优势。

例如，使用百度搜索引擎，或者查阅书籍，分析 RFID 技术的优势。

步骤 2：查阅资料，将 RFID 技术与条形码技术进行对比，分析智能仓储管理系统选用 RFID 技术的原因。

____

____

____

引导问题 2：请借助网络资源，调查有源 RFID 技术和无源 RFID 技术在其他领域的应用及场景分析。

步骤 1：使用搜索工具、查阅资料和书籍，调查有源 RFID 技术和无源 RFID 技术的应用领域。

例如，使用百度搜索引擎，或者查阅书籍，分析有源 RFID 技术和无源 RFID 技术的具体应用。

步骤 2：基于上述结果，选定应用场景分析有源 RFID 技术和无源 RFID 技术的具体应用并进行分析。

任务 3：智能仓储 RFID 系统数据采集

【知识准备】

在货物出厂阶段，供应商为每一件货物都贴上一个 RFID 电子标签，每个电子标签含有一个唯一标识的产品编码，通过这个电子标签，可以准确追溯每一件货物。通常将货物的电子产品编码（EPC）、批号、物料代码、供应商代码、库位代码、库位名称等写入电子标签。随着货物从供应商送至仓库、在途运输、装配物料等状态的改变，电子标签内的信息随之动态改变。在货物出库时，生产商通过仓库门口的固定式无源 RFID 读写器依次对每件货物进行识别、计数，并自动更新后台数据库，从而实现企业对货物的实时跟踪，供应商和零售企业也可通过系统随时查询订单。

1. 货物入库

（1）仓库接收供应商的发货通知单。

（2）智能仓储管理系统根据货物类型选择仓库并分配货物的位置。

（3）货物到达装卸区后，根据仓库门口的固定式无源 RFID 读写器批量读取货物的电子标签，同时与发货通知单进行核对。

（4）核对无误后，根据货位信息，将货物放在固定货位上。

（5）利用手持式 RFID 读写器更新货位电子标签信息，并将信息上传至后台，更新数据库。

入库流程如图 6.12 所示。

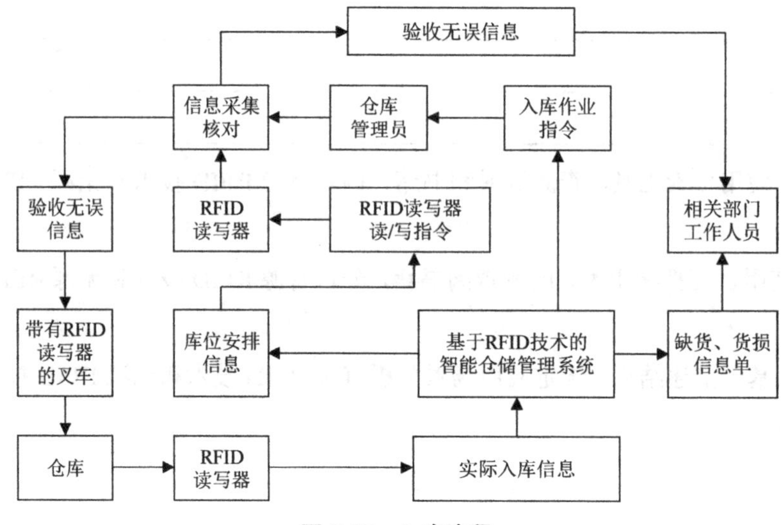

图 6.12　入库流程

2．库存盘点

库存盘点主要是指核对仓库中货物的信息，以便实时、准确掌握货物库存信息，具体步骤如下。

（1）选择要盘点的区域，生成盘点清单，录入手持式 RFID 读写器中。

（2）工作人员使用手持式 RFID 读写器对需要盘点的区域进行扫描，获得该区域的货物信息。

（3）将信息上传至后台，并与数据库中的信息进行比对。

（4）系统自动计算出货物的库存或损失情况。

库存盘点流程如图 6.13 所示。

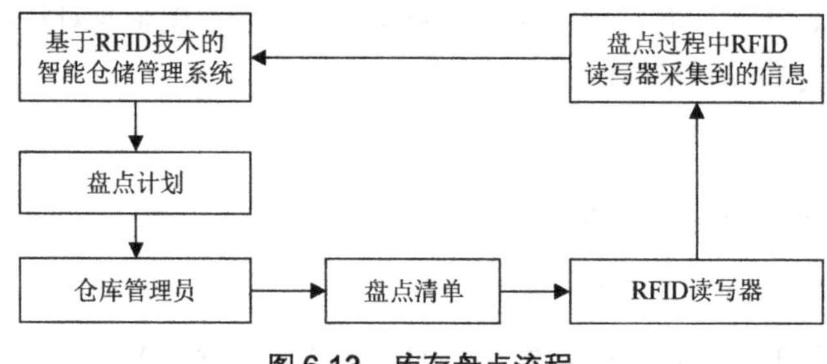

图 6.13　库存盘点流程

3．货物出库

货物出库需要完成 3 个任务：第一，待出货物的选择；第二，正确获取出库货物的信息；第三，确保货物在正确的运输工具上。货物出库流程如图 6.14 所示。

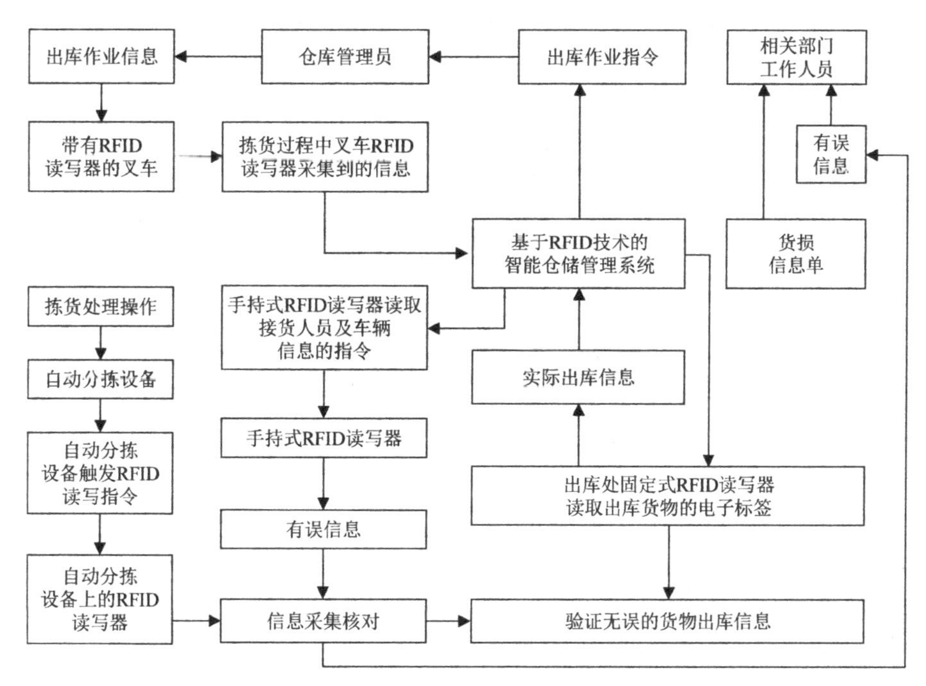

图 6.14　货物出库流程

仓储管理是仓储物流领域中一个非常重要的环节，在从生产到销售的整个供应链环节中，仓储管理起着承上启下的作用。RFID 技术给仓储物流领域带来了很大的技术革新，基于固定式 RFID 读写器和手持式 RFID 读写器，在货物入库、货物出库、货存盘点、货物移库等过程中实时采集货物信息，并将采集到的信息上传至后台，提高了仓储物流信息的自动采集与物流作业效率。RFID 技术的运用使得企业相关管理人员和业务部门可以实时掌握仓库货物的基本情况，以及库存等基本信息，为企业的高效化管理提供便利。

【任务实施】

RFID 读写器数据采集

引导问题：基于 RFID 技术在智能仓储领域的应用分析，RFID 系统的工作频率为超高频，电子标签分为有源电子标签和无源电子标签，基于智能仓储管理系统的需求，需要选用固定式 RFID 读写器和手持式 RFID 读写器。作为一名智能仓储管理系统设计师要选择合适的 RFID 读写器，应收集 RFID 读写器的哪些基本信息？如何用 RFID 读写器完成数据采集？

____

____

____

步骤 1：打开搜索引擎搜索固定式 RFID 读写器，完成 RFID 读写器的选型。

这里以 XCRF-811 固定式 RFID 读写器为例，如图 6.15 所示，收集该固定式 RFID 读写器产品信息，完成表 6.6。

图 6.15　XCRF-811 固定式 RFID 读写器

表 6.6　XCRF-811 固定式 RFID 读写器产品信息

设 备 类 型	设 备 名 称	生 产 厂 家	设 备 型 号
RFID 设备	读写器		XCRF-811

步骤 2： 打开搜索引擎搜索 XCRF-811 固定式 RFID 读写器，查找产品参数，完成表 6.7。

表 6.7　XCRF-811 固定式 RFID 读写器产品参数

<table>
<tr><td rowspan="3">环 境 参 数</td><td>工作温度</td><td></td></tr>
<tr><td>存储温度</td><td></td></tr>
<tr><td>湿度范围</td><td></td></tr>
<tr><td rowspan="11">性 能 参 数</td><td>工作频率</td><td></td></tr>
<tr><td>符合标准</td><td></td></tr>
<tr><td>读写距离</td><td></td></tr>
<tr><td>有线通信接口</td><td></td></tr>
<tr><td>无线通信接口</td><td></td></tr>
<tr><td>存储卡</td><td></td></tr>
<tr><td>操作系统</td><td></td></tr>
<tr><td>配套软件</td><td></td></tr>
<tr><td>工作时间</td><td></td></tr>
<tr><td>待机时间</td><td></td></tr>
<tr><td>电源</td><td></td></tr>
<tr><td rowspan="4">物 理 参 数</td><td>尺寸</td><td></td></tr>
<tr><td>质量</td><td></td></tr>
<tr><td>外壳材料</td><td></td></tr>
<tr><td>显示屏</td><td></td></tr>
</table>

步骤 3： 采集 RFID 读写器数据。

（1）软件安装：下载 XCRF-811 软件，按照操作指示完成软件安装。

（2）软件通信配置：配置 IP 地址、子网掩码和网关。

（3）软件连接：连接好 RFID 读写器电源及通信电缆后，打开 RFID 读写器电源。

（4）选择合适的电子标签类型：6C。

（5）采集数据：开始读取和写入电子标签，并观察数据。

项目 3：RFID 技术在生产线数据采集中的应用

【项目描述】

作为 RFID 系统的核心组成部分，电子标签非常重要，那么在具体应用中电子标签如何正确选型呢？需要考虑哪些因素？本项目以 RFID 技术在汽车制造领域的应用为例进行介绍。

任务 1：RFID 电子标签介绍

【知识准备】

1．电子标签介绍

电子标签附着在待识别的物体上，每个电子标签具有唯一的电子产品编码，电子产品编码是 RFID 系统的真正数据载体。从技术角度来说，RFID 系统的核心是电子标签，而读写器是根据电子标签的性能设计的。

1）电子标签的结构形式

为满足不同的应用需求，电子标签的结构形式多种多样，主要有卡片形、环形、纽扣形、条形、钥匙扣形等。电子标签的外形会受到天线形状的影响，是否需要电池也会影响电子标签的外形设计。各种形式的电子标签如图 6.16 所示。

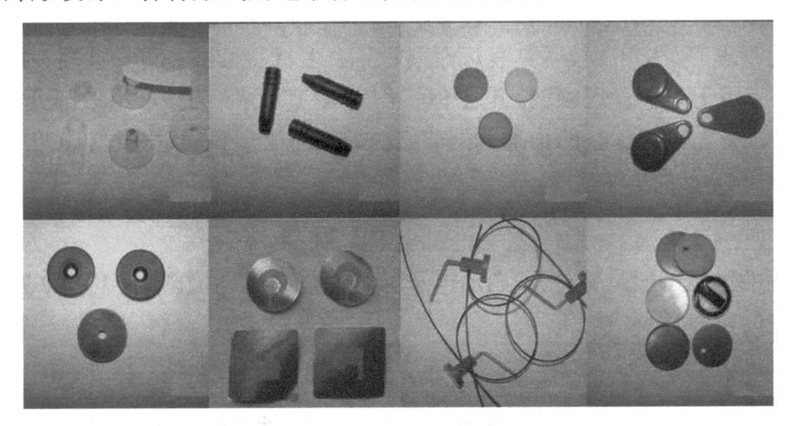

图 6.16　各种形式的电子标签

下面介绍几种典型的电子标签。

（1）卡片式电子标签。

将电子标签的天线和芯片封装成卡片形状，就构成了卡片式电子标签。常见的卡片式电子标签有身份证、城市一卡通、门禁卡等。

（2）标签式电子标签。

标签式电子标签的形状多样，有条形、盘形、钥匙扣形和手表形等，都可以用于物体识别和电子计费等。

（3）植入式电子标签。

与其他类型电子标签相比较，植入式电子标签一般体积很小，一般用于动物跟踪，植入动物皮肤下。

2）电子标签的工作特点

不同工作频率的电子标签具有不同的特点，适用范围也不同。下面介绍工作在低频、高频和微波频率上的电子标签的特点。

（1）低频电子标签。

低频电子标签一般为无源电子标签，可以应用于动物识别、工具识别、汽车电子防盗、树木管理、门禁安全等方面。

（2）高频电子标签。

与低频电子标签工作原理基本相同，高频电子标签通常是无源的。一般高频电子标签被做成卡片形状，典型的主要有身份证、电子车票、电子门票等。

（3）微波电子标签。

微波电子标签可以是无源的，也可以是有源的。

2. 电子标签选型原则

我国汽车保有量逐年增加，车辆的增加对当前的车辆有效管理提出了巨大的挑战：如何运用科技手段合理利用道路资源，提高交通效率；如何快速准确明确车辆身份，以便相关交通部门的管理等。RFID 技术具有远距离识别、多标签读取、可靠性高、抗干扰能力强等优点，广泛应用于车辆管理领域。电子标签作为 RFID 系统的核心组成部分，对于车辆管理非常重要，因此，电子标签的正确选型非常关键。对于车辆管理来说，RFID 电子标签选型主要考虑以下几个因素。

（1）应用环境。

车辆行驶的区域一般是室外，RFID 电子标签性能易受环境影响。因此，需要考虑电子标签应用环境的可靠性要求。

（2）识别距离。

RFID 技术的识别距离是需要考虑的一个重要因素。要考虑识别距离与读写器和天线之间的关系。在车辆管理系统中识别电子标签信息时，要考虑车辆识别的距离范围，不能过近而导致“群读”现象，也不能过远导致漏读、误读的情况。

（3）方向性。

以整车物流系统为例，一般车辆在下线出总装环节或排队进出各个路口等环节时，对于车辆的管理要求都是像生产线一样连续作业。RFID 技术可以同时读取多个电子标签，当整车物流系统进出各个环节时，对车辆电子标签信息的读取应该按照有序的原则，逐个进行，所以要考虑电子标签读取的方向性问题。

（4）综合分析车辆情况。

在一般情况下，整车物流系统的信息采集距离一般在 1～10m 内，识别距离过大或过小都不利于车辆信息管理。因此，从距离角度来看，一般选择工作频率为超高频的电子标签。另外，车辆管理对于电子标签的质量、寿命等都有较高的要求，因此可以选择无源电子标签。

（5）其他因素。

其他因素包括电子标签的读取速度、读取容量等。

【任务实施】

生产线电子标签选型

引导问题：电子标签的选型对于车辆管理系统非常重要。基于上述选型原则，选取某公司研发的一款型号为 BRT-02 的车辆电子标签，其具有识别距离远、灵敏度高、物理特性优良的特点，可方便地应用于车辆管理等场景，性能稳定。请搜集 BRT-02 车辆电子标签的相关基本信息。

____

____

____

步骤：打开浏览器，查找 BRT-02 车辆电子标签参数，请完成表 6.8。

表 6.8　BRT-02 车辆电子标签参数

参　数	指　标	信　息
基本性能	工作频率	860MHz～960MHz
	读写灵敏度	
	芯片	
	功能	
芯片特性	EPC 类型	
	芯片内存	
	数据存储时间	
	可擦写次数	

续表

参　　数	指　　标	信　　息
物理特性	物理尺寸（长×宽×高）	
	外壳材料	
	质量	
	安装方式	
	防护等级	
	工作温度	

任务 2：RFID 电子标签在电子车牌中的应用

作为施工单位，某公司中标某高新区路口交通卡口监控系统项目。按照设计单位要求，相关设备已提供到位，该公司要按照设计要求，完成该项目的组建施工。

作为该项目成员，请根据项目需求分析、功能设计等，组建一个城市交通卡口监控模拟系统。

【知识准备】

1. 认识电子车牌

车辆是城市运转的血脉，智慧交通系统是未来交通系统的发展方向，实现智慧交通系统的前提就是车辆的数字化，电子车牌就是实现车辆数字化的基本条件。

电子车牌（Electronic Vehicle Identification，EVI）是基于物联网 RFID 技术的细分、延伸及提高的一种应用。它主要利用 RFID 技术高精度识别、高准确采集、高灵敏度的特点，在机动车辆前挡风玻璃上安装一个电子车牌，将该电子车牌作为车辆信息的载体，并在通过装有授权的 RFID 读写器的路段时，对各机动车辆电子车牌上的数据进行采集或写入，达到各类综合交通管理的目的。

电子车牌系统不仅实现了对车辆信息的自动、非接触、不停车采集，更重要的是提供了车辆的标准信息源，如同人的身份证，方便交通管理部门等更高效地对车辆进行管理。

2. 电子车牌系统结构

电子车牌系统通过 RFID 技术为每台车辆分配一个“身份证”，并建立一个综合车辆信息管理平台，通过实时采集信息、分析、处理，促进交通管理部门等进行信息化服务。

电子车牌系统主要包含 3 层结构。

感知层：从各信息采集子系统中采集交通流量信息等。常用设备主要有抓拍摄像机、雷达测速仪、流量监控器等。

网络层：主要把各信息采集子系统的信息通过有线或无线传输等方式进行可靠传输。

应用层：主要实现对交通数据信息的处理，并将处理后的信息发布至各个查询系统。

3．电子车牌系统工作流程

安装了电子车牌的车辆在经过装有电子车牌检测基站的路口时，检测基站的读写器发送的射频信号被电子车牌接收后，将其转换为电能，启动芯片工作，芯片验证读写器身份等信息后，将要求的信息发回读写器，最后读写器将这些信息通过有线或无线传输的方式发送至指挥中心后台进行存储及处理，并提供给相关部门。电子车牌系统工作流程如图 6.17 所示。

图 6.17　电子车牌系统工作流程

4．电子车牌系统与 ETC 系统比较

电子车牌是随着 RFID 技术的发展而产生的行业应用，它是 RFID 技术提高到一定程度的产物。从某种意义上讲，采用 5.8GHz 微波频率的 ETC 系统是电子车牌系统的一种应用，但是现有国家标准 ETC 系统中的 OBU（车载单元）是有源工作的，电池有寿命；作为分立元件结构，OBU 的使用成本非常高；加上 OBU 信息读取时间长（一般在百毫秒级以上），需要大大降低车速，所以 ETC 系统不能在城市等复杂交通环境中推广应用。随着无源电子车牌读写距离的加大、读写时间的缩短、读写加密性的提高和成本的大大降低，无源电子车牌系统已大有取代有源 ETC 系统的趋势，从而能够真正实现高速公路自由流收费（无道闸、不降速通过并安全收费）。表 6.9 给出了电子车牌系统与 ETC 系统的对比。

表 6.9　电子车牌系统与 ETC 系统的对比

	电子车牌系统	ETC 系统
标准制定部门	公安部	交通运输部
应用场景	城市车辆管理	高速无障碍收费
供电方式	无源	有源，依赖车载供电电池
使用频率	超高频	微波
识别速度	车速低于 180km/h	信息转换时间长，车速低于 60km/h

5．电子车牌系统的电子标签选型

电子车牌的核心就是电子标签，电子标签分为无源和有源两类，具体对比如表 6.10 所示。

表 6.10　无源和有源电子标签对比

参　数	无源电子标签	有源电子标签
功耗	无电池，不需要更换	内置电池，需要定期更换
寿命	10 年	2 年
识别距离	较近（0～20m）	远（0～100m）
体积	轻薄小巧	体积偏大
成本	低	高
定位	精度高	精度偏低
维护	无须维护	需要定期更换电池

考虑到车辆电子标签的使用寿命和使用环境，无源电子标签具有寿命长、体积小、无须维护、成本低等特点，适合车辆安装使用。另外，在通信距离的选择上，超高频的无源电子标签通信距离长、传输速度快，因此，对于电子车牌系统的电子标签来说，无源电子标签是一个很好的选择。

【任务实施】

电子车牌系统的电子标签选型

引导问题：基于 RFID 技术的电子车牌系统相比 ETC 系统优势更多，请查阅资料找出目前电子车牌系统所用的电子标签相关信息。

____

____

____

步骤 1：查阅资料或网络检索，查找不同厂商电子车牌系统电子标签信息，完成表 6.11。

表 6.11　电子车牌系统电子标签信息

参　数	厂商型号 1	厂商型号 2	厂商型号 3
尺寸			
材料			
质量			
协议			
工作频率			
工作温度			
存储温度			
数据保存时间			

步骤 2：基于上述结果，分别分析不同型号电子标签的优缺点。

____

____

____

【任务实施】

基于 RFID 数据采集技术的城市交通卡口监控模拟系统组建

在某高新区路口交通卡口监控模拟系统项目中，设计单位的设计方案要点如下。

1．前端采集系统

（1）立杆。

根据建设要求和现场勘察，卡口前端采集子系统的立杆采用龙门架式。

（2）检测车辆。

采用地感线圈技术实现过往车辆信息的准确检测。

（3）获取车辆运行状态。

在卡口龙门架上安装高清摄像头获取车辆运行状态。

（4）采集车辆信息。

在卡口龙门架上安装电子车牌固定监测站，通过 RFID 读写器实时获取车辆基本信息。

（5）后台指挥中心。

收到 RFID 读写器通过网络传输的信息后，后台指挥中心进行数据处理，并提供给相关部门，以便实时处理。

2．网络传输系统

网络传输系统通过交换机、路由器等网络设备将采集的车辆信息实时传输至后台指挥中心。

3．综合管理系统

综合管理系统主要负责对收到的数据进行分析、处理、存储、应用等，为其他相关系统提供服务。

引导问题：如何根据上述要求组建一套基于 RFID 技术的城市交通卡口监控模拟系统？

____

____

____

步骤 1：针对上述要求，画出该卡口监控模拟系统的网络拓扑结构图。

步骤 2：编写该卡口监控模拟系统设计方案，包括但不限于目标、内容、系统运行效果等。

【模块小结】

本模块主要介绍了 RFID 系统的基本组成、工作原理，以及 RFID 系统的分类等，介绍了 RFID 技术在智能仓储管理、生产线数据采集等方面的具体应用。

【反思与评价】

项目名称	任务名称	评价内容	学生自评	教师评价	学生互评	小计
项目 1：解读 RFID 技术	任务 1：了解 RFID 技术	了解什么是 RFID 技术	能讲述 RFID 技术的定义（2 分）	能讲述 RFID 技术的定义（2 分）	能讲述 RFID 技术的定义（1 分）	
		自动识别技术分类	能简述和区分常见的自动识别技术（2 分）	能简述和区分常见的自动识别技术（2 分）	能简述和区分常见的自动识别技术（2 分）	
		具有综合分析能力	能够分析各种识别技术的优缺点（2 分）	能够分析各种识别技术的优缺点（2 分）	与同学积极交流（2 分）	

续表

项目名称	任务名称	评价内容	学生自评	教师评价	学生互评	小计
项目 1：解读 RFID 技术	任务 2：认识 RFID 系统	了解 RFID 系统的工作原理和基本组成	简述 RFID 系统的工作原理和基本组成（2 分）	简述 RFID 系统的工作原理和基本组成（2 分）	简述 RFID 系统的工作原理和基本组成（2 分）	
		具有知识迁移能力	能够查找 RFID 系统在生活中的具体应用案例（2 分）	能够查找 RFID 系统在生活中的具体应用案例（2 分）	与同学积极交流（2 分）	
	任务 3：认识 RFID 系统分类	了解 RFID 系统的基本分类	了解 RFID 系统的基本分类（2 分）	了解 RFID 系统的基本分类（2 分）	了解 RFID 系统的基本分类（1 分）	
		具有综合分析能力	能够分析不同类别之间的特点（2 分）	能够分析不同类别之间的特点（2 分）	与同学积极交流（2 分）	
项目 2：RFID 技术在智能仓储领域的数据采集应用	任务 1：智能仓储管理需求分析	了解 RFID 读写器的基本原理和过程	简述数据采集设备 RFID 读写器的工作原理和工作特点（2 分）	简述数据采集设备 RFID 读写器的工作原理和工作特点（2 分）	简述数据采集设备 RFID 读写器的工作原理和工作特点（2 分）	
		具有知识迁移能力	能够完成智能仓储管理系统数据采集方案设计（2 分）	能够完成智能仓储管理系统数据采集方案设计（2 分）	与同学积极交流（2 分）	
	任务 2：智能仓储 RFID 系统组成	了解智能仓储 RFID 系统组成	简述 RFID 系统组成（2 分）	简述 RFID 系统组成（2 分）	简述 RFID 系统组成（2 分）	
		具有知识迁移能力	能够进行 RFID 系统架构设计（2 分）	能够进行 RFID 系统架构设计（2 分）	与同学积极交流（2 分）	
	任务 3：智能仓储 RFID 系统数据采集	了解智能仓储 RFID 系统数据采集过程	简述智能仓储 RFID 系统数据采集过程（2 分）	简述智能仓储 RFID 系统数据采集过程（2 分）	简述智能仓储 RFID 系统数据采集过程（2 分）	
		具有知识迁移能力	能够根据应用需求进行 RFID 正确选型（2 分）	能够根据应用需求进行 RFID 正确选型（2 分）	能够根据应用需求进行 RFID 正确选型（2 分）	
项目 3：RFID 技术在生产线数据采集中的应用	任务 1：RFID 电子标签介绍	了解 RFID 电子标签	了解 RFID 电子标签分类及工作原理（2 分）	了解 RFID 电子标签分类及工作原理（2 分）	了解 RFID 电子标签分类及工作原理（2 分）	
		具有自主学习能力	能根据具体需求完成电子标签的正确选型（2 分）	能根据具体需求完成电子标签的正确选型（2 分）	能根据具体需求完成电子标签的正确选型（2 分）	

续表

<table>
<tr><td rowspan="2">项目 3：RFID 技术在生产线数据采集中的应用</td><td rowspan="2">任务 2：RFID 电子标签在电子车牌中的应用</td><td>了解电子车牌的工作流程</td><td>了解电子车牌的工作流程（2 分）</td><td>了解电子车牌的工作流程（2 分）</td><td>了解电子车牌的工作流程（2 分）</td><td></td></tr>
<tr><td>具有知识迁移能力</td><td>能够完成电子车牌系统电子标签的选型（2 分）</td><td>能够完成电子车牌系统电子标签的选型（2 分）</td><td>与同学积极交流（2 分）</td><td></td></tr>
<tr><td colspan="6">合计</td><td></td></tr>
</table>

习　　题

一、选择题

1. 物联网有 4 种关键性的技术，（　　）被认为是能够让物体“开口说话”的一种技术。

　　A. 传感器技术　　　　B. 电子标签技术

　　C. 智能技术　　　　　D. 纳米技术

2. （　　）是物联网中最为关键的技术。

　　A. RFID 电子标签　　B. 阅读器

　　C. 天线　　　　　　　D. 加速器

3. RFID 电子标签（　　）可分为主动式电子标签（TTF）和被动式电子标签（RTF）。

　　A. 按供电方式　　　　B. 按工作频率

　　C. 按通信方式　　　　D. 按标签芯片

4. RFID 卡同其他几类识别卡最大的区别在于（　　）。

　　A. 功耗　　　　　　　B. 非接触

　　C. 抗干扰　　　　　　D. 保密性

5. 物联网技术是基于 RFID 技术而发展起来的新兴产业，RFID 技术主要基于（　　）方式进行信息传输。

　　A. 电场和磁场　　　　B. 同轴电缆

　　C. 双绞线　　　　　　D. 声波

二、填空题

1. RFID 是一种________的自动识别技术，通过无线射频方式进行非接触信息传输，从而实现自动识别目标。

2．典型的 RFID 系统主要由____________和____________组成。

3．按照供电方式分类，RFID 电子标签主要分为____________、____________和____________。

4．按照通信方式分类，RFID 电子标签主要分为____________________。

5．RFID 卡的读取方式为______。

三、简答题

1．简述 RFID 技术的基本工作原理。

2．RFID 技术的典型工作频率有哪些？

模块 7

数据采集终端——工业摄像机

知识目标

- 了解使用工业摄像机进行数据采集的基本过程。
- 理解视觉单元、硬触发、软触发等基本概念和术语。
- 理解工业摄像机的工作原理。
- 掌握工业应用中引导、识别、测量和检验的一般方法。

能力目标

- 能够根据产品说明书进行工业摄像机的选型操作。
- 能够根据产品说明书进行镜头的选型操作。
- 能够根据产品说明书进行光源的选型操作。
- 能够根据工业场景情况设计视频数据采集硬件系统。

素质目标

- 培养学生的自主学习能力和知识迁移能力。
- 培养学生的逻辑思维能力和分析、综合能力。
- 培养学生勇于创新和严谨细致的工作作风。

项目 1：选择工业摄像机

【项目描述】

工业机器视觉是一项综合技术，包含模拟与数字视频技术、操控技术、电光源照明技术、数字图像处理技术、光学成像技术、传感器技术、机械工程技术、计算机软硬件技术、人机接口技术等。这些技术在工业机器视觉中是互相联系的，彼此和谐配合才能构成一个成功的工业机器视觉运用体系，其工作内容可以分为产品引导、识别、测量和检验等。

机器视觉系统主要分为 3 个部分：机器、视觉和系统。机器负责机械的运动和控制；视觉通过照明光源、工业镜头、工业摄像机、图像采集卡等来实现；系统主要是指软件，也可理解为整套的机器视觉设备。

下面以汽车制造行业为例具体阐述工业摄像机在其中的应用。在汽车车身装配过程中，工业摄像机可以辅助进行间隙和齐平检验、车身板件下架及检验、转向节检验、车轮和轮爪螺母扭矩调节检验；在汽车制动和安全系统中，工业摄像机可以辅助进行制动器装配可追溯性检验、刹车片制造检验、自动化制动阀检验、安全气囊部件和气罐检验、座椅安全带部件检验；在轮胎分拣过程中，工业摄像机可以辅助进行轮胎和车轮识别、自动分拣和搬运、轮胎和车轮装配；在汽车动力传控系统中，工业摄像机可以辅助进行变速箱控制、变速箱装配、液力变矩器和发动机气门检验、RTV 胶珠密封检验；在汽车电子产品检验过程中，工业摄像机可以辅助进行电气部件检验、PCB 检验、电气模块密封检验、电气开关装配检验、电池系统检验等。

任务 1：认识工业摄像机的组成

【知识准备】

1．工业摄像机概述

机器要实现视觉功能需要 3 个主要部分：工业摄像机、图像采集卡和存储并分析图像以提取信息的计算机（或图像处理器）。图像采集卡和图像处理器属于相对容易选择的电子装置，它们的主要参数是存储能力和处理速度。工业摄像机用于捕获图像并生成电子信号发送给图像处理器进行处理。工业摄像机适用于智能交通、治安卡口、高清电子警察系统、工业检测、半导体检测、食品饮料检测等众多领域。工业摄像机常见国外品牌有索尼（SONY）、徕卡（Leica）、宾得（PENTAX）、康耐视（COGNEX）等，国内品牌有海康、大华、墨邦、大疆（DJI）、敏宏士、奥普特（OPT）等。机器视觉技术随着电子行业的发展进入中国，在自动化生产的大背景下，得到了广泛的应用。工业摄像机作为核心设备，其应用涉及的领域众多，国产工业摄像机相关技术正在追赶世界领先水平。

2．工业摄像机的结构

工业摄像机的组成分为两大部分：图像获得部分、图像输出部分。近年来市场主流的工业摄像机将图像采集卡的模数（A/D）转换模块集成于摄像机之中，通过 USB/1394/GIGE 千兆网，将图像直接传输到图像处理器进行处理。

3．工业摄像机的分类

工业摄像机按照芯片类型可以分为 CCD 摄像机、CMOS 摄像机；按照传感器的结构特性可以分为线阵摄像机、面阵摄像机；按照扫描方式可以分为隔行扫描摄像机、逐行扫描摄像机；按照分辨率大小可以分为普通分辨率摄像机、高分辨率摄像机；按照输出信号方式可以分为模拟摄像机、数字摄像机；按照输出色彩可以分为单色（黑白）摄像机、彩色摄像机；按照输出信号速度可以分为普通速度摄像机、高速摄像机；按照响应频率范围可以分为可见光（普通）摄像机、红外摄像机、紫外摄像机等。在工作实践中，应根据业务需求，选择合适的工业摄像机，既要完成工作任务，又不能造成额外的成本浪费。

1）按照传感器的结构特性分类

面阵摄像机是一种可以一次性获取图像并能及时进行图像采集的摄像机，应用范围比较广，如面积、形状、尺寸、位置，甚至温度的测量，这种摄像机可以快速准确地获取二维图像信息。面阵摄像机如图 7.1 所示。

图 7.1　面阵摄像机

线阵摄像机是采用线阵图像传感器的摄像机。这种摄像机拍摄出的图像呈现出线状，虽然是二维图像，但是很长，长度可以达到几千像素，宽度就只有几像素，通常只在两种情况下使用这种摄像机：①被测视野为细长的带状，多用于滚筒上的检测；②需要极大的视野或极高的精度。线阵摄像机如图 7.2 所示。

图 7.2　线阵摄像机

2）按照摄像机数据传输接口的结构特性分类

GIGE 接口摄像机：GIGE 接口标准是一种基于千兆以太网通信协议开发的摄像机接口标准。GIGE 接口摄像机的信号线加上中继器或转换器，其信号传输长度可达 1000m 以上。

USB 接口摄像机：USB 接口是串行接口，支持热插拔，连接方便。对于工业摄像机，USB 接口并不是最佳选择。USB 接口摄像机没有工业图像传输标准，丢包率严重，传输距离短，稳定性差。

Camera Link 接口摄像机：Camera Link 接口摄像机需要配合 Camera Link 采集卡来使用，Camera Link 采集卡一般通过 PCI-E 接口安装在控制计算机上（对于早期的采集卡，低端型号使用的是 PCI 接口，高端型号使用的是 PCI-X 接口）。

CXP 接口摄像机：CXP 接口摄像机必须始终借助合适的拓展卡，才能将数据传输到计算机上。

1394 接口摄像机：美国电气和电子工程师学会（IEEE）制定了 IEEE 1394 标准，1394 接口是一个串行接口，特点是传输速度快，适合传输数字图像信号。

3）按照摄像机输出色彩分类

单色摄像机：单色摄像机输出的是没有颜色信息的灰度信号值。

彩色摄像机：彩色摄像机又分为伪彩色摄像机与真彩色摄像机。真彩色摄像机获取的图像质量好，没有细节丢失，但这样的摄像机结构复杂，需要配备专门的镜头，价格一般都很昂贵。

在工业应用中，如果我们要处理的是与图像颜色有关的问题，则最好采用彩色摄像机；如果不是，则最好采用单色摄像机，因为对于同样分辨率的工业摄像机，单色摄像机的精度比彩色摄像机高，尤其是在看图像边缘的时候，单色摄像机的效果更好。

【任务实施】

工业摄像机小调查

引导问题 1：从事机器视觉工程师工作岗位，需要在岗位上进行工业摄像机选型，应主动访问工业摄像机企业官方网站，那么应收集产品的哪些基本信息？

____

____

____

步骤 1： 打开国产工业摄像机企业官方网站，查找产品信息。

以海康工业摄像机为例，收集产品信息并填写表 7.1。

表 7.1　海康工业摄像机产品信息表

品 牌 名 称	海康（HIKROBOT）
官方网站地址	
产 品 型 号	MV-CA003-20GC
黑白/彩色	
传感器类型	
传感器型号	
像 元 尺 寸	
靶 面 尺 寸	
分 辨 率	
最 大 帧 率	
动 态 范 围	
信 噪 比	
增 益	
曝 光 时 间	
快 门 模 式	
像 素 格 式	
Binning	
下 采 样	
镜 像	
数 据 接 口	
数字 I/O	
供 电 方 式	
典 型 功 耗	
镜 头 接 口	
外 形 尺 寸	
质 量	
温 度	
湿 度	
软 件	
操 作 系 统	
协议/标准	
认 证	

步骤 2：在 Excel 中创建工作簿，命名为“工业摄像机基本信息库.xlsx”，根据表 7.1 建立每一个产品的数据表。

引导问题 2：至少收集 5 种品牌，每种品牌不同传感器类型的产品信息各收集 2 个，合计应收集不少于 20 个产品信息。如何实现在“工业摄像机基本信息库.xlsx”工作簿中快速查找所有的 C 接口工业摄像机？

____

____

____

步骤 3： 完成步骤 2 后，创建名词解释库，命名为“工业摄像机性能指标解释.docx”，查找资料，记录相关性能指标的名词解释。

曝光时间：____

Binning：____

像素格式：____

像元尺寸：____

靶面尺寸：____

分辨率：____

最大帧率：____

【思考】

根据收集的产品信息，思考衡量工业摄像机性能的指标有哪些？

例如，已收集到如下信息。

（1）海康工业摄像机的性能指标项有：像元尺寸、靶面尺寸、分辨率、最大帧率、动态范围、信噪比、增益、曝光时间、快门模式、像素格式、Binning、下采样、镜像。

（2）工业摄像机的性能指标项有：像素格式、信噪比、动态范围、通用 I/O 接口、图像格式、Binning、分辨率、ROI、增益。

（3）大华工业摄像机的性能指标项有：快门类型、Rolling、分辨率、帧率、位深、像元、像素格式、信噪比、动态范围、ROI、增益。

根据分析，3 种品牌共有性能指标项有分辨率、信噪比、增益、动态范围、像素格式。

请填写你收集的信息，并写出你的思考结果。

已收集到如下信息：   根据分析，(　　) 种品牌共有性能指标项有 (　　　　　　　　　　)。

【拓展知识】

关于扫描方式的一些相关参数的意义。

（1）什么是帧？

在最早的电影里面，一幅静止的图像被称作一帧（Frame），人类眼睛的视觉暂留现象为每秒 24 帧。

（2）什么是行？

一个电子束在水平方向的扫描被称为行或行扫描。

（3）什么是场？

一个行按垂直的方向扫描被称为场或场扫描。

（4）什么是分辨率？

分辨率又称解析度、解像度，可以细分为显示分辨率、图像分辨率、打印分辨率和扫描分辨率等。分辨率决定了位图图像细节的精细程度。在通常情况下，图像的分辨率越高，所包含的像素越多，图像越清晰，同时文件占用的存储空间越大。

（5）什么是信噪比？

图像的信噪比和图像的分辨率一样，都是衡量图像质量高低的重要指标。图像的信噪比是指图像信号大小与噪波信号大小的比值，信噪比大，图像画面就干净，没有什么噪波干扰（表现为“颗粒”和“雪花”），看起来很舒服。一般摄像机的信噪比在 50～60dB 之间，录像机在 40～50dB 之间。

（6）什么是增益？

增益的一般含义就是放大倍数。

（7）什么是帧率？

帧率（Frame Rate）是以帧为单位的位图图像连续出现在显示器上的频率（速率）。

（8）什么是像素？

像素是指图像的小方格，这些小方格都有一个明确的位置和被分配的色彩数值，小方格的颜色和位置决定了该图像所呈现出来的样子。像素是构成数码影像的基本单元，通常以像素每英寸（Pixels Per Inch，PPI）为单位来表示影像分辨率的大小。

例如，300PPI×300PPI 分辨率表示水平方向与垂直方向上每英寸长度上的像素数都是 300，也可表示为一平方英寸内有 9 万（300×300）像素。

任务 2：了解工业摄像机的工作原理

【知识准备】

1. 成像原理

人眼的工作原理：小孔成像。摄像机的工作原理：透镜成像。如果把人眼当作摄像机，那么镜头就是人眼的晶状体；光圈就是人眼的瞳孔，人睁大眼或眯上眼代表调节光圈大小；按快门就是人眨眼，眨眼的速度越快，代表按快门的频率越高；感光元件就是视网膜，用于形成图像；焦距相当于人眼睫状肌调节的成像的光线折射距离。摄像机成像原理如图 7.3 所示。

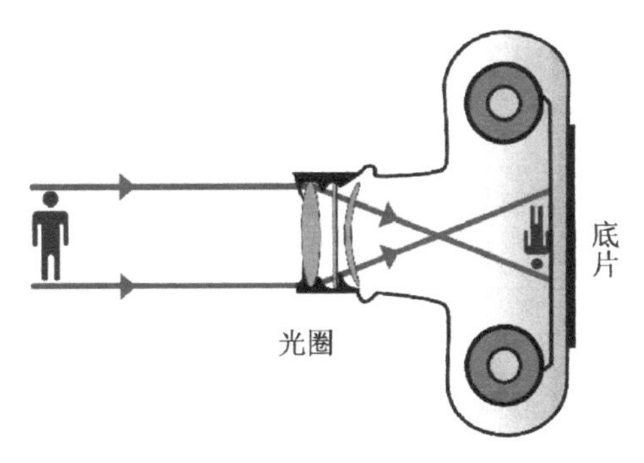

图 7.3　摄像机成像原理

2. CCD 传感器与 CMOS 传感器成像过程

1）CCD 传感器

（1）CCD 传感器简介。

CCD（Charge Coupled Device，电荷耦合器件）传感器使用一种高感光度的半导体材料制成，能把光线转变成电荷，并通过模数转换器转换成数字图像信号，数字图像信号经过压缩后由摄像机内部的闪速存储器或内置硬盘卡保存，因此可以轻而易举地把数据传输给计算机，并借助于计算机的处理手段，根据需要来修改图像。CCD 传感器成像原理如图 7.4 所示。

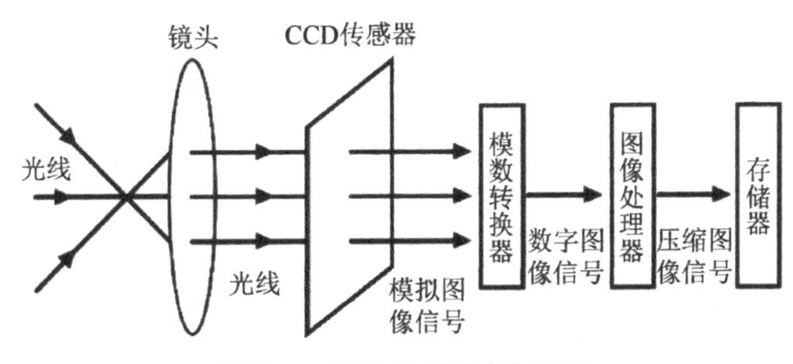

图 7.4　CCD 传感器成像原理

（2）CCD 传感器的分类。

① 面阵 CCD 传感器。

面阵 CCD 传感器摄像机允许拍摄者在任何快门速度下一次曝光拍摄移动物体。

② 线阵 CCD 传感器。

线阵 CCD 传感器用一排像素扫描图像，进行 3 次曝光，分别对应于红、绿、蓝三色滤镜。线阵 CCD 传感器摄像机在拍摄静态图像时受限于非移动的连续光照的物体。

③ 三线 CCD 传感器。

三线 CCD 传感器多用于高端数码摄像机，以产生高的分辨率和光谱色阶。

④ 交织传输 CCD 传感器。

交织传输 CCD 传感器通常用于低端数码相机、摄像机和拍摄动画的广播拍摄机。

⑤ 全幅面 CCD 传感器。

全幅面 CCD 传感器摄像机允许即时拍摄全彩图片。

2）CMOS 传感器

（1）CMOS 传感器简介。

CMOS（Complementary Metal-Oxide-Semiconductor）的中文学名为互补金属氧化物半导体。在 CMOS 传感器芯片上可以集成其他数字信号处理电路，如模数转换电路、自动曝光量控制电路、非均匀补偿电路、白平衡处理电路、黑电平控制电路、伽玛校正电路等，为了进行快速计算，甚至可以将具有可编程功能的 DSP 器件与 CMOS 器件集成在一起，从而组成单片数字摄像机及图像处理系统。

（2）CMOS 传感器的分类。

CMOS 传感器按像素结构分为被动式 CMOS 传感器与主动式 CMOS 传感器两种。

① 被动式 CMOS 传感器。

被动式像素结构（Passive Pixel Sensor，PPS）又叫无源式像素结构。被动式 CMOS 传感器由一个反向偏置的光敏二极管和一个开关管构成。

② 主动式 CMOS 传感器。

主动式像素结构（Active Pixel Sensor，APS）又叫有源式像素结构。主动式 CMOS 传感器的功耗比 CCD 传感器小。

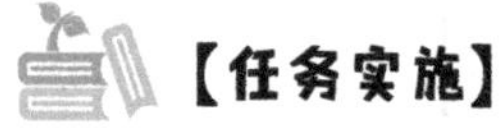

【任务实施】

图像传感器制造企业小调查

引导问题：面向世界科技前沿，收集图像传感器制造企业的基本信息，了解行业现状。

步骤 1：使用搜索工具，查找图像传感器制造企业信息。

例如，使用百度搜索引擎，用“图像传感器制造企业”作为关键字，搜索得到结果。

步骤 2：根据上一步反馈，进一步查找相关信息。

根据搜索结果，收集企业详细信息并填写表 7.2。

表 7.2　企业详细信息

序　号	企 业 名 称	国　家	核 心 产 品	市 场 份 额
1				
2				
3				
4				
5				
6				
7				
8				
9				
10				

【思考】

根据收集的相关信息，结合“十四五”规划及 CMOS 传感器产业链现状，思考中国企业如何提高市场竞争力。

项目 2：设计视频数据采集硬件系统

【项目描述】

机器视觉图像采集能够自动获取和分析特定的图像，以控制相应的行为。也就是说，计算机视觉为机器视觉提供图像和景物分析的理论及算法基础、工件的特征和检测对象，同时全面数字化色彩并分析缺陷，用于表面缺陷和异样类检测，解决零件复杂背景下定位、错漏装检测、缺陷探测分类和光学字符识别应用等问题。

以注塑行业为例，为了保证塑胶配件产品质量符合生产需求，通常需要对产品进行两个方向的检测：尺寸检测和缺陷检测，采用人工全检后筛选抽检的检测模式。机器视觉检测系统采用非接触式检测，对产品的尺寸和缺陷检测都完全可靠，特别是对于在运动过程中的产品的检测性能是肉眼无法超越的。在这个过程中，视觉检测设备运行轨迹为：自动上料机将产品按一定的方向摆放在入料输送带上→产品输送到入料槽处→夹具夹住产品并做旋转运动，旋转过程中线扫摄像机进行扫描检测→机器人对检测结果进行判断剔除→完成一个检测周期。

其中，机器人使用工业摄像机完成视频数据采集工作，前期先要进行硬件系统设计，一般分为两个业务流程。

（1）根据光源选择工业镜头。

（2）根据工作任务及工作环境选择工业摄像机型号。

任务 1：选择光源

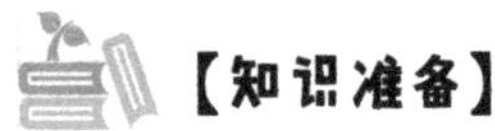

【知识准备】

1. 光源的作用

选择合适的光源用于照明系统是设计机器视觉系统最为关键的部分之一，直接影响到工业摄像机采集到的图像的质量，进而影响到系统的性能。合适的光源照明设计可以使图像中的目标信息与背景信息得到最佳分离，帮助我们得到一幅好的图像，从而大大降低图像处理的算法难度，同时提高系统的精度和可靠性。反之，如果光源照明设计不当，则会导致在图像处理算法设计和成像系统设计中“事倍功半”。截至目前尚没有一个通用的机器视觉照明设备，针对每个特定的案例，要设计合适的照明装置，以达到最佳效果。因此，光源及光学系统设计的成败是决定系统成败的首要因素。在机器视觉系统中，光源的作用至少有以下 4 种。

（1）照亮目标，提高目标亮度。

（2）形成最有利于图像处理的成像效果。

（3）克服环境光干扰，保证图像的稳定性。

（4）用作测量的工具或参照。

2. 光源基础概念

1）光的颜色

能匹配出所有颜色的 3 种颜色称为三原色。RGB 又称色光三原色（加色法原理），即红（Red）、绿（Green）、蓝（Blue）。不同波长的光呈现不同的颜色。光的颜色如图 7.5 所示。

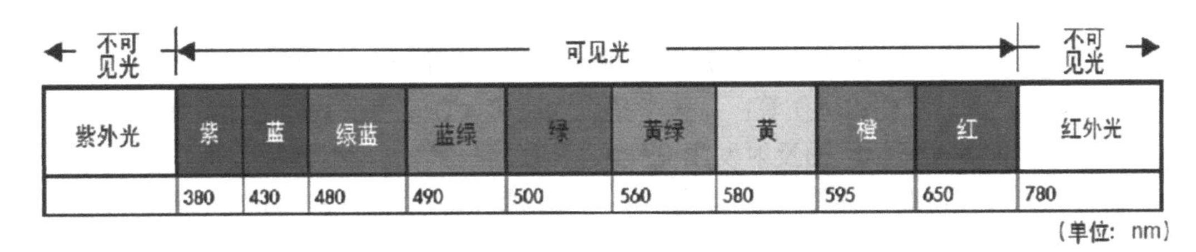

图 7.5　光的颜色

紫外线（UV）是波长为 10～400nm 的电磁波。在紫外线反射成像应用中，用紫外线照射物体，并使用对紫外线敏感的单色或彩色摄像机捕获图像。在紫外线荧光成像中，用紫外线照射物体表面，在添加荧光增白剂的涂料、塑料、印刷油墨和染料等产品中，这些荧光材料将吸收紫外线辐射，然后发射出波长更长的荧光。紫外线照明设备已经在许多工业检测应用中部署，反射成像模式和荧光成像模式都有应用。

红外线区域根据波长范围分为近红外线、中红外线和远红外线区域，对应波长的电磁波称为近红外线、中红外线和远红外线。在机器视觉红外线成像中，由于传感器的感应限制，一般将近红外线定义为 0.9～1.7μm 波长范围内的光线。近红外线波段对特定物质具有穿透性能，当使用近红外线成像时，水蒸气、雾和硅等材料均为透明的，并且，在可见光环境下近乎相同的颜色使用近红外线可轻松区分。所以，很多使用可见光成像难以或无法实施的应用可通过近红外线成像完成，如太阳能电池检测、表面探伤检测、瓶装液位检测、识别与排序、生产过程质量检测等。

2）光源与被照射物体的相互作用

为了方便应用，可以把可见光波段的颜色首尾相接组成一个圆环，也就是色环。色环中距离比较近的颜色为相邻色或相近色，关于色环中心对称的颜色为互补色，距离比较远的颜色为对比色。色环如图 7.6 所示。

在光照环境中，使用与物体本色相邻或相近的颜色光照射，物体在图像中的亮度会比较高；反之，如果使用对比色光照射，则会使物体在图像中显得比较暗。

图 7.6　色环

光源照射在物体上，会发生反射、吸收和透射 3 种作用；不同材质的物体，3 种作用产生的现象不同；同一种物体上的缺陷部分和其他部分，3 种作用产生的现象也不同。在表面检测中，我们可以粗略地把目标上的缺陷分成两类，一类是几何形状缺陷，如凹坑、划痕、裂纹、毛刺、凸起、擦伤、碰伤等；另一类是表面强度（或密度）缺陷，如氧化、生锈、污点、污迹等，前者使目标表面反射发生变化，后者使目标表面反射和吸收都发生变化。只有仔细研究光源与被照射物体相互作用的特点，才能确定光源及照明方式。物体的色彩是光吸收的一个例子。全波段的白光照射到物体表面，一些波长的光被物体表面吸收，一些波长的光被物体表面反射，物体呈现出与反射光相同频谱的颜色。利用这个道理，我们可以使用单色摄像机，选择特定波长的光源，突出物体表面待检测部分与其他部分的灰度差，实现可靠、稳定的检测。

3）光的偏振

光在同种均匀介质中沿直线传播，通常简称为光的直线传播。光的直线传播是几何光学的重要基础，利用它可以简明地解决成像问题。人眼就是根据光的直线传播来确定物体或像的位置的，这是物理光学中的一部分。

光的偏振：振动方向对于传播方向的不对称性叫作偏振。光波电矢量振动的空间分布对于光的传播方向失去对称性的现象叫作光的偏振。只有横波才能产生偏振现象。在垂直于传播方向的平面内，包含一切可能方向的横振动，且平均说来任一方向上具有相同的振幅，这种横振动对称于传播方向的光称为自然光（非偏振光）。凡其振动失去这种对称性的光统称为偏振光。

工业摄像机是基于光的电磁理论产生的。对于工业摄像机而言，光波包含一切可能方向的振动。由于光的偏振特性，为了让工业摄像机得到清晰的图像，我们可以使用一些辅助的配件，如滤光片、偏振片等。

3．光源的种类

与工业摄像机配套使用的常用光源有卤素灯、荧光灯、LED 灯。卤素灯适合于高亮度应用场合；荧光灯因其色还原性好的特点被广泛应用于色彩检测中；LED 灯技术发展很快，其寿命长、功耗低、亮度稳定，可构成不同形状的光谱，逐渐在机器视觉使用的光源中占主导地位。

4. 照明技术中的一些基本概念

1）亮场照明和暗场照明

亮场照明和暗场照明描述光源和摄像机的相对位置，是机器视觉照明技术中的常见术语。在摄像机垂直于被检测目标的情况下，亮场照明和暗场照明的定义是：假设检测目标具有平坦、光滑的表面（镜面），摄像机放在目标中心的上方，光经目标表面反射，全部落入镜头的范围内，称作亮场照明；没有光落入镜头的范围内，称作暗场照明。亮场照明和暗场照明如图 7.7 所示。

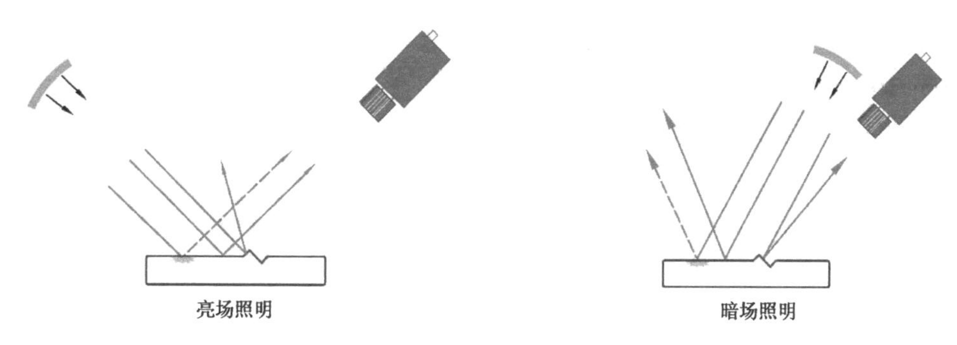

图 7.7　亮场照明和暗场照明

当目标表面有缺陷时，采用亮场照明，缺陷部位的反射光不再落入镜头的范围内，形成低灰度值区，与背景产生反差；暗场照明正好相反，缺陷部位的反射光落入镜头的范围内，形成高灰度值区。

2）前光照明和背光照明

前光照明和背光照明是描述摄像机、光源和被检测目标相对位置的术语。前光照明是指摄像机和光源同在被检测目标的一侧；背光照明是指摄像机和光源各在被检测目标的一侧。

前光照明可以有多种方式，我们可以用被检测目标上的一个半球光源统一表示。前光照明示例如图 7.8 所示。

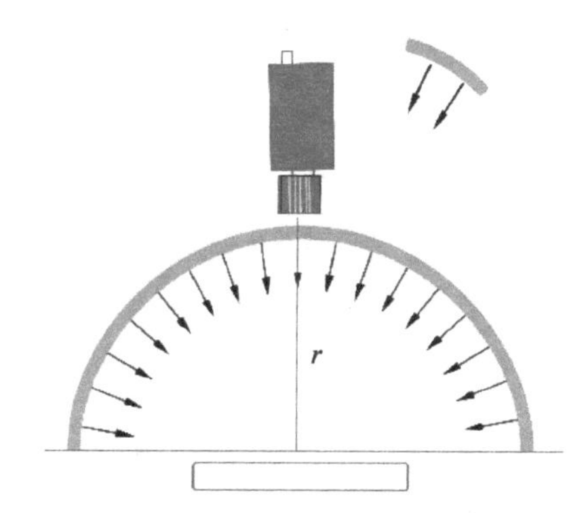

图 7.8　前光照明示例

光源可以是整个半球体；可以是半球体上半径为 r 的一个环或环上的一部分，环的位置可以是球面上的任何位置；光源还可以分布在摄像机一侧。

5. LED 光源的应用

机器视觉中常用的 LED 光源可以分为两类：正面照明 LED 光源和背面照明 LED 光源。正面照明 LED 光源用于检测物体表面特征，背面照明 LED 光源用于检测物体轮廓或透明物体的纯净度。

正面照明 LED 光源按照结构不同，又可分为环形光源、条形光源、同轴光源和方形光源。目前，环形光源用得较多，包括直接照射环形光源、漫反射环形光源、DOME 环形光源等。

（1）直接照射环形光源：适用于不反光物体的检测。

（2）漫反射环形光源：适用于反光物体的检测。

（3）DOME 环形光源：是漫反射环形光源的一种，但它通过半球形的内壁进行多次反射，可以完全消除阴影，主要用于检测球形或曲面物体。

按照照射角度的不同，直接照射环形光源可分为垂直照射环形光源、带角度照射环形光源、低角度照射环形光源和水平照射环形光源等。可以简单理解为：每个 LED 的光轴和环形灯外壳之间的夹角不同，依次为 0°、20°、60° 和 90°（不同的光源公司对角度的定义不同，在选购光源时要慎重）。

不同角度的照明适用于不同的检测要求。垂直照明和带角度照明为明视野照明，也就是被照射物体表面大部分反射光都能进入镜头，故背景呈白色，如物体表面突出特征的检测。低角度照明和水平照明为暗视野照明，也就是被照射物体表面大部分反射光都不进入镜头，故背景呈黑色，只有物体表面高低不平之处的反射光进入镜头，如金属表面划痕的检测，背景呈黑色，划痕呈白色。

垂直照明和带角度照明的区别在于，前者的照明距离较远，后者较近。低角度照明和水平照明的区别也是这样。

6. 常见的配光方式

1）环形光源照射

环形光源提供不同照射角度、同颜色组合，更能突出物体的三维信息。环形光源如图 7.9 所示。

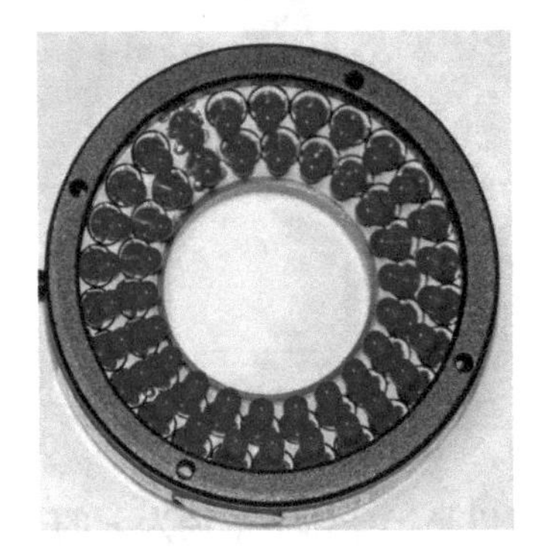

图 7.9　环形光源

（1）高角度环形光源照射——明场配光。

高角度环形光源提供高角度照射、不同颜色组合，能突出物体的表面信息，如测量光滑表面浮雕图案、裂痕、划伤，低反光与高反光区域分离等。

（2）低角度环形光源照射——暗场配光。

低角度环形光源提供低角度照射，能突出物体的表面轮廓边缘，主要用于倒角、圆角物体轮廓提取，浮雕图案识别与检测，光滑表面划伤、裂痕检测。

2）条形光源照射

条形光源是较大方形结构物体的首选光源，颜色可根据需求搭配，自由组合，角度灵活，照射角度与安装角度可调。LED 条形光源如图 7.10 所示。

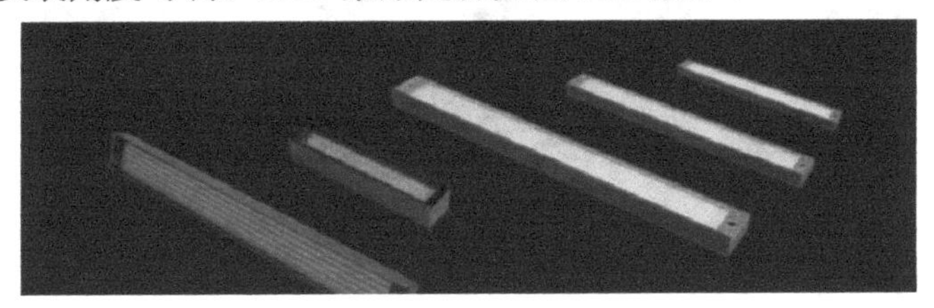

图 7.10　LED 条形光源

3）点光源照射

点光源体积小，发光强度高，尤其适合作为镜头的同轴光源，一般搭配同轴远心镜头使用。点光源如图 7.11.所示。

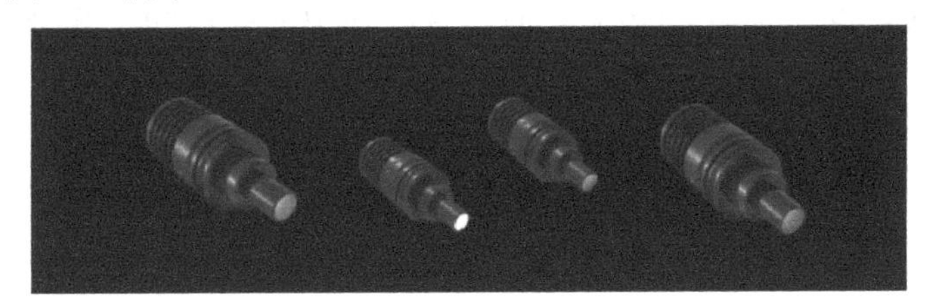

图 7.11　点光源

4）同轴光源照射

同轴光源的形成：通过垂直墙壁出来的发散光，射到一个使光向下的分光镜上，相机从上面通过分光镜看物体。同轴光源可以消除物体表面不平整引起的阴影，从而减少干扰部分。同轴光源如图 7.12 所示。

图 7.12　同轴光源

同轴光源适用于以下场景。

（1）表面反光率极高的物体（金属表面、手机屏等）表面微小凹坑、划痕、裂纹、毛刺、凸起等缺陷的检测。

（2）表面由反射、吸收特性不同的材料组成的目标物体的检测。

5）面光源照射

使用面光源从物体背面射过来均匀视场的光，通过摄像机可以看到物体的侧面轮廓。可以用高密度 LED 阵列面光源提供高强度背光照明。背光照明的主要应用为外形轮廓提取、透明体内部不透明体检测。面光源如图 7.13 所示。

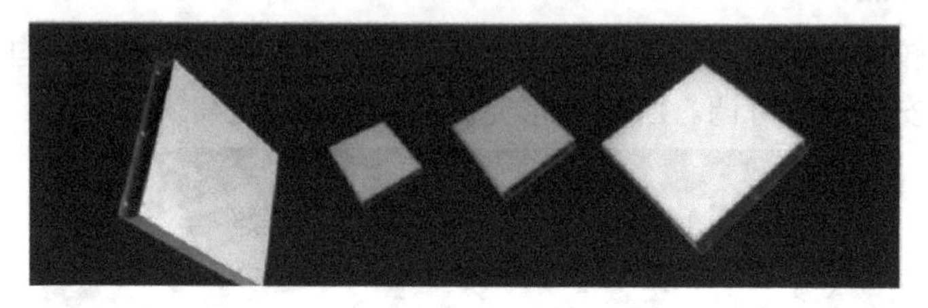

图 7.13　面光源

6）球积分光源照射

球积分光源在内壁上涂有白色漫反射材料的空腔球，也称为光度球、发光球等。其球形壁上开有一个或几个窗孔，用作入光孔和用于放置光接收装置的接收孔。在球积分光源的内壁上对称且均匀地置有几个灯泡。灯泡发出的光通过内壁多次扩散反射，形成均匀明亮的发光球形表面，可以用作被测光学系统的物体表面，具有均匀的亮度和大视野。球积分光源如图 7.14 所示。

图 7.14　球积分光源

球积分光源具有面分布、方向分布都均匀的照射特点。通过调节不同的工作距离等参数，可以消除被照射物体表面不平整形成的干扰。使用球积分光源需要考虑物镜的渐晕系数和被照射物体的像面照度的均匀性。

【任务实施】

设计汽车连接器尺寸测量过程中的照明系统

引导问题 1：汽车连接器是电子工程技术人员经常接触的一种部件。汽车连接器的作用非常单纯：在电路内被阻断处或孤立不通的电路之间，架起“沟通的桥梁”，从而使电流流通，使电路实现预定的功能。汽车连接器的形式和结构是千变万化的。已知某企业生产的汽车连接器 OBD 16PIN 产品如图 7.15 所示，在进行照明系统设计前需要了解哪些与产品相关的信息？

____

____

____

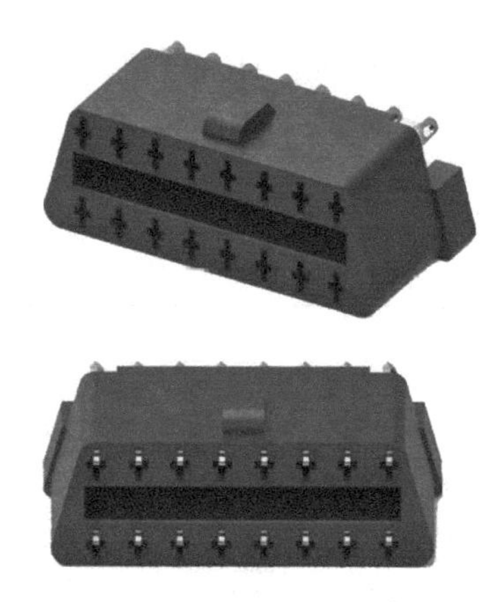

图 7.15　OBD 16PIN 产品

步骤 1：阅读产品说明书。

引导问题 2：在生产时，产品由机器人抓取至指定位置进行测量。企业提供产品说明书，请扫描二维码查看（产品说明书 PDF 文件）。

根据图 7.16，找到需要的尺寸信息。

____

____

____

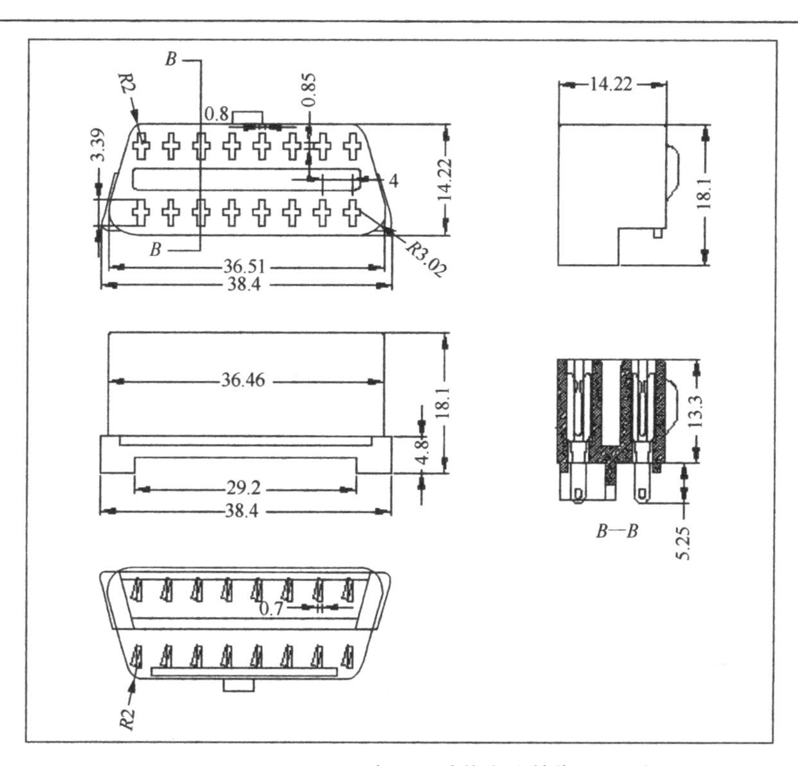

图 7.16　OBD 16PIN 产品尺寸信息（单位：mm）

根据产品说明书中“General Tolerance：±0.3mm”部分，找到产品质量信息。

____

____

____

步骤 2：画设计草图。

引导问题 3：对小型电子元器件尺寸进行测量，当元器件无透光部分时，一般选取背光源，它可以充分突出被测量产品的轮廓和边缘信息，其中平行面光源具有更好的方向性，LED 经结构优化均匀分布于光源底部，常用于外形轮廓和尺寸测量。因此，此处选择比实际拍摄视野略大的平行面光源、镜头等搭建照明系统。如何设计视野尺寸才合适？

____

____

____

根据步骤 1 记录该产品最长边为 38.4mm，最宽边为 18.1mm，公差为±0.3mm，用户无颜色要求，平行面光源一般为正方形，因此可定制一款白光（W）LED、50mm×50mm 的平行面光源。

照明系统设计草图如图 7.17 所示（横线处请学生填写）。

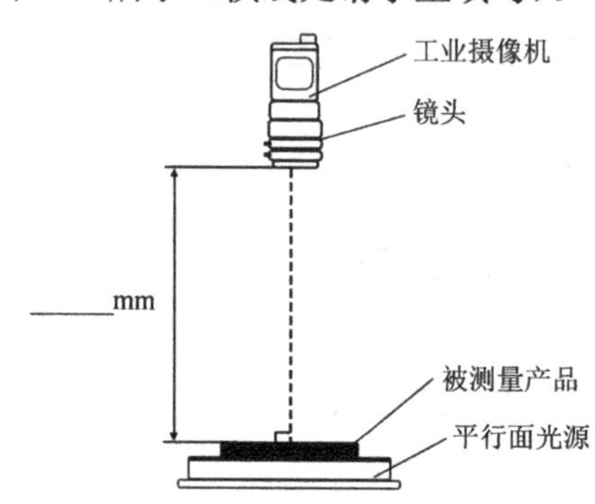

图 7.17　照明系统设计草图

引导问题 4：平行面光源尺寸与 OBD 16PIN 产品尺寸的关系如何？

____

____

____

【任务实施】

设计 IC 导线检测读取刻印型号过程中的照明系统

引导问题：IC 导线为长条形，其固定位置在机器视觉系统下方。当被测量产品有透光部分或表面不是水平面时，需要考虑光的漫反射等特性。IC 导线型号是用光雕刻在金属表面物体上的，表面不平，得到如下效果图（见图 7.18）是合适的吗？

____

____

____

图 7.18　IC 导线检测读取刻印型号效果图

步骤 1： 思考用户需求。

____

____

____

步骤 2： 画设计草图。

照明系统设计草图如图 7.19 所示，除条形光源外，还可以选取哪些光源？还有哪些低角度解决方案？

____

____

____

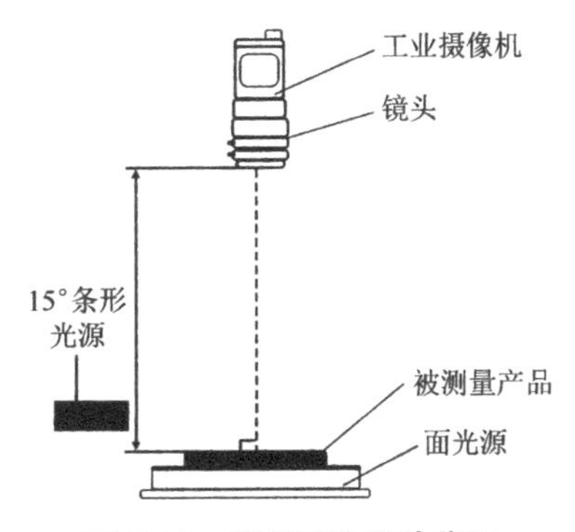

图 7.19　照明系统设计草图

【思考】

红外光、紫外光、偏振光、多角度组合光在工业机器视觉中的应用有哪些方面?

【提示】

红外光可应用于需要颜色过滤、穿透力强的业务场景；紫外光可应用于荧光检测、涂胶检测、油污检测、微粒检测等业务场景。请在下面记录你的调查结果。

【拓展知识】

1. 设计照明系统的必要性

没有一款光源是万能的，合适的才是最好的。在实际工作中，技术人员需要从以下方面设计照明系统。

(1) 了解项目需求，明确要检测或测量的目标，并且测试样品要丰富，要有不同种类的完好样品及问题样品，尽可能让样品出现所有的问题，特别是要有极难检测出实际问题的样品。

(2) 分析目标与背景的区别，找出两者之间差异可能最大的光学现象，确定工业摄像机、光源、目标的空间结构关系。

(3) 根据光源与目标之间的配合关系，初步确定合适的光源和发光类型。

(4) 要准备多款备用测试光源，LED 光源常见的几大类，以及不同的颜色都要有。用实际光源测试，以确定满足要求的打光方式。

(5) 根据具体情况，确定适合用户的产品。

2. 提高光源稳定性的方式

（1）减少环境光干扰，关闭环境光。例如，来自车间天花板上的灯光、设备附近的白炽灯。

（2）为光源建造保护罩。

（3）通过频闪和提高光源亮度的方式，将环境光淹没。

（4）用滤光片控制，让一个窄带的光线通过滤光片。

任务 2：选择镜头

【知识准备】

1. 工业镜头工作原理

工业镜头一般称为摄像镜头或摄影镜头，简称镜头，其功能就是光学成像。工业镜头是机器视觉系统中的重要组件，对成像质量有关键的作用，它对成像质量的几个主要指标都有影响，包括分辨率、对比度、景深及各种像差。工业镜头不但种类繁多，而且质量差异非常大，但技术人员在进行系统设计时往往对工业镜头的选择不够重视，因而不能得到理想的图像，甚至导致系统开发失败。

工业镜头近似一个凸透镜，要照的景物就是物体，摄像机芯片就是屏幕。照射在物体上的光经过漫反射通过镜头将物体的像成在摄像机的芯片上，摄像机控制芯片曝光后将光信号转换成有序的电信号，形成物体的像。工业镜头工作原理如图 7.20 所示。CCD 摄像机和 CMOS 摄像机均可以和工业镜头搭配使用。

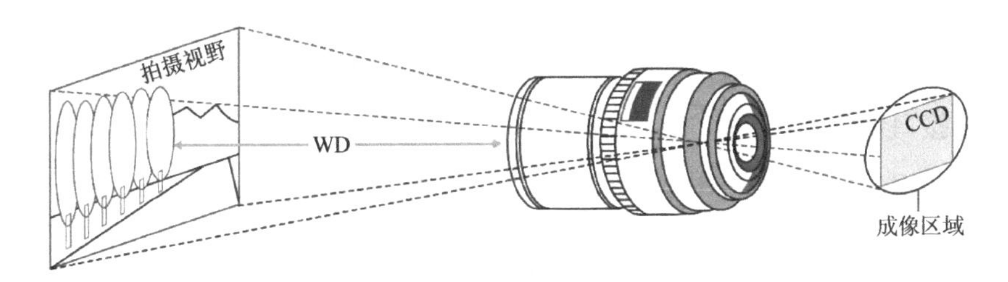

图 7.20　工业镜头工作原理

2. 工业镜头分类

1）根据焦距分类

根据焦距能否调节，工业镜头可分为定焦距镜头和变焦距镜头两类。依据焦距的长短，定焦距镜头又可分为鱼眼镜头、短焦镜头、标准镜头、长焦镜头 4 类。需要注意的是，焦距的长短划分并不是以焦距的绝对值为首要标准的，而以像角的大小为主要区分依据，所以当靶面的大小不等时，其标头的准镜焦距大小不同。变焦距镜头上都有变焦环，调节该环可以使镜头的焦距值在预定范围内灵活改变。变焦距镜头最长焦距值和最短焦距值的比值称为该镜头的变焦倍率。变焦距镜头可分为手动变焦距镜头和电动变焦距镜头两类。

变焦距镜头具有可连续改变焦距值的特点，在需要经常改变摄影视场的情况下非常方便，在摄影领域应用非常广泛。

2）根据用途分类

显微镜头：一般为成像比例大于 10∶1 的拍摄系统所用，但由于现在的摄像机的像元尺寸已经做到 3μm 以内，所以一般成像比例大于 2∶1 时也会选用显微镜头。

微距镜头：一般是指成像比例在 1∶4～2∶1 范围内的特殊设计的镜头。在对图像质量要求不是很高的情况下，一般可采用在镜头和摄像机之间加近摄接圈的方式达到放大图像的效果。

远心镜头：是为纠正传统镜头的视差而特殊设计的镜头，可以在一定的物距范围内，使得到的图像放大倍率不会随物距的变化而变化。

紫外线镜头和红外线镜头：专门针对紫外线和红外线进行设计的镜头。

鱼眼镜头：焦距在 16mm 以下的镜头。鱼眼镜头是一种广角镜头，其视角比超广角还要大，拍摄时几乎不用调焦，近大远小的透视关系大，空间感极强，但图像失真现象明显，工业现场特殊情况下要合理使用鱼眼镜头。

3）根据接口分类

工业摄像机与工业镜头之间的常用接口包括 C 接口、CS 接口、F 接口、V 接口、T2 接口、M42 接口、M50 接口等。接口类型的不同和工业镜头性能及质量并无直接关系，只是接口方式不同。即使选择的摄像机与镜头接口方式不一致，也可以找到各种常用接口之间的转接口。

本书仅对常用的 C 接口镜头、CS 接口镜头进行介绍。

（1）C 接口镜头。

目前机器视觉领域使用最多的接口类型即 C 接口，对应的 C 接口镜头也使用广泛。

（2）CS 接口镜头。

CS 接口是 C 接口的缩短类型。标准的 C 接口法兰焦距为 17.526mm，而 CS 接口的法兰焦距为 12.5mm。一般来说，C 接口镜头应用于 C 接口摄像机，CS 接口镜头应用于 CS 接口摄像机。如果手上有一个 C 接口镜头，还有一个 CS 接口摄像机，那么在摄像机前面加 5mm 的接圈，则 CS 接口摄像机也可以使用 C 接口镜头。而 CS 接口镜头只能使用在 CS 接口摄像机上，如果加 5mm 的接圈，则可能无法成像。如果能成像，则需要改变像距，会缩小工作距离和视野。C 接口与 CS 接口对比如图 7.21 所示。

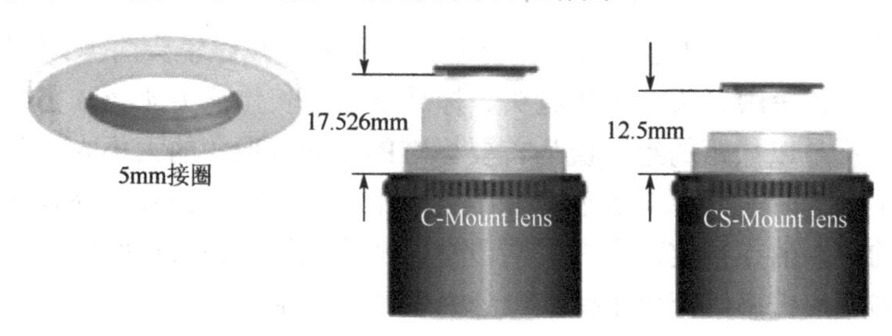

图 7.21　C 接口与 CS 接口对比

3. 工业镜头的结构

工业现场常用到的是变焦距镜头、定焦距镜头、远心镜头。本书以手动定焦距镜头为例，介绍工业镜头的结构。手动定焦距镜头的结构如图 7.22 所示。

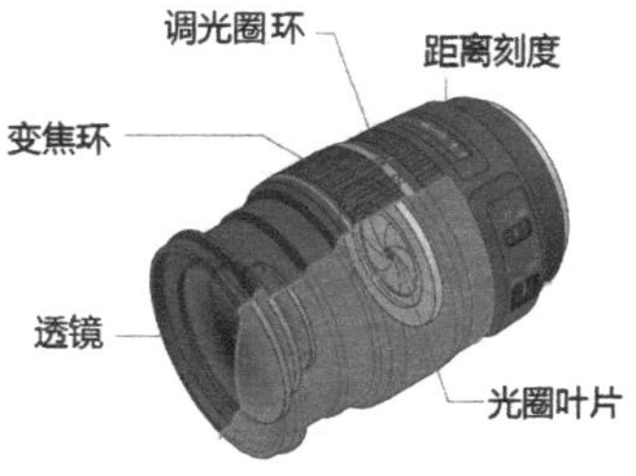

图 7.22　手动定焦距镜头的结构

（1）光圈叶片。

光圈叶片位于镜头内部，用于调整光通量。光圈叶片的位置因镜头种类不同而异。

（2）调光圈环。

当旋转调光圈环时，光圈叶片的开合度被调整，从而改变光通过孔径的大小，调整图像亮暗。

（3）距离刻度。

距离刻度在表示镜头伸出量的同时，显示与被摄物体之间距离的刻度标记。

（4）变焦环。

调整变焦环可改变视角，内部的镜片将移动，可实现对焦，使成像清晰。变焦环的位置因镜头种类不同而异，可能位于镜头的前部或后部。

（5）透镜。

透镜部分的知识比较简单，此处不再介绍。

4. 工业镜头常见参数

（1）色差：白色物体向光学系统发出一束白光，经光学系统折射后，各色光不能汇聚于一点，而形成一个彩色像斑，称为色差。色差产生的原因是同一光学玻璃对不同波长的光的折射率不同，短波光折射率大，长波光折射率小。

（2）畸变：被摄物体平面内的主轴外直线，经光学系统成像后变为曲线，则此光学系统的成像误差称为畸变。畸变只影响图像的几何形状，而不影响图像的清晰度。

（3）分辨率：又称鉴别率、解像力，是指镜头清晰分辨被摄物体纤维细节的能力。制约工业镜头分辨率的原因是光的衍射现象，即衍射光斑。分辨率的单位是“线对/毫米”（lp/mm）。

（4）明锐度：也称对比度，是指图像中最亮和最暗的部分的对比度。

（5）景深：在景物空间中，位于调焦物平面前后一定距离内的景物，能够形成相对清晰的图像。上述位于调焦物平面前后的能形成相对清晰图像的景物间的纵深距离，也就是能在成像平面上获得相对清晰图像的景物空间深度范围，称为景深。景深随镜头的焦距、光圈值、拍摄距离而变化。对于固定焦距和拍摄距离，使用光圈越小，景深越大。景深示例如图 7.23 所示。

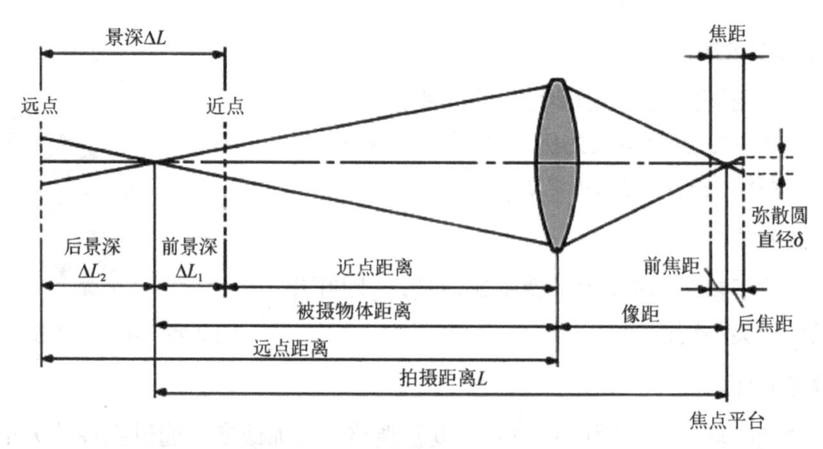

图 7.23　景深示例

（6）最大相对孔径与光圈系数：相对孔径是指工业镜头的入射光孔直径（用 D 表示）与焦距（用 f 表示）之比，即相对孔径=D/f。相对孔径的倒数称为光圈系数（F）。一般镜头的相对孔径是可以调节的，其最大相对孔径或光圈系数往往标示在工业镜头上，如 1∶1.2。如果拍摄现场的光线较暗或曝光时间很短，则需要选择最大相对孔径较大的工业镜头。

5．与镜头相关的配件

（1）接圈：简单的近摄物镜是在镜头和 CCD 摄像机之间加入一个接圈。

（2）近摄物镜：在摄像物镜前端拧上一个近摄物镜，可以拍摄到近距离目标的像。采用近摄物镜后，目标像的畸变增大了，所以近摄物镜的屈光率不能太大，原工作距离的缩短量一般不超过 20%。

（3）远摄物镜：与近摄物镜相反，为了对远距离目标拍摄到清晰图像，要采用远摄物镜。这种物镜是一种长焦距物镜。远摄物镜可以是折射系统、反射系统或折反射系统。

（4）远心物镜：采用远心物镜中的像方远心物镜可以消除物距变化带来的测量误差，而物方远心物镜可以消除 CCD 位置不准带来的测量误差。

（5）远距物镜：一种焦距很长而镜筒较短的物镜，从物镜前表面到像平面的距离小于焦距，这对于长焦距物镜来说，有利于缩短物镜的轴向尺寸。

（6）反远距物镜：一种焦距较短而后截距很长的物镜，在物镜和 CCD 之间可以加入分光镜，以实现取景等目的。

（7）畸变物镜：畸变物镜能够在它的像中预先引入规定的畸变。当畸变物镜存在很大的负畸变时，实际上能够拍摄角视场超过 180° 的物空间。这种物镜多用于宇航研究、气象测量中。

（8）滤光片：又称滤色镜或滤光镜，是摄影时放在镜头前端的一种玻璃或塑料镜片，能够对不同波段的光进行选择性吸收，从而对摄影作品产生特殊的效果。滤光片种类很多，常见的有 UV 镜、偏振镜、天光镜、ND 镜等。

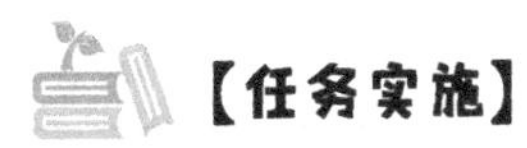【任务实施】

汽车插接器尺寸测量中镜头的选择

引导问题 1：前面的任务中要求测量某企业生产的汽车连接器 OBD 16PIN 产品尺寸。该产品沿生产线固定方向流过镜头下方，生产线已建成，现需要加装视觉测量系统。请分析加装的视觉测量系统高度是否可以固定？

______

______

______

步骤 1：思考用户需求。

______

______

______

引导问题 2：如果视觉测量系统高度可以固定，那么应选择定焦距镜头还是变焦距镜头？

______

______

______

步骤 2：选择镜头。

______

______

______

【思考】

偏振镜的应用有哪些方面？

______

______

______

【提示】

自然光在玻璃、水面、木质桌面等表面反射时，反射光和折射光都是偏振光，而且当入射角变化时，偏振的程度会变化。在拍摄表面光滑的物体时，如玻璃器皿、水面、陈列橱柜、油漆表面、塑料表面等，常常会出现耀斑或反光，这是反射光的干扰引起的。如果在拍摄时加用偏振镜，并适当地旋转偏振镜片，让它的透振方向与反射光的透振方向垂直，就可以减弱反射光而使水下或玻璃后的图像清晰。请在你的计算机显示器前使用偏振镜，并记录你的实验结果。

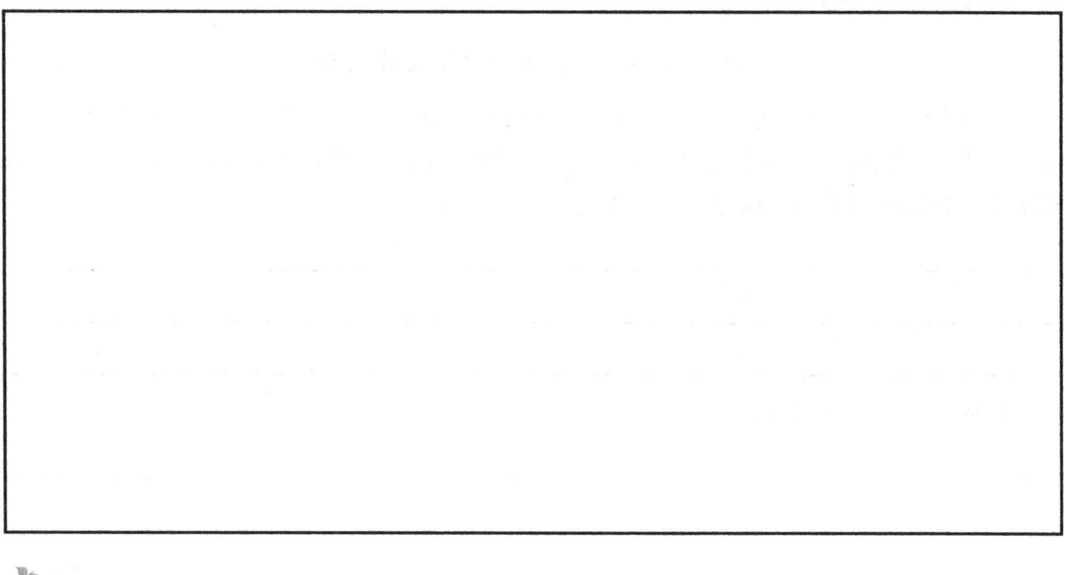

【拓展知识】

工业镜头各参数间的相互影响关系如下。

（1）焦距大小的影响情况。

焦距越小，景深越大。

焦距越小，畸变越大。

焦距越小，渐晕现象越严重，像场边缘的照度越低。

（2）光圈大小的影响情况。

光圈越大，图像亮度越高。

光圈越大，景深越小。

光圈越大，分辨率越高。

（3）像场中心与像场边缘的关系。

一般，像场中心较像场边缘分辨率高，像场中心较像场边缘照度高。

任务 3：设计视觉采集系统

【知识准备】

1．视觉采集系统的构成

常见视觉采集系统的构成如图 7.24 所示。

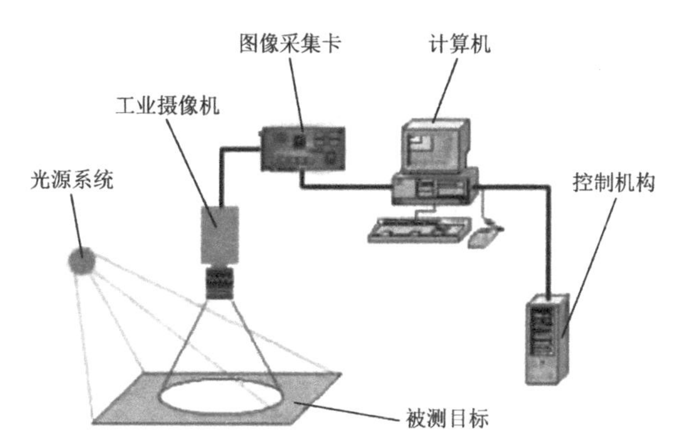

图 7.24　常见视觉采集系统的构成

为了和工业机器人协同工作，视觉采集系统通常包括以下部分。

1）工业摄像机

工业摄像机通常含有一个或多个摄像头和镜头（光学部件），用于拍摄被测目标。

2）光源系统

光源系统用于照亮部件，以便从摄像头中拍摄到更好的图像。光源系统可以使用不同形状、尺寸和亮度进行组合，以得到最佳成像。

3）部件传感器

部件传感器通常以光栅或传感器的形式出现。当部件传感器感知到部件靠近时，会给出一个触发信号。当部件处于正确位置时，部件传感器告诉视觉采集系统去采集图像。

4）图像采集卡

图像采集卡也称为视频抓取卡，通常是一个插在计算机上的卡。图像采集卡的作用是将摄像头与计算机连接起来，从摄像头中获得数据，然后转换成计算机能处理的信息，同时可以提供控制摄像头参数的信号。图像采集卡形式很多，支持不同类型的摄像头和不同类型的计算机总线。

5）计算机

计算机是视觉采集系统的关键组成部分。计算机的速度越快，视觉采集系统处理每一幅图像的时间越短。由于在制造现场中，经常有振动、灰尘、热辐射等，因此一般需要工业级的计算机。

6）检测软件

检测软件用于创建和执行程序，处理采集回来的图像数据，以及做出“通过/失败”的决定。

检测软件有多种形式，可以是单一功能的（如只用来检测 LCD 或 BGA、对齐任务等），也可以是多功能的（如设计一个套件，包含计量、条形码阅读、机器人导航、现场验证等）。

7）数字 I/O 板和网络连接

一旦视觉采集系统完成检测，就要与外界通信，如需要控制生产流程、将“通过/失败”的信息传送给数据库。通常，使用一个数字 I/O 板和（或）一个网卡来实现视觉采集系统与外界机器人系统和数据库的通信。视觉采集系统与喷涂机器人的配合示例如图 7.25 所示。

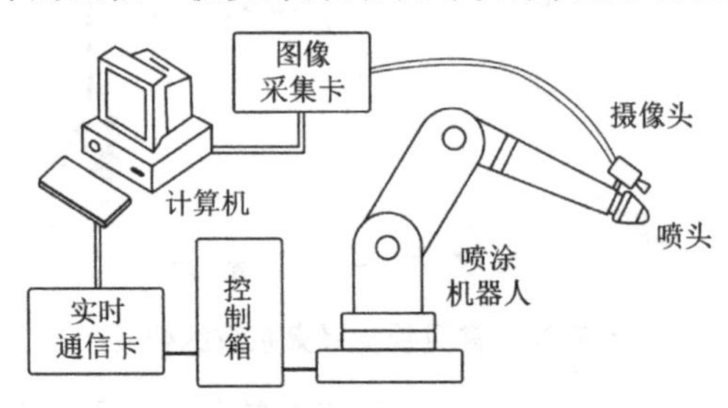

图 7.25　视觉采集系统与喷涂机器人的配合示例

2．设计视觉采集系统

在工业视觉应用中，视觉采集系统需要辅助机器人完成的常见工作任务有引导、识别、测量和检验 4 种。在设计视觉采集系统前，需要与用户进行充分的沟通，并进行用户需求分析，具体工作步骤如下。

1）工业摄像机选型

工业摄像机选型主要从以下几个方面进行。

（1）根据用户需要的拍摄方式（静态拍摄/动态拍摄）选择摄像机的类型。

例如，在电子产品制造过程中，产品为车载液晶显示屏，工业摄像机需要在生产线上辅助机器人识别产品外观形状。此处产品尺寸不大，摄像机安装的位置固定不变，建议使用静态拍摄、全局快门方式，对应选择面阵摄像机。

又如，在汽车行业车身装配过程中，产品为汽车车门，工业摄像机需要在生产线上辅助机器人进行车门密封条安装质量检测，合格产品进入装配线，不合格产品进入废品库。此处产品尺寸大，需要检测的外观部分是曲线，摄像机单次拍摄不能获得完整的数据，需要围绕检测路线进行多次拍摄，建议使用动态拍摄、卷帘快门方式，对应选择线阵摄像机。

（2）根据用户需要的拍摄频率选择摄像机的帧率。

帧率是用于测量显示帧数的量度。帧率的单位为每秒显示帧数，即 FPS 或赫兹（Hz）。摄像机的帧率决定着设备的检测效率，如果摄像机的帧率是 30FPS，则每秒最多拍摄 30 次。

根据产品在生产线上传输时从工业摄像机下流过的频率，选择工业摄像机的帧率一定要大于或等于检测速度，一定要在摄像机的曝光和传输的时间内完成检测。

例如，车载液晶显示屏在生产线上依次从摄像机下方流过，每秒流过 10 个，此时某品牌某型号工业摄像机的帧率为 60 FPS，是可以满足用户需求的。

（3）根据用户需要的拍摄视野、精度选择摄像机的分辨率。

例如，已知用户需要对某生产线上流过的汽车电容器检测是否有装错、装反、漏装的情况。已知汽车电容器有 3 种颜色：红色、蓝色、绿色。每种颜色的电容器集中在一个方框区域内，每个电容器上有凸起的文字标识型号。红色电容器上文字为 7.5，蓝色电容器上文字为 15，绿色电容器上文字为 20。用户要求文字方向均为纵向向右。检测区域尺寸为 110mm×27mm，电容器上文字粗细为 0.2mm。虽然产品从生产线上同一方向从摄像机下方流过，但流过时不一定每次产品摆放角度都一致，因此，拍摄视野的尺寸需要大于最长边 110mm。另外，由于工业摄像机的感觉传感器一般是矩形的，长宽比例一般为 4∶3 或 16∶9，因此，拍摄视野可以按 4∶3 的比例设计为 160mm×120mm。

由于识别字符时，识别软件算法要求每个字符笔画的宽度大于或等于 2 像素，因此计算像素精度：

0.2mm/2pixel=0.1mm/pixel

计算相机分辨率：

长边为 160/0.1=1600pixel

宽边为 120/0.1=1200pixel

则摄像机分辨率至少为 1600 像素×1200 像素，选择一款 200 万像素的工业摄像机即可。

假设此处选择海康 MV-CA020-10GC，查阅该工业摄像机参数，200 万像素，分辨率为 1624 像素×1240 像素，靶面尺寸为 1/1.7"，镜头接口为 C 接口，数据接口为 GIGE 接口。

（4）根据用户的成像要求选择摄像机的颜色模式。

例如，在上述汽车电容器检测中可以使用产品颜色信息进行装错识别，此时应选择彩色摄像机。

又如，在车载液晶显示屏外观检测中，主要是检测划痕，此时可以选择单色摄像机。

（5）根据用户的数据传输要求选择摄像机的接口。

例如，用户生产线网络环境为千兆以太网，从摄像机到计算机的距离为 65m，此时可以选择 GIGE 千兆以太网接口工业摄像机。

2）镜头及配件选型

镜头及配件选型主要从以下几个方面分析用户需求。

（1）根据工作任务选择镜头的类型。

例如，当进行高镜头测量时需要选择远心镜头；当无畸变要求时需要选择远心镜头；常规缺陷检测通常选择定焦距镜头（FA 镜头）。在上述汽车电容器检测中，就可以选择定焦距镜头。

（2）根据工业摄像机的靶面尺寸选择镜头的尺寸。

镜头尺寸兼容的靶面尺寸要包括所选择工业摄像机的靶面尺寸。

例如，前面我们选择了海康 MV-CA020-10GC 工业摄像机，此时应选择兼容靶面尺寸 1/1.7"的镜头。

（3）根据工业摄像机的型号选择镜头的接口类型。

基本原则是与摄像机接口类型一致。例如，C 接口摄像机匹配 C 接口镜头。在确实不能匹配的情况下，加装镜头接口转接环。

（4）根据工作场景求焦距或倍率。

模拟工作场景如图 7.26 所示。

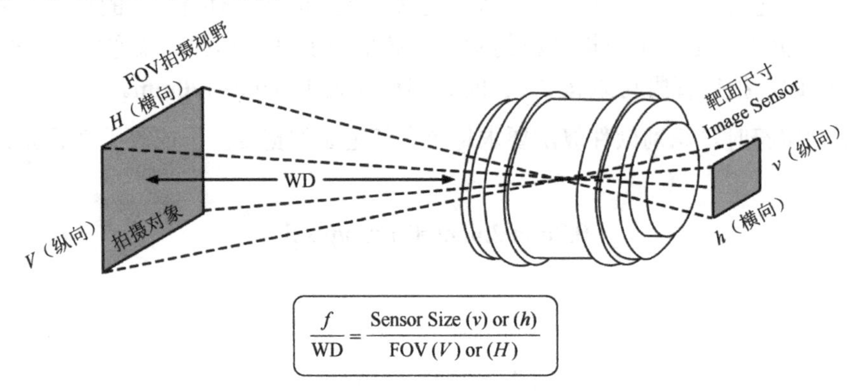

图 7.26　模拟工作场景

① 定焦距镜头求焦距。

焦距的计算公式为

$$f=v\times \mathrm{WD}/V \text{ 或 } f=h\times \mathrm{WD}/H$$

式中，f 为镜头的焦距；V 为拍摄对象的纵向尺寸；H 为拍摄对象的横向尺寸；v 为传感器靶面的纵向尺寸；h 为传感器靶面的横向尺寸；WD 为镜头与拍摄对象之间的距离，简称拍摄距离。

例如，在前面汽车电容器检测工作任务中，拍摄视野的大小为 160mm×120mm；选择的工业摄像机为海康 MV-CA020-10GC，该摄像机靶面尺寸为 1/1.7"，宽 5.6mm，长 7.4mm；拍摄距离为 500mm，则焦距 f=7.4×500/160≈23.12mm。

市场上工业镜头焦距一般是 12mm、16mm、20mm、25mm、35mm、50mm、75mm。结合摄像机靶面尺寸，此处选择 25mm 焦距的镜头。

工业镜头的焦距越小，视场角越大，视野越大。实际工作情况中很难找到焦距值刚好一致的镜头，通常需要加装接圈，结合镜头说明书进行适当的调节，从而得到较好的成像效果，满足用户需求。

② 远心镜头求倍率。

倍率的计算公式为

$$M=v/V \text{ 或 } M=h/H$$

式中，M 为镜头的倍率；V 为拍摄对象的纵向尺寸；H 为拍摄对象的横向尺寸；v 为传感器靶面的纵向尺寸；h 为传感器靶面的横向尺寸。

例如，在前面汽车电容器检测工作任务中，拍摄视野的大小为 160mm×120mm；选择的工业摄像机为海康 MV-CA020-10GC，该摄像机靶面尺寸为 1/1.7"，宽 5.6mm，长 7.4mm；

拍摄距离为 500mm，则倍率 $M=7.4/160\approx0.046$。

（5）根据摄像机分辨率选择镜头分辨率。

镜头分辨率要大于摄像机分辨率。

（6）根据成本价格选择镜头。

口径越大的摄像机，镜片越大，制作成本越高，价格越贵；可用光圈越大，对镜片的质量要求越高，价格越贵；为了校正图像畸变、色差，一个镜头通常由一组镜片组成，镜片组设计越复杂，一般来讲成像质量越好，价格自然越贵；变焦距镜头要满足不同焦段都能清晰成像的要求，所以镜片组设计比定焦距镜头要复杂得多。焦比越大，价格越贵；在同样性能情况下，大品牌镜头较贵；镜片镀膜、制作的材料，镜头的防抖技术等都影响镜头的质量和价格。

3）光源设计

光源设计主要从以下几个方面分析用户需求。

（1）工作任务：条形码阅读、字符识别、三维扫描等。

（2）性能要求：如检测内容、检测速度、检测精度等。

（3）其他方面：如摄像机、镜头、软件、安装方式等。

表 7.3 总结了一些常见工作任务的光源设计案例。

表 7.3　常见工作任务的光源设计案例

光源设计案例	适用工作任务
条形组合光源亮场照明	PCB 基板检测 电子元件检测 焊锡检测 Mark 点定位 显微镜照明 包装条形码照明
条形组合光源暗场照明	电子元件检测识别 服装纺织检测 印刷品质量检测 家用电器外壳检测 圆柱体表面缺陷检测 食品包装检测
中孔背光源	大面积电路板元器件检测与识别 大面积电子元件字符识别 Mark 点定位
高亮背光源	高速度、短曝光时间场景下的轮廓测量 机械零件尺寸测量 电子元件、IC 的外形检测
球积分光源	曲面、凹凸、弧形表面检测 金属、玻璃等表面反光较强的物体表面检测

续表

光源设计案例	适用工作任务
红外线光源	医学（血管网识别、眼球定位） 包装（可透视塑料包装检测） 电子、半导体材料检测
紫外线光源	印钞行业、票印行业 荧光物质检测 玻璃微小缺陷检测 光化学效应（只能用于抽检） 产品外壳微小划伤、碰伤等缺陷检测

【任务实施】

设计汽车连接器外观检测视觉采集系统

步骤 1：工业摄像机选型。

已知某生产线用于汽车连接器 OBD 16PIN 外观检测，产品从固定方向匀速无抖动流过工业摄像机下方，每秒流过 10 个。该生产线网络环境为千兆以太网，生产线长度为 30m。

引导问题 1：在“设计汽车连接器尺寸测量过程中的照明系统”任务中，根据产品说明书，已知该汽车边接器最长边尺寸为 38.4mm，最宽边尺寸为 18.1mm，请设计视野尺寸。

____

____

____

引导问题 2：假设视野尺寸为 40mm×30mm，按照测量项目常用公差为±0.5mm，得到要求的精度为 0.5/10=0.05mm，在照明打光良好的情况下，边缘像素跳动值为 3～5。计算像素精度为 0.05mm/3pixel≈0.0167mm/pixel，0.05mm/5pixel=0.01mm/pixel，取中间值 0.0125mm/pixel。计算摄像机分辨率为长边 40/0.0125=3200pixel，宽边 30/0.0125=2400pixel，至少需要 3200×2400=7680000pixel。分析拍摄要求为静态拍摄，帧率大于 10FPS 即可。该产品本身为黑色，外观检测工作只需要检测是否有缺角，不需要颜色信息，因此可使用单色摄像机。分析生产线长度及网络环境，工业摄像机至计算机的距离约为 80m，可使用 GIGE 接口。查阅“工业摄像机基本信息库.xlsx”，选择海康 MV-CH089-10GM 工业摄像机。该摄像机为 890 万像素网口面阵摄像机，单色，分辨率为 4096 像素×2160 像素，最大帧率为 13FPS，靶面尺寸为 1 英寸，接口为 C 接口。

根据你设计的视野尺寸进行分析：

分辨率为长边________________________，宽边____________________
建议选择工业摄像机型号为______________________________________，该摄像机为________________摄像机。

详细参数信息：________________________________

____

____

引导问题 3：计算分辨率。

____

____

____

步骤 2：镜头选型。

假设视野尺寸为 40mm×30mm，产品从固定方向匀速无抖动流过工业摄像机下方，可选择定焦距镜头。根据选择的摄像机海康 MV-CH089-10GM 的参数信息，靶面尺寸为 1 英寸、接口为 C 接口，分辨率为 4096 像素×2160 像素，用户要求的拍摄距离为 30mm，计算焦距为 $f=h\times WD/H=12.7\times 30/40\approx 9.53$mm，选择镜头型号为 MVL-KF0818M-12MP。该镜头详细参数：8mm，F1.8，1 英寸，1200 万像素，C 接口。阅读镜头说明书，此镜头在拍摄距离为 25mm 时需要加装 1mm 接圈。由于用户要求拍摄距离为 30mm，因此接圈厚度需要根据现场调试情况进行变化。

引导问题 4：根据步骤 1 中选择的摄像机型号，结合用户要求的拍摄距离 30mm，计算并选择合适的镜头。

____

____

____

该镜头型号：________________________________

详细参数：________________________________

需要的配件：________________________________

步骤 3：光源选型。

在“设计汽车连接器尺寸测量过程中的照明系统”任务中，产品由机器人抓取至指定位置进行检测，我们选择了面光源背面照射的照明系统设计方案。此处，产品从固定方向匀速无抖动流过工业摄像机下方，每秒流过 10 个。因此，不能在生产线平面上加装一层面光源。考虑到我们已经选择了单色摄像机，外观检测仅需要照亮突出产品轮廓，得到明暗对比明显的图像，产品本身是橡胶材质，光线的漫反射情况不严重，因此可以使用两个 0°条形光源，置于工业摄像机下方的生产线边缘两侧，设置好光源的触发频率即可。

引导问题 5：除条形光源外，还可以选取哪些光源？还有哪些低角度解决方案？

____

____

____

【思考】

视觉数据采集常见任务为引导、识别、检验、测量。在非测量项目中，请调查在不同工作任务情况下求像素过程中是否有公差要求。

请在下面记录你的调查结果。

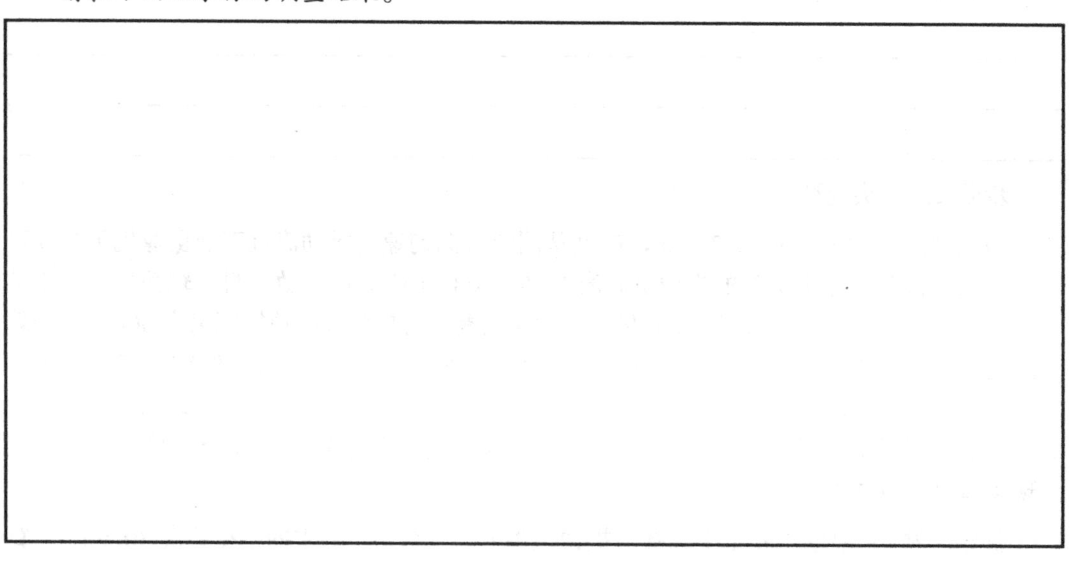

【拓展知识】

1．在线镜头选型工具

可访问镜头厂商官方网站寻找合适的镜头类型。

2．CCD 靶面尺寸划分

CCD 的常见靶面尺寸为 1 英寸、1/2 英寸、1/3 英寸、1/4 英寸等。其中 1/3 英寸和 1/2 英寸最为常用。

项目 3：处理图像数据

任务 1：装调视觉采集系统的硬件

【知识准备】

1．网络 IP 地址与摄像机 IP 地址的设定

工业摄像机出厂时有默认设定好的 IP 地址，当连接至生产线网络环境时，需要根据生产线现场情况进行静态 IP 地址设定。通常使用 C 类私有 IP 地址。私有地址就是在互联网

上不使用，而在局域网中使用的地址。C 类私有 IP 地址范围：192.168.0.0～192.168.255.255，默认子网掩码为 255.255.255.0。前 3 组数字表示网络的地址，最后 1 组数字作为网络上的主机地址。

例如，PC 主机地址为 192.168.10.15，子网掩码为 255.255.255.0，此时，连接该 PC 的工业摄像机地址可以设置为 192.168.10.10，子网掩码为 255.255.255.0。表示该 PC 和所连接的工业摄像机在同一个网络 192.168.10 内，该 PC 在此网络中的地址是 15，工业摄像机在此网络中的地址是 10。

2．光源控制器

在视觉采集系统中，除光源、工业摄像机、工业镜头等重要组件外，光源控制器是其中的关键部件之一。光源控制器可以有效调节光源在视觉采集系统中的使用情况，减少使用过程中的不必要损耗，延长光源的使用寿命，保障整个视觉采集系统的协调运作。

应根据不同的实际情况选择不同类型的光源控制器。例如，根据输出电压要求可选 5V、12V、24V、28V（增亮）；根据控制方式要求可选手动硬触发、软件兼手动软触发；根据输出通道要求可选一路、二路、三路、四路。

3．控制工业摄像机曝光和增益

1）什么是曝光

工业摄像机工作过程中的曝光是图像传感器进行感光的过程。在曝光过程中，CCD/CMOS 传感器收集光子并转换成电荷；曝光结束后，CCD/CMOS 传感器通过一定的方式将电荷移出。曝光对照片质量的影响很大，如果曝光过度，则照片过亮，失去图像细节；如果曝光不足，则照片过暗，同样会失去图像细节。控制曝光就是控制总的光通量，也就是控制曝光过程中到达 CCD/CMOS 传感器表面的光子的总和。

工业摄像机的曝光方式有硬触发、软触发两种。硬触发是指通过摄像机的硬件触发接口，收到外部现场传感器的触发信号，触发摄像机拍摄，然后送出图像数据；软触发是指通过程序调用触发函数，触发摄像机拍摄，然后送出图像数据。

2）影响曝光的因素

（1）光圈。光圈控制光线进入的通路的大小。光圈越大，则单位时间的光通量越大；光圈越小，则单位时间的光通量越小。

（2）曝光时间。曝光时间也就是快门速度。在工业摄像机中，可以采用电子快门。快门速度和光圈大小是互补的。摄像机的快门速度越快，进入摄像机的光通量越小，光圈越小，进入摄像机的光线越少。这样就很好理解了，要想让拍出来的照片曝光正常，就必须有合适的快门速度及与之匹配的光圈。

（3）增益。增益是指经过双采样之后的模拟信号的放大增益。当工业摄像机处于不同增益时，图像的成像质量不一样，增益越小，噪声越少；增益越大，噪声越多，特别是在暗处。由于在对图像信号进行放大的同时会放大噪声信号，因此通常把放大器增益设为最小。

【任务实施】

装调汽车插接器外观检测视觉采集系统的硬件

步骤 1：连接摄像机，设置 IP 地址。

引导问题 1：登录海康工业摄像机官方网站，查阅所连接工业面阵摄像机的用户手册。不同型号千兆以太网接口工业面阵摄像机电源及 I/O 接口对应的引脚信号定义有所不同，分为 6-PIN P7 和 12-PIN P10 两种接口。两种接口对应的电源接线方式是什么？

____

____

____

已知工业摄像机型号为海康 MV-CA023-10GC，采用 6-PIN P7 接口，将 Line 2 设为空闲。从海康机器人官方网站界面“服务支持”→“下载中心”→“机器视觉”中下载 MVS 客户端安装包及 SDK 开发包。本书以海康机器视觉工业摄像机客户端 MVS v3.4.0（Windows）版本，Windows 7 系统为例，安装摄像机驱动程序。

右击安装包，以管理员身份运行，进入安装界面，如图 7.27 所示，单击“开始安装”按钮。

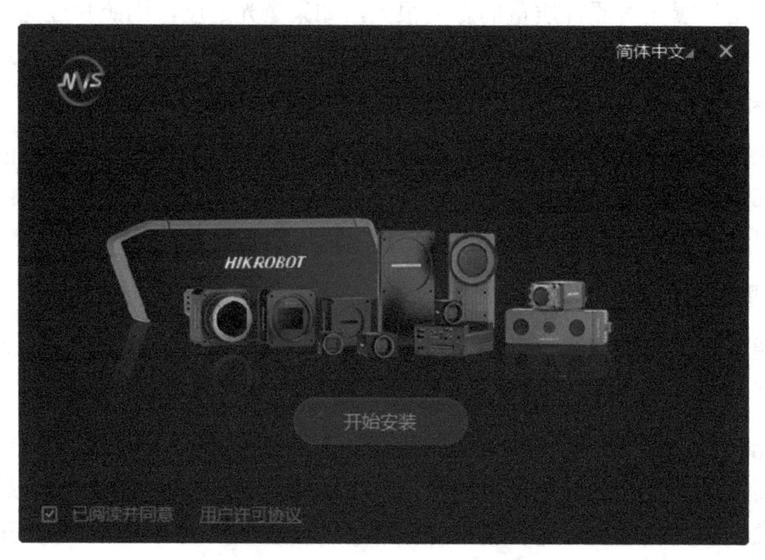

图 7.27　MVS v3.4.0 安装界面

选择安装路径、需要安装的驱动（默认已勾选“GIGE”复选框和“USB 3.0”复选框）和其他选项，如图 7.28 所示。

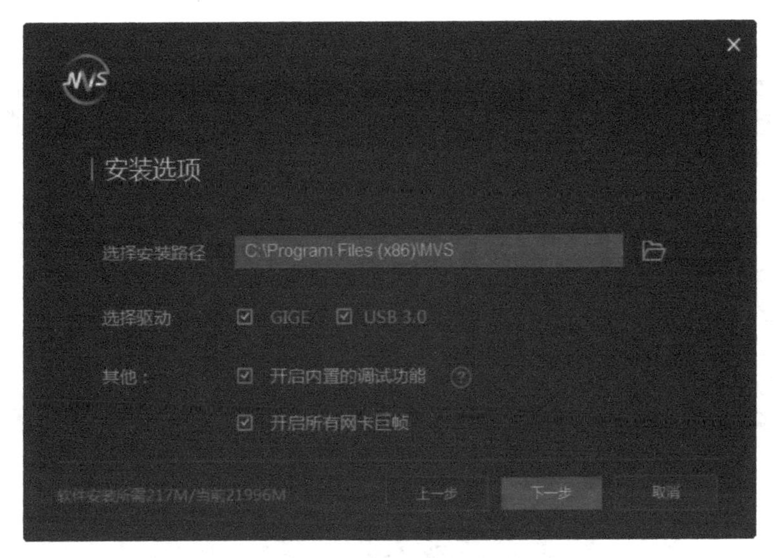

图 7.28　选择安装路径等选项

单击“下一步”按钮，开始安装。安装结束后，单击“完成”按钮即可。为保证客户端的正常运行及数据传输的稳定性，在使用客户端软件前，需要对 PC 环境进行设置。打开系统防火墙，依次单击“开始”→“控制面板”→“系统和安全”→“Windows 防火墙”命令。单击左侧“打开和关闭 Windows 防火墙”命令。在自定义界面，选择“关闭 Windows 防火墙（不推荐）”选项，并单击“确定”按钮。打开 PC 上的控制面板，依次单击“网络和 Internet”→“网络和共享中心”→“更改适配器配置”命令，选择对应的网卡，建议将 PC 的网口设置成使用静态 IP 地址。PC 端 IP 地址示例如图 7.29 所示。

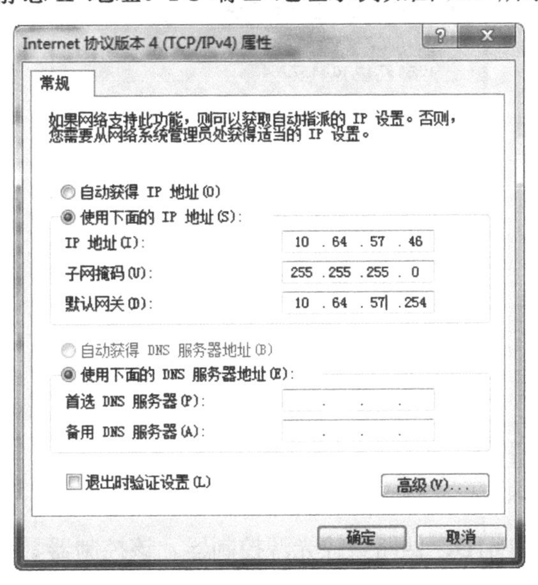

图 7.29　PC 端 IP 地址示例

该生产线上与工业摄像机连接的 PC 端 IP 地址设置为 10.64.57.46，子网掩码为 255.255.255.0，默认网关为 10.64.57.254。启动 MVS v3.4.0，如图 7.30 所示。未设置 IP 地址的摄像机前有黄色警示标记。

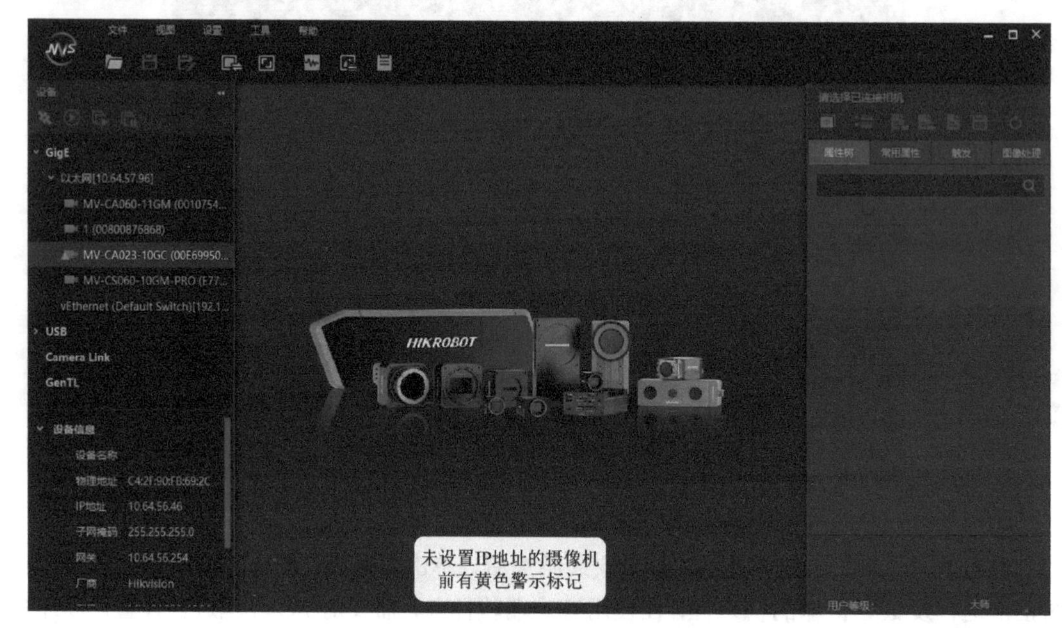

图 7.30　启动 MVS v3.4.0

右击需要设置 IP 地址的摄像机，选择“修改 IP 地址”→“静态 IP”选项，设置摄像机 IP 地址为 10.64.57.78，子网掩码、默认网关与 PC 端一致，如图 7.31 所示，设置完成后，单击“确定”按钮即可。

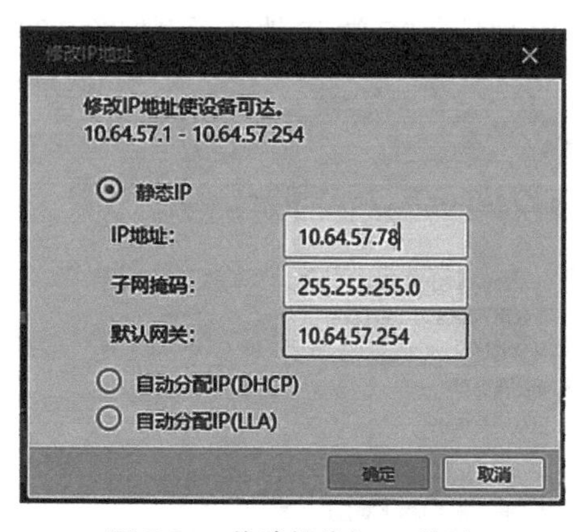

图 7.31　修改摄像机 IP 地址

步骤 2：光源亮度调节。

已知此案例使用两个 0° 条形光源，选择海康 MV-LLDS-327-28-W 标准条形光源，匹配上海纬朗光电 VLLCLP61DG 四路数控光源控制器。该控制器具有 RS232 接口，可使用按钮硬触发/软件触发两种方式控制摄像机拍摄及进行亮度调节。

引导问题 2：光源亮度主要通过控制电流的大小来调节。此处为何不选择模拟控制器或增亮控制器？

____

____

____

步骤 3： 摄像机曝光设置。

曝光时间是摄像机电子快门打开需要的时间，曝光时间长，进入摄像机的光线就多，适合光线较弱的情况，反之适合光线较强的情况。此案例现场光线较好。在一般情况下，曝光时间×物体运动速度≤像素精度，需要在现场经过调试设置一个合适的曝光值。此案例产品流动速度为每秒 10 个。调整摄像机曝光值如图 7.32 所示。

图 7.32　调整摄像机曝光值

首先连接摄像机，开始采集图像。在右侧“属性树”面板中找到 Acquisition Control 选项下的 Exposure Time，将其设置为合适的值并按回车键确认，查看图像效果。

引导问题 3：在运动场景下是否可选用卷帘快门？卷帘快门的摄像机曝光值怎样调节？

____

____

____

步骤 4： 镜头光圈和焦距调节。

已知此案例摄像机与镜头组装后，通过调节镜头上的光圈大小、焦距，结合步骤 3 反复采集图像，得到边缘清晰的图像数据，边缘像素跳动值不超过 2。

引导问题 4：单色图像、彩色图像边缘像素跳动值允许的范围分别是多少？

____

____

____

步骤 5：查看运行效果。

将摄像机与光源触发联动，查看运行效果。此案例在 MVS v3.4.0 中设置相机的触发功能。将 Acquisition Control 选项下 Trigger Mode 设置为 On；Trigger Software 设置为 Execute；Trigger Source 设置为 Software。上述设置表示在软触发模式下，触发 1 次，出图 1 幅。

引导问题 5：彩色摄像机在一定条件下可以曝光一次输出多幅图像，该如何设置？

____

____

____

【思考】

此案例中 IP 地址是否为 C 类私有地址？

请在下面记录 IP 地址划分子网的方法。

任务 2：标注图像数据

【知识准备】

1. 标注图像数据的意义

工业摄像机帮助我们采集图像，机器接收到图像数据后，需要对图像进行分析、学习，才能知道怎么处理。计算机视觉是指用摄影机和计算机代替人眼对目标进行识别、跟踪和测量等，并进一步进行图像处理，使图像成为更适合人眼观察或传送给仪器检测的图像。

图像标注是计算机视觉的一个子集，是计算机视觉的重要任务之一。图像标注就是将标签附加到图像上的过程。标签可以是整幅图像的一个标签，也可以是图像中每一组像素的多个标签。这些标签是由工程师预先确定的，并被选中为计算机视觉模型提供图像中所显示的信息。例如，光学字符识别，即通过工业摄像机在生产线上对产品的条形码进行实时拍摄，获取图像信息，通过视觉处理软件对图像进行处理，对图像中的字符进行识别，得到图像中的信息，并做出相应判断，做到合格产品通过，不合格产品剔除。此时需要对获取的图像进行 0～9 的数字标注，以修正识别错误。数据集中的每幅图像都必须进行准确的标注，通过这些标注，可以训练 AI 系统像人类一样识别物体。图像标注的质量越高，机器学习模型的性能就可能越好。

2. 标注图像的常用工具

1）OpenCV

OpenCV 是高效的计算机视觉标注工具，支持图像分类、对象检测、图像语义分割、实例分割，支持图像与视频数据标注，支持本地部署，其实现语言基本覆盖常见编程语言。

2）LabelMe

LabelMe 支持对象检测、图像语义分割，支持视频标注，支持导出 VOC 与 COCO 格式数据分割实例，实现语言为 Python 与 QT。

3）VoTT

VoTT 是微软发布的基于 Web 方式本地部署的视觉数据标注工具，支持图像与视频数据标注，支持导出 CNTK/Pascal VOC、TFRecord、CSV 等格式。

目前许多机器视觉行业的企业推出了自己的集成化工具软件，如海康机器人的 VisionMaster、康耐视的 Visionpro 等。本书仅以 OpenCV 结合 Python 语言为例进行讲解。

【任务实施】

识别条形码

步骤 1：使用 Python 语言调用并利用 OpenCV 进行实时显示。

本案例使用海康工业摄像机 MV-CA020-10UC，编程语言为 Python 3.7.4。安装海康工业摄像机的驱动后，在 C:\Program Files (x86) \MVS\Development\Samples\ Python\ GrabImage 中有 GrabImage.py 文件，通过该文件可以获取图像数据流。C:\Program Files (x86)\MVS\Development\Documentations 中提供了相应接口的功能说明及 SDK 开发指南。Python 支持的接口及参数可以从 C:\Program Files (x86)\MVS\Development\Samples\Python\MvImport 目录下相应文件中查取。其中主要调用的是 MvCameraControl_class.py，该文件中包含从 C 语言底层接口封装过来的所有 Python 可调用接口，在调用时需要导入该文件作为调用包。

测试用例代码 1 从本书配备的教学资料包中获取。

引导问题 1：海康不同型号工业摄像机在调用过程中需要修改哪些函数？

步骤 2：采用标定板进行摄像机标定。

确定好标定板与摄像机之间的距离后，对摄像机进行调焦，使得摄像机可以看清标定板。在调好焦后就不能再次对摄像机进行调焦了。若再次调焦，则需要重新进行摄像机标定。尽量让标定板出现在照片的每个区域，要求在每个区域内摄像机都可以垂直于标定板拍摄，前倾、后倾、左倾、右倾等都可以拍摄，但需要注意，在每个区域内拍摄角度应保持均匀。

测试用例代码 2 从本书配备的教学资料包中获取。

引导问题 2：给出一个使用黑白点标定板进行标定的示例。

步骤 3：识别图像中的条形码。

本案例讲解如何从一幅图像中分割出含有条形码的区域，并使用矩形框来进行标注。

测试用例代码 3 从本书配备的教学资料包中获取。

引导问题 3：给出一个识别条形码的算法思路设计。

【思考】

一种识别算法是否适用于所有条形码？

【提示】

常见条形码有 EAN-13、Code 39、Code 93、Code 128 等，这些条形码可以用哪些算法进行识别？请在下面记录你的调查结果。

【模块小结】

本模块介绍了工业摄像机在机器视觉技术中的作用、工业摄像机在行业中的应用、工业摄像机的结构等，结合行业实际案例讲解了摄像机选型、镜头选型、光源选型的要点。

【反思与评价】

项目名称	任务名称	评价内容	学生自评	教师评价	学生互评	小计
项目 1：选择工业摄像机	任务 1：认识工业摄像机的组成	了解什么是工业摄像机	能讲述工业摄像机的定义（2 分）	能讲述工业摄像机的定义（2 分）	能讲述工业摄像机的定义（1 分）	
		能获取工业摄像机的产品信息	能在工业摄像机产品官方网站下查找产品信息（2 分）	能在工业摄像机产品官方网站下查找产品信息（2 分）	在学习过程中主动查找信息（1 分）	
		具有自主学习能力	能收集整理工业摄像机的产品信息（2 分）	能收集整理工业摄像机的产品信息（2 分）	在信息整理过程中有自己的解决方法（1 分）	
	任务 2：了解工业摄像机的工作原理	了解成像原理	能简述 CCD 摄像机、CMOS 摄像机的成像过程（2 分）	能简述 CCD 摄像机、CMOS 摄像机的成像过程（2 分）	能简述 CCD 摄像机、CMOS 摄像机的成像过程（1 分）	
		具有综合分析能力	能查找行业信息并进行分析，提出自己的观点（2 分）	能查找行业信息并进行分析，提出自己的观点（2 分）	与同学积极交流（1 分）	

续表

项目名称	任务名称	评价内容	学生自评	教师评价	学生互评	小计
项目2：设计视频数据采集硬件系统	任务1：选择光源	了解光源的作用	能简述在机器视觉系统中光源的作用（2分）	能简述在机器视觉系统中光源的作用（2分）	能简述在机器视觉系统中光源的作用（1分）	
		了解LED光源	能说出3种以上LED光源（2分）	能说出3种以上LED光源（2分）	能说出3种以上LED光源（1分）	
		能获取光源产品信息	能查找企业并找到光源产品信息（2分）	能查找企业并找到光源产品信息（2分）	主动查找企业信息（1分）	
		具有知识迁移能力	能表述球积分光源、弧形光源之间的关系（2分）	能表述球积分光源、弧形光源之间的关系（2分）	与同学积极交流（1分）	
	任务2：选择镜头	了解镜头	能简述定焦距镜头的结构（2分）	能说出C接口与CS接口的区别（2分）	能简述调焦的过程（1分）	
		能获取镜头产品信息	能查找企业并找到镜头产品信息（2分）	能查找企业并找到镜头产品信息（2分）	主动查找企业信息（1分）	
		具有逻辑思维能力	能根据所学知识表述偏振镜的作用（2分）	能根据所学知识表述偏振镜的作用（2分）	能表述什么是光的偏振（1分）	
	任务3：设计视觉采集系统	了解设计视觉采集系统的工作流程	能简述三步选型的工作流程（2分）	能简述三步选型的工作流程（2分）	能简述三步选型的工作流程（1分）	
		具有综合分析能力	能表述自己完成“设计汽车连接器外观检测视觉采集系统”的工作过程（4分）	能表述自己完成“设计汽车连接器外观检测视觉采集系统”的工作过程（4分）	表述过程思路清晰（2分）	
项目3：处理图像数据	任务1：装调视觉采集系统的硬件	掌握IP地址划分子网的方法	能根据PC主机地址设置摄像机IP地址（2分）	能简述IP地址划分子网的方法（2分）	摄像机IP地址设置正确（1分）	
		具有自主学习能力	能主动学习硬触发、软触发的摄像机连接方法（2分）	能举例介绍硬触发、软触发的摄像机连接方法（2分）	能举例介绍硬触发、软触发的摄像机连接方法（1分）	
	任务2：标注图像数据	了解标注图像数据	能说明标定板的作用（2分）	能简述标注图像数据的意义（2分）	能举例介绍标注图像数据的过程（1分）	
		具有自主学习能力	能主动学习一种编程语言、一种图像数据标注工具（2分）	能应用一种编程语言、一种图像数据标注工具（2分）	能主动学习一种编程语言、一种图像数据标注工具（1分）	
		具有勇于创新和严谨细致的工作作风	能根据已有案例修改部分代码并适当注释（2分）	能根据已有案例修改部分代码并适当注释（2分）	能根据已有案例修改部分代码并适当注释（1分）	
合计						

习　题

一、选择题

1. 已知某品牌手机外壳上印有银色文字和蓝色字符，在质量检测过程中只需要检测蓝色字符，使用（　　）光源最好。

A．红光　B．绿光　C．蓝光　D．红外线

2.（　　）滤镜可以消除金属产品上的眩光。

A．偏振　B．中性密度　C．紫外线　D．红外线

3. 下列（　　）光圈直径尺寸能得到最大的景深。

A．20mm　B．15mm　C．10mm　D．5mm

4. 8bit 单色图像的灰度值范围是（　　）。

A．0～128　B．0～127　C．0～255　D．0～256

5. 已知某 CCD 摄像机靶面尺寸为 1/2 英寸，则它的长度、宽度为（　　）。

A．6.4mm×4.8mm　B．8.4mm×6.8mm

C．6.8mm×4.2mm　D．8.4mm×4.8mm

二、填空题

1. 工业摄像机的组成结构有____。
2. 影响视野大小的因素有____。
3. 常见的图像存储格式有____。
4. 工业摄像机辅助工业机器人完成的常见工作任务有引导、______、识别、测量。
5. 桶形畸变、枕形失真属于_________畸变。

三、简答题

1. 列举常见 LED 光源名称。
2. 列举工业摄像机常见靶面尺寸。

三、综合分析题

已知某轴承加工厂制造圆形轴承。圆形轴承高度为 50mm，外径为 80mm，加工方式为打磨内径尺寸。产品质量检测要求测量其内径尺寸，精度要求达到 0.02mm。工业摄像机架设空间高度为 500mm。请给出视频数据采集硬件系统设计方案。

模块 8

工业数据质量管理

知识目标

- 了解工业数据质量的含义。
- 理解如何提升数据质量。
- 理解数据质量评价指标。
- 掌握数据质量评估流程。

能力目标

- 能够使用工具甄别数据质量。
- 能够使用工具筛选数据。
- 能够编写数据质量评估报告。

素质目标

- 培养学生查阅资料能力和使用工具的能力。
- 培养学生的逻辑思维能力和分析、综合能力。
- 培养学生遵守标准和规则的意识。

项目 1：应用工具管理数据

【项目描述】

互联网、智能手机、可穿戴设备及智能家居的快速普及，使得每一个人和每一台接入互联网的设备都在产生数据，这些数据被相关企业或组织通过合法的渠道收集、存储并加以分析，进而产生价值。“数据即资产”的概念得到了人们的广泛认同，并且数据的重视程度被提到前所未有的高度。然而，不是所有的数据都能成为资产，数据的价值与数据质量密切相关。

在现阶段，大中型企业已经开始了数据化运营的实践，其中存在的问题不容忽视，这就要求企业采用各种措施和方法，加强对数据质量的控制，使数据真正发挥出应有的价值，为企业的数字化转型提供可靠的支撑。

下面主要从甄别数据质量和提升数据质量这两个方面进行阐述。

任务 1：甄别数据质量

数据质量通常是指数据值的质量，包括准确性、完整性和一致性。数据的准确性是指数据不包含错误值或异常值，完整性是指数据不包含缺失值，一致性是指数据在各个数据源中都是相同的。广义的数据质量还包括数据整体的有效性。例如，数据整体是否可信、数据的取样是否合理等。本节中介绍的数据质量分析是指对原始数据值的质量进行分析。没有可信的数据，数据质量分析将是空中楼阁，因此，数据质量分析的前提就是要保证数据是可信的。

数据质量分析的主要任务是检测原始数据中是否存在脏数据。脏数据一般是指不符合要求及不能直接进行相应分析的数据。脏数据一般包括如下类型。

（1）缺失值。

（2）异常值（离群点）。

（3）不一致的值。

（4）内容未知的值。

（5）无效值。

在通常情况下，原始数据中都会存在数据不完整（有缺失值）、数据不一致、数据异常等问题。这些脏数据会降低数据的质量，影响数据分析的结果。因此，在进行数据分析之前，需要对数据进行清洗、集成、转换等处理，以提高数据的质量。其中主要的方法是基于数据检查后的结果来审核数据质量，发现数据中可能存在的异常和问题，为根本原因分析、所需数据纠错和预防错误提供优化的基础。可以通过以下 6 个方面对数据质量进行分析，从而发现潜在的数据问题。

（1）完整性：指数据在创建、传递过程中无缺失和遗漏，包括实体完整、属性完整、记录完整和字段值完整 4 个方面。完整性是数据质量最基础的一项，如员工工号不可为空。

（2）及时性：指及时记录和传递相关数据，满足业务对数据获取的时间要求。数据交付要及时，抽取要及时，展现要及时。数据交付时间过长可能导致分析结论失去参考意义。

（3）准确性：指真实、准确地记录原始数据，无虚假数据。数据要准确反映其所建模的“真实世界”实体。例如，员工的身份信息必须与身份证件上的信息保持一致。

（4）一致性：指遵循统一的数据标准记录和传递数据，主要体现为数据记录是否规范、数据是否符合逻辑。例如，同一工号对应的不同系统中的员工姓名需要保持一致。

（5）唯一性：指同一数据只能有唯一的标识符，体现为在一个数据集中，一个实体只出现一次，并且每个唯一实体有一个键值且该键值只指向该实体。例如，员工有且仅有一个有效工号。

（6）有效性：指数据的值、格式和展现形式符合数据定义和业务定义的要求。例如，员工的国籍必须是国家基础数据中定义的允许值。

常用的数据质量管理工具如下。

（1）直方图。

将测定值的存在范围分成几个区间，以每个区间为底边，以这个区间所测定值的出现频率为纵坐标，将频率与区间的乘积排列成长方形图，得到直方图。测定值分布状态以图形表示，结果一目了然，也易了解测定值偏离程度。直方图如图 8.1 所示。

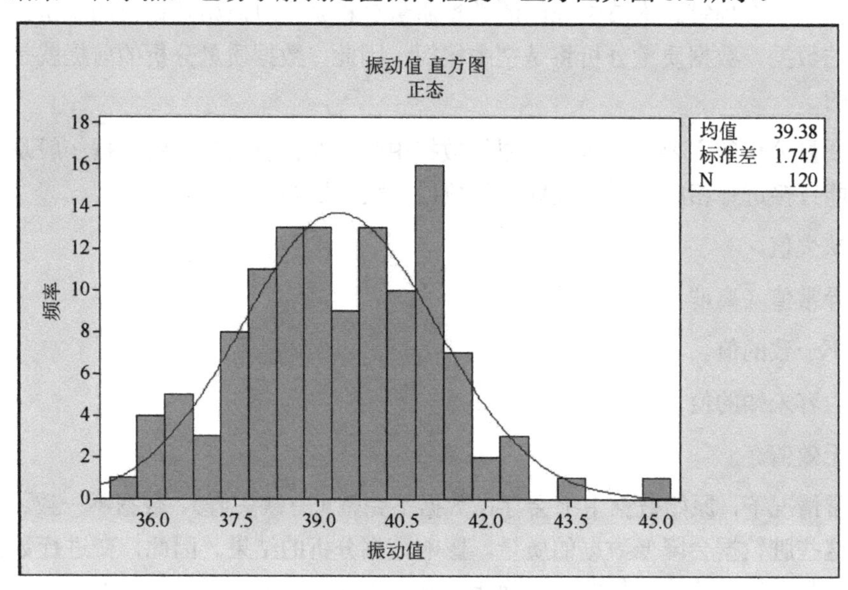

图 8.1　直方图

（2）柏拉图。

柏拉图又名帕累托图，以不良率、不良个数、损失的件数为纵轴，而以原因、工程、品种等不同层别为横轴，次数最多的放在横轴最左边，然后依次排列，以直形图标之。柏拉图是累积次数曲线表示图。柏拉图如图 8.2 所示。

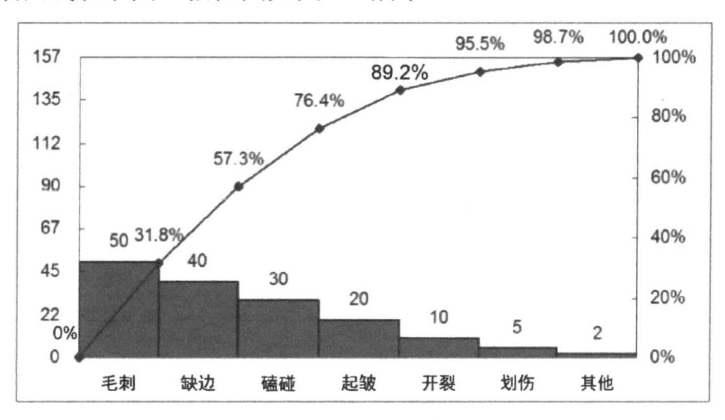

图 8.2 柏拉图

（3）散点图。

取测定值 X 和 Y，X 作为横轴，Y 作为纵轴，划上刻度，以测定值为定值打点出来，制成图形，这种图形称为散点图。在散点图中可观测出不符合数据规律的异常数据并进行筛除。散点图如图 8.3 所示。

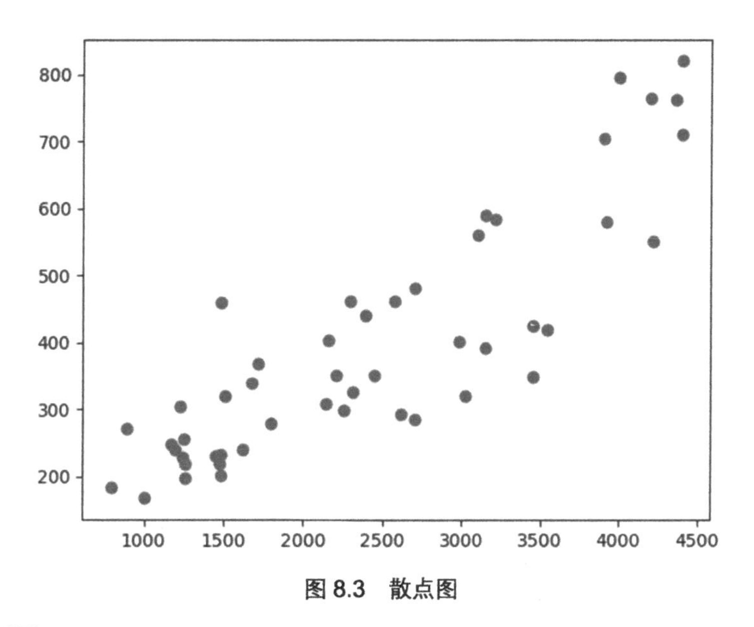

图 8.3 散点图

（4）管制图。

管制图用一条中心线（CL）和上下控制界限（UCL、LCL）作为限定，查看数据的分布位置是否在中心线附近，是否超过上下控制界限。管制图如图 8.4 所示。

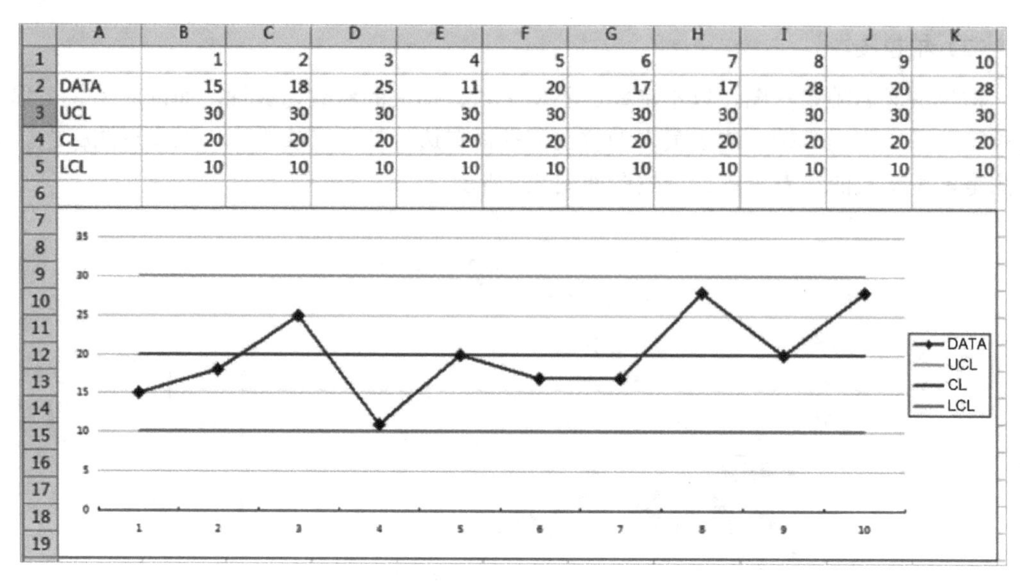

	A	B	C	D	E	F	G	H	I	J	K
1		1	2	3	4	5	6	7	8	9	10
2	DATA	15	18	25	11	20	17	17	28	20	28
3	UCL	30	30	30	30	30	30	30	30	30	30
4	CL	20	20	20	20	20	20	20	20	20	20
5	LCL	10	10	10	10	10	10	10	10	10	10

图 8.4　管制图

【任务实施】

散点图甄别数据质量

将数据用图形的方式显示后，可快速地甄别数据质量是否符合要求。可利用散点图将数据进行显示。

步骤 1：在 Excel 中新建“散点图数据测试.xlsx”工作簿，填入测试数据（*X* 轴和 *Y* 轴数据），见表 8.1。

表 8.1　测试数据

X 轴	*Y* 轴	*X* 轴	*Y* 轴
1	1.1	2	2.1
1.1	1.1	2.1	2.2
1.2	1	2.2	2
1.3	1.2	2.3	2.2
1.4	1.3	2.4	3
1.5	1.6	2.4	2.4
1.6	2.5	2.5	2.3
1.6	1.5	2.6	2.5
1.7	1.8	2.7	2.8
1.8	1.7	2.8	2.7
1.9	1.9	2.9	2.8
2	1	3	3.1

引导问题 1：用 Excel 打开企业数据表格，选定散点图测试用数据。

步骤 2： 选中表 8.1 中的两列数据，单击 Excel 表格菜单栏“插入”→“插入散点图”→“散点图”选项，如图 8.5 所示。

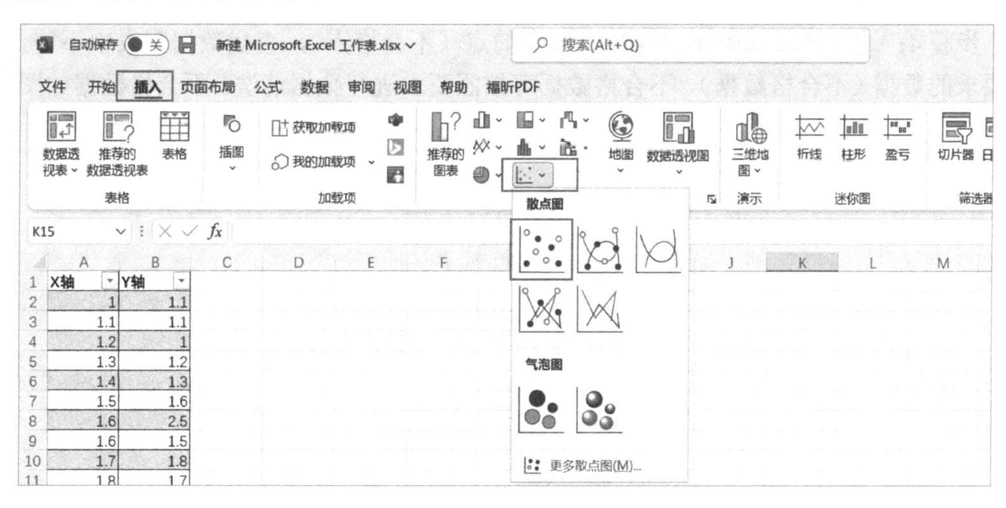

图 8.5　插入散点图

引导问题 2：选中测试用数据所在列，插入散点图，将测试用数据用散点图展现出来。

步骤 3： 通过步骤 2 的操作可得到如图 8.6 所示的散点图，从图 8.6 中可以看出大多数数据点呈现相同的趋势，其中圈出的 3 个散点与其他数据点规律不同，它们是数据不符合质量要求的散点。

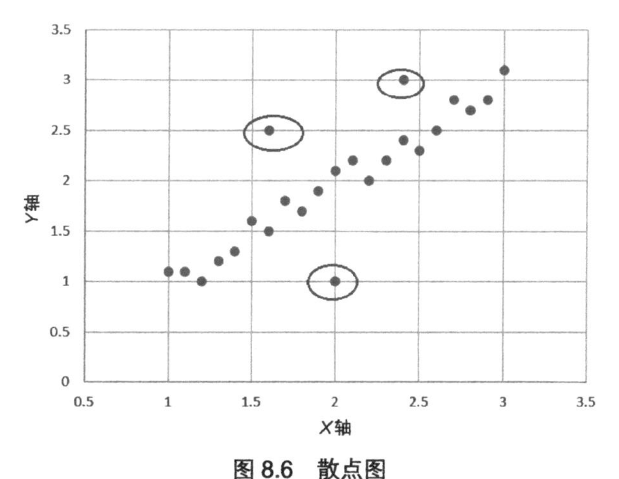

图 8.6　散点图

引导问题 3：观察图 8.6，是否大多数数据按照一定的规律排列？是否有不符合规律的不合格点？

____

____

____

步骤 4： 通过散点图中不符合质量要求的点（不合格点），查找数据列表中不符合质量要求的数据（不合格数据），不合格数据可按照要求进行数据清洗。不合格数据如图 8.7 所示。

X轴	Y轴
1	1.1
1.1	1.1
1.2	1
1.3	1.2
1.4	1.3
1.5	1.6
1.6	2.5
1.6	1.5
1.7	1.8
1.8	1.7
1.9	1.9
2	1
2	2.1
2.1	2.2
2.2	2
2.3	2.2
2.4	3
2.4	2.4
2.5	2.3
2.6	2.5
2.7	2.8
2.8	2.7
2.9	2.8
3	3.1

图 8.7　不合格数据

引导问题 4：根据不合格点的横纵坐标查找数据列表中相应的不合格数据的位置，进行数据清洗。

____

____

____

【思考】

直方图、管制图和柏拉图如何展示数据的合格情况？

任务 2：提升数据质量

在企业数字化转型的过程中，数据质量问题成为重要的影响因素之一，对数据进行质量管理及优化是企业数据应用工作的重点。当前企业系统众多，各系统都自成一套体系，数据格式不统一；各系统的编码体系存在重复、错误、不一致等现象，且数量众多，这造成了企业的数据质量不高。

数据质量提升是指帮助企业将原本杂乱无章的数据转化成有价值的信息的过程，针对各种复杂的企业环境，可以实时、批量改善数据的可靠性、可用性及业务适用性。

数据清洗是发现并纠正数据中可识别错误的最后一道环节，包括检查数据的一致性、处理无效值和缺失值等。数据系统通常要从多个业务系统中抽取数据，这就避免不了有的数据是错误的、有的数据相互冲突，所以要按照数据模型定义的规则，把零散、重复、不完整的数据清洗干净，得到准确、完整、一致、有效、唯一的新的数据，这就是数据清洗，以此达到提升数据质量的目的。

1. 数据清洗类型

1）数据缺失

（1）一些记录或一条记录里缺失一些值（或者两种情况都有），原因可能有很多种，一般是由系统导致的或由人为因素导致的。当有缺失值时，为了不影响分析的准确性，要么不将缺失值纳入分析范围，要么进行补值。将缺失值纳入分析范围会减少分析的样本量，补值需要根据分析的计算逻辑，选用平均数、零，或者等比例随机数等来填补。

（2）缺失一些记录，若业务系统中还有这些记录，则可以通过系统再次导入，若业务系统中也没有这些记录了，则只能进行手工补录或者放弃。

2）数据重复

（1）相同的记录出现多条，这种情况比较好处理，只要去掉重复记录即可。

（2）记录中的某些值重复，如有两条会员记录，其他值都一样，只有住址不一样，这种情况相对复杂。如果记录有时间属性，则以新值为准；如果记录没有时间属性，就无从下手了，只能人工判断。

3）数据错误

数据错误主要是因为没有严格按照规范记录。例如，异常值，价格值区间为[0,100]，却有价格值为 180 的记录；格式错误，日期格式被录成字符串格式；数据不统一，有的记录叫北京，有的叫 BJ 或 beijing。对于异常值，可以通过区间限定来发现并排除；对于格式错误，需要从系统层面找原因；对于数据不统一的情况，系统无能为力，因为这种情况并不是真正的“错误”，系统并不知道 BJ 和 beijing 是同一事物，只能人工干预：通过清洗规则表，给出匹配关系，第一列是原始值，第二列是清洗值，用规则表去关联原始值，用清洗值进行分析。更高级的办法是通过近似值算法自动发现可能不统一的数据。

4）数据不可用

数据虽然正确，但不可用。例如，地址写成“北京海淀中关村”，当想分析“区”级别的信息时，要把“海淀”拆出来才能用。这种问题最好从数据源头解决，事后补救只能通过关键词匹配，且不一定能全部解决。

2．数据清洗的一般过程

在对数据进行清洗之前，要对数据进行预处理。数据预处理一般分为两个步骤：第一步是将数据导入处理工具，如数据库；第二步是分析属性数据元，包括字段解释、数据来源、代码表等一切描述数据的信息，抽取一部分数据作为样本数据，通过人工查看，对数据有直观的了解，为之后的清洗做准备。

数据清洗的核心内容包括缺失值清洗、格式内容清洗、逻辑错误清洗、非需求数据清洗、关联性验证、干净数据回流。

1）缺失值清洗

缺失值是常见的数据问题，处理缺失值可以按照以下 4 个步骤进行。

（1）确定缺失值范围：计算每个字段的缺失值比例，按照缺失值比例和字段的重要性分别制定策略。

（2）去除不需要的字段：不需要的字段直接删掉即可，但建议每进行一个动作都备份一下数据，或者在小规模数据中试验成功后再处理全部数据，避免删错数据，导致数据无法恢复。

（3）填充缺失值：对缺失值进行填充，方法有以下 3 种。

① 凭借业务知识或经验推测填充缺失值。

② 用同一指标的计算结果（平均数、中位数、众数等）填充缺失值。

③ 用不同指标的计算结果填充缺失值。

（4）重新取数：如果某些指标非常重要，缺失率又高，就需要向业务人员了解，以重新获取相关数据。

2）格式内容清洗

有些数据是由人工收集或用户填写而来的，很有可能在格式内容上存在一些问题。一般来说，格式内容存在的问题主要有以下几类。

（1）时间、日期、数值、全半角等显示格式不一致。

显示格式不一致的问题通常与输入端有关，在整合多种数据源中的数据时也有可能会遇到，将其处理成统一的某种格式即可。

（2）数据中有不该存在的字符。

某些数据中可能有不该存在的字符，最典型的就是数据的头、尾、中间出现空格，或者姓名中存在数字、身份证号中出现汉字等问题。在这种情况下，需要以半自动校验、半人工的方式来找出可能存在的问题，并去除不需要的字符。

（3）内容与该字段应有内容不符。

将姓名写成了性别、身份证号写成了手机号等，均属于内容与该字段应有内容不符的问题。但该问题的特殊性在于，并不能简单地通过删除来处理，因为成因有可能是人工填写错误，也有可能是前端没有校验，还有可能是导入数据时部分或全部存在列没有对齐，因此要详细识别问题类型。

格式内容问题是比较细节的问题，很多分析结果错误都是由此问题引起的，如跨表链接失败、统计值不全、模型输出失败。因此，务必要注意这部分数据的清洗工作。

3）逻辑错误清洗

逻辑错误清洗是指修正逻辑推理有问题的数据，防止数据错误导致分析结果错误。逻辑错误清洗主要包含以下几种情况。

（1）去重。

去重是指去除数据表中的重复数据，如物料代码中经常存在一物多码的情况，因此要标记出重复的数据，以便建立映射关系，进行数据去重的工作。

（2）修正不合理值。

逻辑错误清洗需要修正数据中的不合理值。例如，有人在填表时随意填写，不注重检查，将年龄填成 580 岁，这时就要将数据修正准确，如果不能修正，则要么删掉，要么按缺失值处理。

（3）修正矛盾内容。

有些数据内容是可以互相验证的。例如，身份证号是 1329321990xxxxxxxx，年龄是 18 岁，在这种时候，需要根据字段的数据来源，判定哪个字段提供的信息更为可靠，去除或重构不可靠的字段。

4）非需求数据清洗

非需求数据清洗是指把不要的字段删除。在实际操作中，要具体问题具体分析，在非需求数据清洗中，经常会遇到一些问题。例如，把看上去不需要但实际上对业务很重要的字段删了；某个字段觉得有用，但又没想好怎么用，不知道是否该删；操作失误，删错字段了。对于前两种情况，如果数据量没有大到不删字段就没办法处理的程度，那么能不删的字段就尽量不删；对于第三种情况，需要建立数据备份机制，保证数据能恢复。

5）关联性验证

如果数据有多个来源，则有必要进行关联性验证。关联数据变动在数据库模型中应该涉及。多个来源的数据整合清洗是非常复杂的工作，一定要注意数据之间的关联性，防止出现数据之间互相矛盾而造成下游系统无法使用的情况。

6）干净数据回流

当数据被清洗后，应该用干净的数据替换数据源中原来错误的数据。这样不仅可以提高原系统的数据质量，还可避免将来再次抽取数据时进行重复的清洗工作。

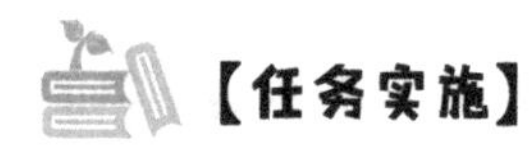

【任务实施】

简单数据处理

企业的数据杂乱无章，数据管理员需要对企业的数据进行管理，其中重要的步骤就是数据清洗和数据处理。下面以 Excel 为例，介绍一些常用的数据处理方法。

步骤 1： 打开含有企业数据的例表，查找表中重复的数据。选择要查重的列，依次选择“开始”→“条件格式”→“突出显示单元格规则”→“重复值”选项就可以快速找到数据集中的重复值。通过这个方法可以将一列中重复的数据选择出来，可用颜色标注该列的重复数据，具体操作参考图 8.8 和图 8.9。

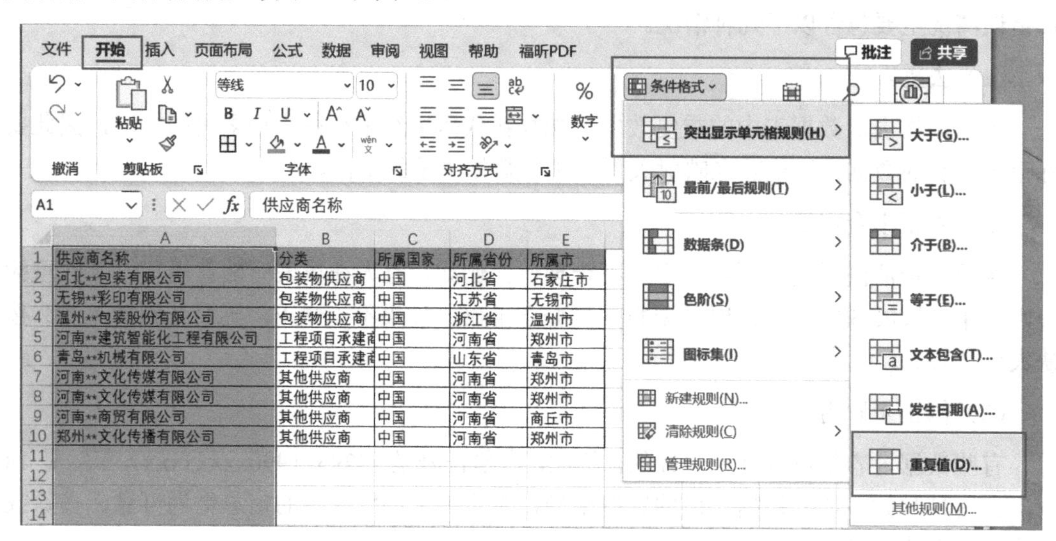

图 8.8　在 Excel 中针对其中一列查找重复数据的步骤

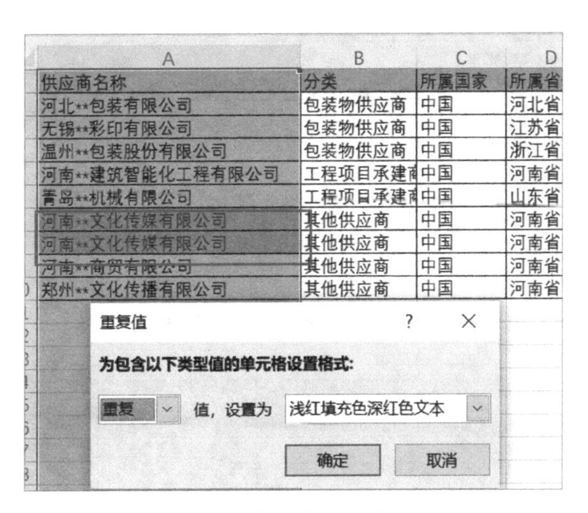

图 8.9　为重复数据选择颜色标注

引导问题 1：打开需要处理的数据表格，查找每一列是否有重复数据。

____

____

____

步骤 2：删除重复数据。重复数据不利于企业数据的统计和核算，因此需要将重复数据删除。在 Excel 中，选中要查重的列后，选择“数据”→“数据工具”→“删除重复值”选项，即可删除查重列中查到的重复数据，具体操作参考图 8.10。

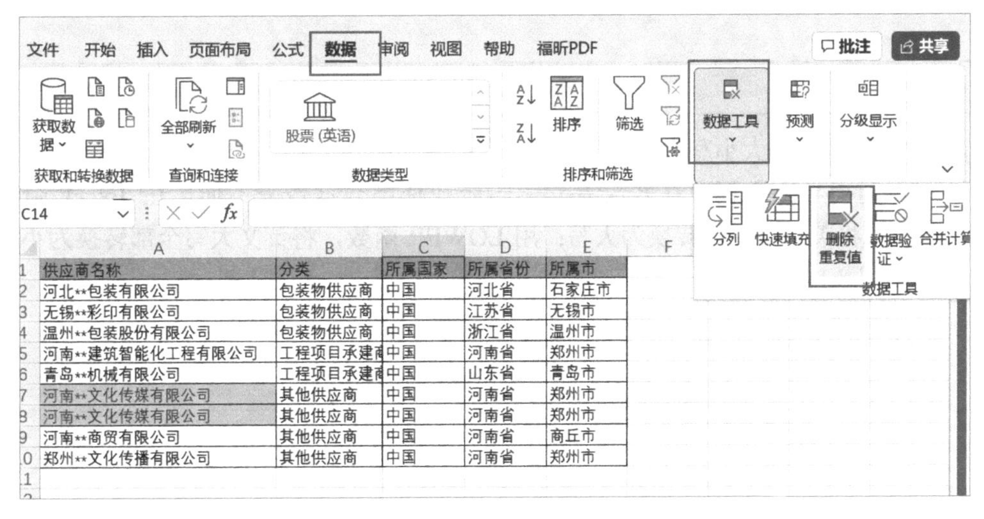

图 8.10　删除 Excel 中重复数据的步骤

单击“扩展选定区域”按钮，会弹出图 8.11 右边图，如果选择“全选”选项，则可把重复行全部删除，留下一行不重复的数据；如果单击“以当前选定区域排序”按钮，则只会删除本列中的重复数据，下面单元格上移，其他列不变。将重复行全部删除后的表格如图 8.12 所示。

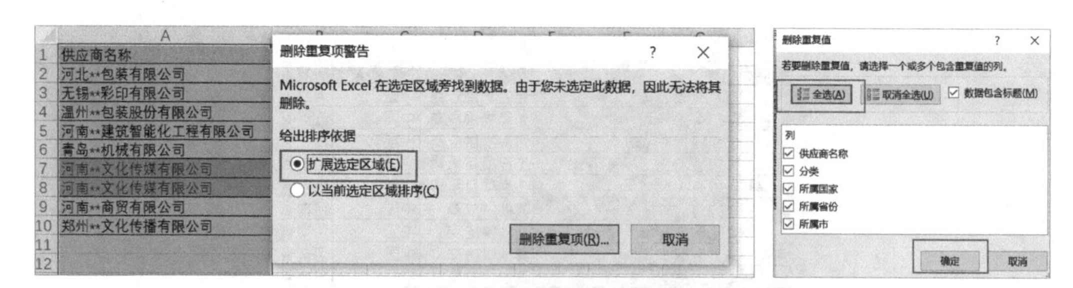

图 8.11　删除重复的范围选择

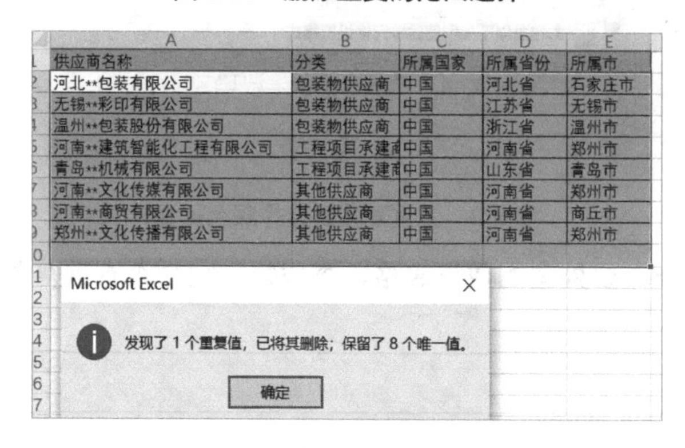

图 8.12　将重复行全部删除后的表格

引导问题 2：针对步骤 1 中查找出的重复数据进行删除，删除的时候根据实际情况选择是删除整行还是只删除单列中的重复数据。

____

____

____

步骤 3：对数据的大小写进行处理。现在企业中很多数据和变量为英文名称，但是英文的大小写不同会导致数据存在较大差异，给企业使用数据带来不便。在 Excel 中可用 PROPER 函数将英文首字母转换为大写；用 LOWER 函数，将英文大写全部转换为小写，如图 8.13 和图 8.14 所示。

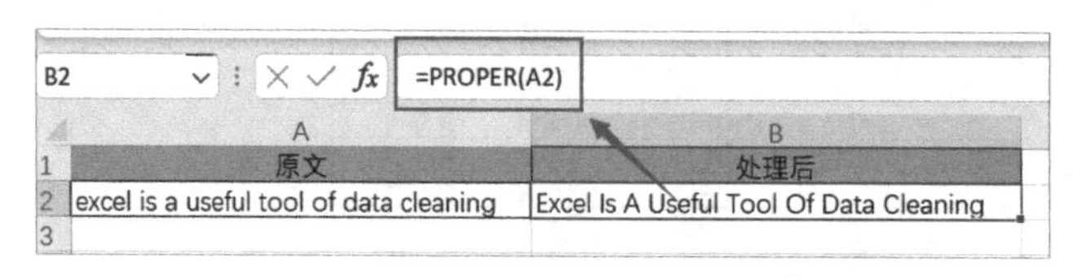

图 8.13　将英文首字母转换为大写

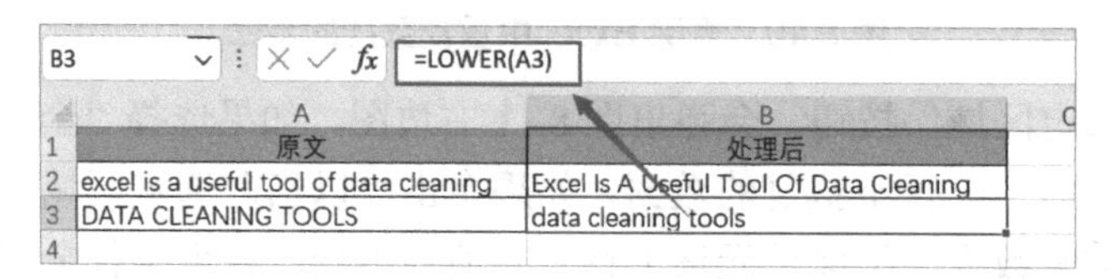

图 8.14　将英文大写全部转换为小写

引导问题 3：查找数据表格中是否有英文数据，大小写是否合规，如果不合规，则使用 PROPER 和 LOWER 函数进行处理。

____

____

____

步骤 4： 对多余空格进行处理。因为某些原因在单元格内放置了多余的空格，这为数据查重、数据合并和统计等工作带来一定的干扰，此时可用 TRIM 函数将空格删除。TRIM 函数可以将两边及中间多余的空格全部删除，如图 8.15 所示。

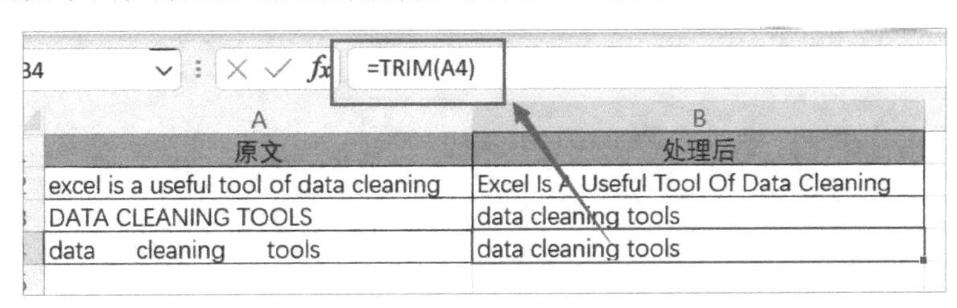

=TRIM(A4)

原文	处理后
excel is a useful tool of data cleaning	Excel Is A Useful Tool Of Data Cleaning
DATA CLEANING TOOLS	data cleaning tools
data cleaning tools	data cleaning tools

图 8.15　删除多余的空格

引导问题 4：查找数据表格中是否有多余空格的情况，使用 TRIM 函数将多余空格删除。

____

____

____

步骤 5： 合并多个单元格。如果想将两个或两个以上的单元格合并为一个单元格，又不想丢失原来单元格的值，则可用“&”运算符，如图 8.16 所示。

=D2&E2&F2

供应商名称	分类	所属国家	所属省份	所属市	所属区县	地址
河北**包装有限公司	包装物供应商	中国	河北省	石家庄市	栾城区	河北省石家庄市栾城区
无锡**彩印有限公司	包装物供应商	中国	江苏省	无锡市	梁溪区	江苏省无锡市梁溪区
温州**包装股份有限公司	包装物供应商	中国	浙江省	温州市	苍南县	浙江省温州市苍南县
河南**建筑智能化工程有限公司	工程项目承建	中国	河南省	郑州市	市辖区	河南省郑州市市辖区
青岛**机械有限公司	工程项目承建	中国	山东省	青岛市	即墨区	山东省青岛市即墨区
河南**文化传媒有限公司	其他供应商	中国	河南省	郑州市	金水区	河南省郑州市金水区
河南**商贸有限公司	其他供应商	中国	河南省	商丘市	市辖区	河南省商丘市市辖区
郑州**文化传播有限公司	其他供应商	中国	河南省	郑州市	金水区	河南省郑州市金水区

图 8.16　多个单元格合并为一个单元格

引导问题 5：选择数据表格中部分列内容合并为新的单元格内容。

____

____

____

步骤 6：修剪 URL 后缀。在数据分析业务中一个常见的数据清理问题是修剪 URL 或从 URL 中提取信息。例如，网站可能会提供同一页面的不同版本，这可能会在进行 Web 分析时引起混乱。对于图 8.17 中的网址内容，同一 URL 的不同版本，为了使它们完全相同（这对于 Web 数据分析而言是必要的），需要删除尾随的“参数”部分。这可以通过分列操作来完成，如图 8.17～图 8.19 所示。

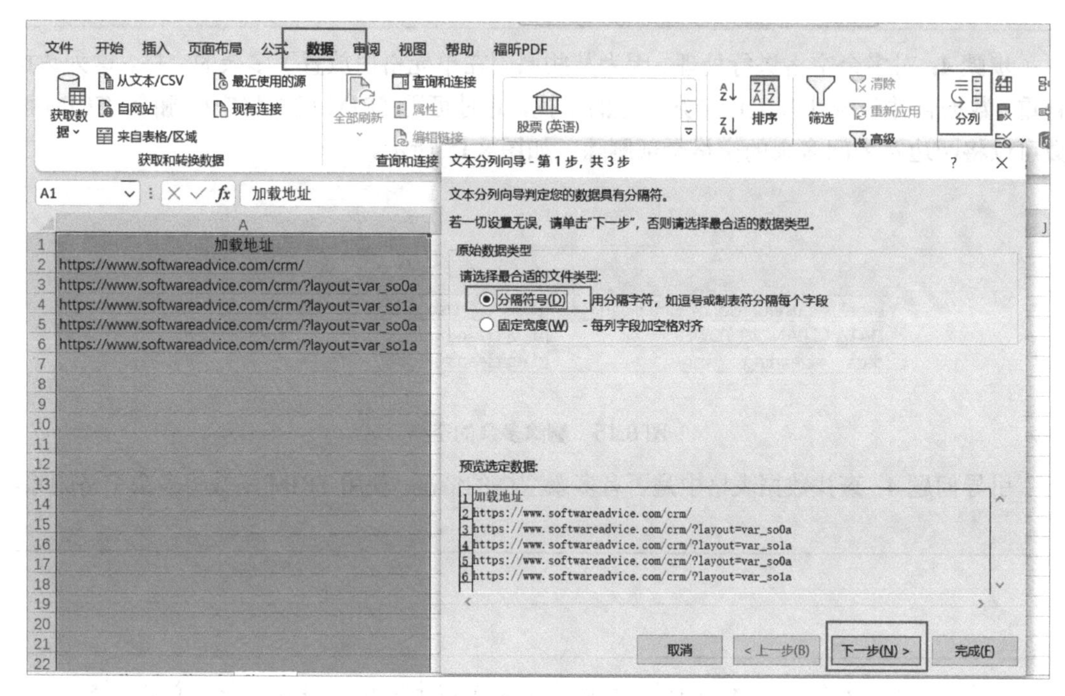

图 8.17 URL 后缀分列第一步

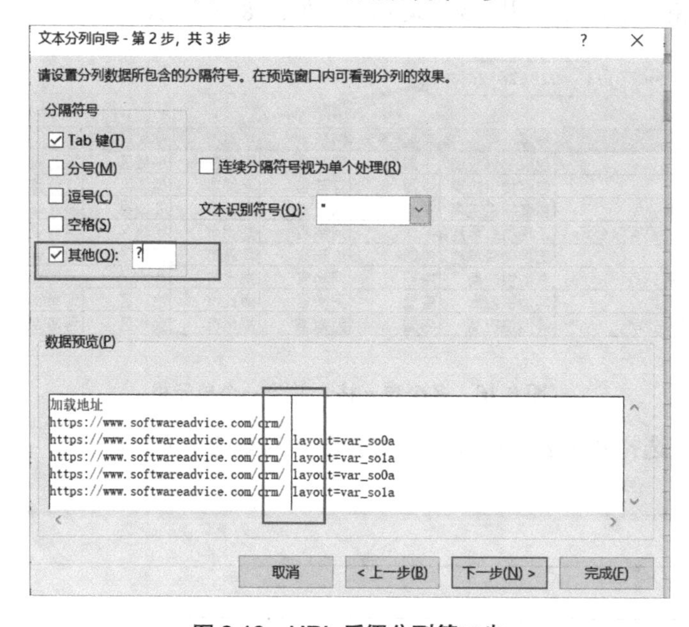

图 8.18 URL 后缀分列第二步

	A	B
1	加载地址	
2	https://www.softwareadvice.com/crm/	
3	https://www.softwareadvice.com/crm/	layout=var_so0a
4	https://www.softwareadvice.com/crm/	layout=var_so1a
5	https://www.softwareadvice.com/crm/	layout=var_so0a
6	https://www.softwareadvice.com/crm/	layout=var_so1a
7		

图 8.19　URL 后缀分列后的结果

引导问题 6：查看数据表格中是否有同一 URL 含有不同后缀的，将其后缀修剪掉。

____

____

____

【思考 1】

前文介绍了常用的 Excel 中数据处理的一些技巧，但在数据库中，如 SQL Server、MySQL 等，数据如何进行处理？

【思考 2】

市场上有很多数据处理工具，如 Great Expectations、Spectacle、Datafold、Dbt、Evidently 等，可以选择混合搭配的方式，来满足自己的预算和真实使用场景需求。通过查阅资料，简单了解各种工具的用途。

项目 2：评估数据质量

【项目描述】

数据质量是分析和利用数据的前提，是获取数据价值的重要保障。如何真正辅助企业判别数据价值是一直以来大家都在探讨的问题。在当下，为了应对在数据资产整合、数据标准化管理、数据质量提升等多方面中的挑战，各企业逐渐提出了数据管理能力成熟度评估模型以评估数据质量。该模型从企业数据的采集、存储及应用等环节进行全方位的评估，并根据企业数据能力的制度建设、过程监督和管理、组织人员的建设、工具的应用等多个方面进行评分，根据评分的结果汇总出数据能力成熟度等级分布。

下面介绍数据质量评估的指标和如何完成数据质量评估过程并完成评估报告。

任务：完成数据质量评估报告

【知识准备】

1. 什么是数据质量评估

数据质量评估的狭义定义是将数据质量评估程序应用于数据集并最终获取评价对象的质量，通俗来说，就是依据一个相对完整的评估框架，按照一套确定的步骤和流程，从整体上考量某个或某些数据集对特定业务应用需求的满足程度，能很好满足业务应用需求的数据集我们称其质量较好，反之质量较差。

2. 为什么要进行数据质量评估

（1）不是所有的数据都有价值。在实际工作中，数据分析一定是为实际业务服务的，只有紧密围绕业务需求的分析才是有意义的，因此，只有和实际业务有较强相关性的数据集才是有价值的，不相关的数据，不管多么丰富，对于当下的工作都是没有意义的。

（2）数据质量的好坏直接影响实际的业务结果。通常我们进行数据分析、挖掘的目的是发现数据中隐藏的知识和信息，从而对实际业务或产品进行优化。如果数据集本身质量不佳，自然很难得出有用的结论，甚至可能得到错误的结论。因此，进行科学、客观的数据质量评估是非常必要且十分重要的，这是拿到数据后第一件要做的事。

进行数据质量评估有多个好处，首先可以节约大量试错的时间，对于质量很差的数据集，我们没有必要花费太多的时间和精力；其次可以降低得出错误结论的概率，如果我们能够及时发现数据中存在的错误和失真，就能够避免因为数据本身的问题而得出错误的结论；最后可以缩短数据反馈流程，更加及时地将数据采集过程中存在的问题反馈给数据采集部门，提高协作效率。

3. 如何进行数据质量评估

1）数据质量评估框架

数据质量是一个多维度的概念，可能涉及数据产品及其生产服务过程的多个方面，其本身不可测度。一般来说，对数据质量的认识通过将其分解为多个质量维度，并逐个识别实现。

当前普遍的观点认为，数据质量要素受行业领域、数据类型和应用目的等因素的影响极大，不存在面向所有领域和资源类型的普适性数据质量评估框架。但针对一个具体行业背景下的特定数据类型和业务目标，建立一组质量维度和指标体系是可行的。

从语法、语义方面考虑，将数据质量分为形式质量、内容质量和效用质量 3 个基本种类。其中形式质量主要考量数据集在结构和表达形式上是否能很好地匹配业务需求，以及是否易于理解和获得；内容质量主要考量数据集的具体内容和取值是否和实际业务相一致；效用质量主要考量数据集在业务特征及时间维度上是否具有较高的相关性。这种分类方法并不是严格的、唯一的，只是为了便于理解。

对于互联网及金融行业的大多数业务应用，数据质量维度框架如表 8.2 所示。

表 8.2　数据质量维度框架

数据质量维度框架		说　明
基　本　层	准　则　层	
形式质量	完整性	不同于数据库的完整性约束概念，此处数据完整性描述数据集对具体业务目标的覆盖程度，可以从字段和记录两个维度分析
	可理解性	用来描述数据集是否能清晰地反映业务逻辑，字段和取值的具体意义是否明确
	一致性	用来描述数据集在不同维度上的连贯性，包括数据集在时间轴上的前后连贯性和相关的不同数据集之间的横向连贯性。一致性并不意味着数值上的绝对相同，而是指数据收集、处理的方法和标准一致
	可获得性	用来描述实际业务需要的数据的获取难易程度，包括数据采集、数据清理、数据转化等多个环节
内容质量	准确性	用来说明数据集对其描述或衡量的业务对象的准确程度。准确性是数据质量的重要组成部分
	可靠性	用来描述数据集的可信赖程度，包括对数据采集、数据加工、数据应用等所有环节的处理是否值得信赖
效用质量	相关性/可用性	用来说明数据集描述的概念对象和实际业务对象之间的相关程度。相关性是数据质量的重要组成部分
	时效性	用来衡量实际业务需求时间和数据可用时间之间的延迟，包括数据产生时的时间参数和数据更新频率等。在实际的业务系统中，时效性是数据质量的一个重要方面

2）数据质量评估的一般方法

数据质量评估方法主要分为定性和定量评估方法，以及两者结合的综合评估方法。定性评估方法主要依靠评估者的主观判断。定量评估方法则提供了一个系统、客观的数量分析方法，结果较为直观、具体。

（1）定性评估方法。

定性评估方法一般基于一定的评估准则与要求，根据评估的目的和用户对象的需求，从定性的角度来对基础科学数据资源进行描述与评估。

定性评估标准因业务领域、评估者能力水平和实际任务等差别而异，无法强求一致。定性评估方法的主体需要对领域背景有较深的了解，一般应由领域专家或专业人员完成。

定性评估方法一般包括第三方评测法、用户反馈法、专家评议法等。

（2）定量评估方法。

定量评估方法是指按照数量分析方法，从客观量化角度对数据资源进行的优选与评估。定量评估方法一般包括统计分析法、内容评分法等。

（3）综合评估方法。

综合评估方法将定性和定量两种评估方法有机地结合起来，从两个角度对数据资源质量进行评估。

常见的综合评估方法包括层次分析法、缺陷扣分法等。

3）数据质量评估流程

数据质量评估流程如图 8.20 所示。

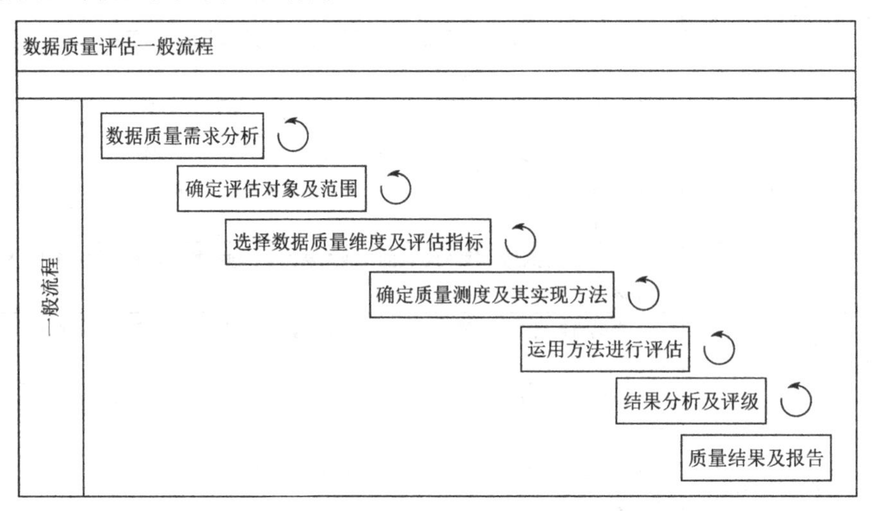

图 8.20　数据质量评估流程

（1）数据质量需求分析。

对具体业务数据的质量评估是以业务需求为中心进行的。数据资源不同于实体产品，具有用途个性化、多样化、不稳定等特点。因此，必须首先了解具体业务针对特定数据资源的需求特征，才能建立有针对性的评估指标体系。

（2）确定评估对象及范围。

确定评估对象及范围是指确定当前评估工作应用的数据集的范围和边界，明确数据集在属性、数量、时间等维度的具体界限。需要说明的是，评估对象既可以是数据项，又可以是数据集，但一定是一个确定的静态的集合。

（3）选取数据质量维度及评估指标。

数据质量维度是进行质量评估的具体质量反映，如正确性、准确性等。它是控制和评估数据质量的主要内容。因此，首先要依据具体业务需求选择适当的数据质量维度和评估指标。另外，要选取可测、可用的数据质量维度作为评估指标准则项，在不同的数据类型和不同的数据生产阶段，同一数据质量维度有不同的具体含义和内容，应该根据实际需求和生产阶段确定质量维度。

在此阶段要注意指标之间避免冲突，同时要注意新增评估指标的层次、权重问题，以及与其他同层次指标的冲突问题。

（4）确定质量测度及其实现方法。

数据质量评估在确定其具体维度和指标对象后，应该根据每个评估对象的特点，确定其测度及实现方法。对于不同的评估对象，一般是存在不同的测度的，以及需要不同的实现方法支持，所以应该根据评估对象的特点确定其测度和实现方法。

（5）运用方法进行评估。

运用方法进行评估就是根据前面 4 步确定的评估对象、评估范围、测度及其实现方法实现质量评估的活动过程。评估对象的质量应当由多个质量维度的评估来反映，单个质量维度评估不能充分、客观评价由某一数据质量范围限定的信息的质量状况，也不能为数据集的所有可能的应用提供全面的参考，多个质量维度的组合能提供更加丰富的信息。

（6）结果分析及评级。

评估后要对评估结果进行分析：对评估目标与结果进行对比分析，确定是否达到评估目标；对评估方案的有效性进行分析，确认方案是否合适等。根据评估结果确定对象的质量，如需要，可根据评估结果鉴定质量级别。最终的质量评估（或评级）将说明数据质量是否能满足实际业务需求。

（7）质量结果及报告。

最后，应将数据质量评估结果和数据质量评估过程汇总并报告。在完整的数据质量评估结果和报告中，应该包括全部上述内容。

【任务实施】

设计数据质量评估报告模板

根据上述数据质量评估指标和评估流程设计数据质量评估报告模板。

步骤 1：设计数据质量评估报告模板的基础格式，包括页眉页脚、封面信息。页眉页脚的设计方式可参考下面的模板。

步骤 2：设计报告版本变更信息记录表格，包括版本号和变更内容描述，内容参考下面的模板。

步骤 3：编写第一部分引言和第二部分数据质量评估工作范围，内容参考下面的模板。

步骤 4：编写第三部分数据质量评估结果，这部分根据实际情况描述。

步骤 5：查阅资料，完成报告。

下面是数据质量评估报告的简略模板。

文档编号：

版本号：

XXXX 项目数据质量评估报告

编制：________________ 日期：________________

校对：________________ 日期：________________

审核：________________ 日期：________________

批准：________________ 日期：________________

本文的版本变更：

版　本　号	发 布 日 期	修 订 日 期	变更内容描述
		-	-

一、引言

1. 编写目的

（这部分说明文档编写目的，描述本次数据质量评估需要实现的业务目标。）

2. 背景

（这部分是项目背景描述。）

3. 参考资料

（这部分列出本文档引用资料的名称，并说明文档上下级关系。）

4. 术语定义及说明

（这部分列出本文档中使用的术语定义、缩写及其全名。）

二、数据质量评估工作范围

1. 本次数据质量评估的目标

（这部分明确本次数据质量评估的目标。）

2. 本次项目确定的数据质量标准

（这部分附上数据质量标准，如 ISO/IEC 25012:2008、ISO/IEC 25024:2015。）

3. 参与本次评估的人员组成

（这部分详细说明参与本次数据质量评估的人员组成和职责分工。）

4. 数据质量评估方法

（这部分说明本次项目使用的数据质量评估方法，包括记录评估结果的表格样式、数据质量评估工作的流程、数据质量评估结果的认证流程、数据质量评估结果的托付流程等。）

三、数据质量评估结果

（这部分根据数据质量评估方法，描述数据质量评估结果。）

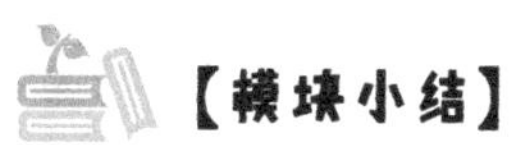

【模块小结】

本模块讲解了数据质量的标准是什么，如何利用工具甄别数据质量，数据质量评估指标是什么和如何设计数据质量评估报告。

【反思与评价】

项目名称	任务名称	评价内容	学生自评	教师评价	学生互评	小计
项目 1：应用工具管理数据	任务 1：甄别数据质量	了解数据质量的性质	了解数据质量的性质（4 分）	了解数据质量的性质（4 分）	了解数据质量的性质（2 分）	
		了解数据质量管理工具	了解数据质量管理工具（4 分）	了解数据质量管理工具（4 分）	了解数据质量管理工具（2 分）	
		具有自主分析能力	能简单甄别不合格数据（8 分）	能简单甄别不合格数据（8 分）	能简单甄别不合格数据（4 分）	
	任务 2：提升数据质量	了解数据质量提升的方向	了解数据质量提升的方向（4 分）	了解数据质量提升的方向（4 分）	了解数据质量提升的方向（2 分）	
		具有动手能力	能从数据表格中筛选出符合要求的数据（8 分）	能从数据表格中筛选出符合要求的数据（8 分）	能从数据表格中筛选出符合要求的数据（4 分）	
项目 2：评估数据质量	任务：完成数据质量评估报告	了解数据质量评估的过程	了解数据质量评估的过程（4 分）	了解数据质量评估的过程（4 分）	了解数据质量评估的过程（2 分）	
		具有文档整理能力	能够完成数据质量评估报告（8 分）	能够完成数据质量评估报告（8 分）	能够完成数据质量评估报告（4 分）	
合计						

习　　题

一、选择题（多选）

1．数据质量体现在（　　）。

A．完整性　　B．准确性　　C．一致性　　D．有效性

2．下列属于数据清洗范围的有（　　）。

A．数据缺失　　B．数据重复　　C．数据错误　　D．数据不可用

3. 常见的数据管理工具有（　　）。

A. 直方图　　B. 柏拉图　　C. 散点图　　D. 管制图

4. 质量评估的一般方法包括（　　）。

A. 定性评估方法　　B. 定量评估方法

C. 清洗方法　　D. 综合评估方法

5. 缺失值的清洗包括（　　）。

A. 确定缺失值范围　　B. 去除不需要字段

C. 填充缺失值　　D. 重新取数

二、填空题

1. 数据质量评估的狭义定义是将数据质量评估程序应用于数据集并最终获取____________。

2. 从语法、语意和语义 3 个方面考虑，将数据质量分为__________、__________和____________3 个基本种类。

3. 形式质量主要考量数据集在__________和__________上是否能很好地匹配业务需求，以及是否易于理解和获得。

4. 内容质量主要考量数据集的______________和____________是否和实际业务相一致。

5. 效用质量主要考量数据集在__________和__________上是否具有较高的相关性。

三、简答题

1. 数据质量评估应从哪 6 个方面进行？

2. 数据质量评估的流程是什么？